Le informazioni contenute in questo libro non intendono sostituirsi al parere professionale di un medico. L'utilizzo di qualsiasi informazione qui riportata è a discrezione del lettore. L'autore e l'editore si sottraggono a qualsiasi responsabilità diretta o indiretta derivante dall'uso o dall'applicazione di qualsivoglia indicazione riportata in queste pagine. Per ogni problema specifico si raccomanda di consultare uno specialista.

Dedicato con affetto e amore a mio Padre

ANGELO ORTISI

LA SALUTE È NEL SANGUE

INDICE

Introduzione	7
CAPITOLO I: CARATTERISTICHE DEI GRUPPI SANGUIGNI	
I gruppi sanguigni AB0	10
Il lavoro di due vite	17
La storia dell'uomo	20
CAPITOLO II: LECTINE, POLIAMMINE E DIGESTIONE	
Lectine e alimenti	25
Poliammine: una nuova scoperta sulla tossicità	33
Gruppo sanguigno e digestione	37
CAPITOLO III: GRUPPI SANGUIGNI E ALIMENTAZIONE	
Un ulteriore livello di classificazione	42
Programma alimentare per il gruppo 0	45
Programma alimentare per il gruppo A	75
Programma alimentare per il gruppo B	103
Programma alimentare per il gruppo AB	129
CAPITOLO IV: GRUPPI SANGUIGNI E PERSONALITÀ	
Teorie sulla personalità	155
Personalità del tipo 0	159
Personalità del tipo A	160
Personalità del tipo B	160
Personalità del tipo AB	161
CAPITOLO V: GRUPPI SANGUIGNI E STRESS	
Il rapporto stress/esercizio fisico	162
I meccanismi dello stress	168
Indicatori di salute mentale	172
Strategie di comportamento per il tipo 0	179
Strategie di comportamento per il tipo A	188
Strategie di comportamento per il tipo B	197

Strategie di comportamento per il tipo AB ... 204

CAPITOLO VI: RELAZIONI, PROFESSIONI E COMPORTAMENTI DEI GRUPPI SANGUIGNI

Le relazioni biologiche ... 210
Attività professionali e gruppi sanguigni ... 212
I rapporti con l'autorità ... 214

CAPITOLO VII: GRUPPI SANGUIGNI E VITAMINE

Le vitamine liposolubili ... 218
Le vitamine idrosolubili ... 221
Vitamine per il tipo 0 ... 228
Vitamine per il tipo A ... 229
Vitamine per il tipo B ... 230
Vitamine per il tipo AB ... 230

CAPITOLO VIII: GRUPPI SANGUIGNI E MINERALI

I minerali maggiori ... 231
I minerali traccia ... 237
Minerali per il tipo 0 ... 244
Minerali per il tipo A ... 245
Minerali per il tipo B ... 246
Minerali per il tipo AB ... 246

CAPITOLO IX: GRUPPI SANGUIGNI E INTEGRATORI ERBORISTICI

Integratori erboristici per il tipo 0 ... 247
Integratori erboristici per il tipo A e AB ... 247
Integratori erboristici per il tipo B ... 248

CAPITOLO X: GRUPPI SANGUIGNI E ANTIBIOTICI

Pro e contro degli antibiotici ... 249
Gli antibiotici per il tipo 0 ... 250
Gli antibiotici per il tipo A ... 250
Gli antibiotici per il tipo B e AB ... 251
Antibiotici e cure dentali ... 251

CAPITOLO XI: GRUPPI SANGUIGNI E MALATTIE

Farmaci e integratori erboristici di automedicazione	253
Interventi chirurgici e gruppi sanguigni	255
Perché certe persone si ammalano e altre no?	257
Ruolo del gruppo sanguigno nella patogenesi	257
Malattie digestive tipiche del gruppo 0	284
Malattie metaboliche tipiche del gruppo 0	286
Malattie immunitarie tipiche del gruppo 0	291
Malattie digestive tipiche del gruppo A	293
Disturbi del metabolismo tipici del gruppo A	297
Malattie del metabolismo tipiche del gruppo B	302
Malattie immunitarie tipiche del gruppo B	305
Terapie personalizzate per il tipo AB	308

CAPITOLO XII: CANCRO E GRUPPI SANGUIGNI

Cancro e lectine	312
Gli antigeni del gruppo sanguigno e la metastasi	312
T e TN: gli antigeni del cancro	314
Predisposizione genetica del gruppo A	315
Il fattore di crescita affine all'antigene del gruppo A	316
Ruolo dei gruppi sanguigni nella genesi del cancro	317
Dibattito sulle cause d'insorgenza del cancro	323

EPILOGO — 326

BIBLIOGRAFIA — 328

INTRODUZIONE

Non finirò mai di ringraziare tutte le persone che in questi anni mi hanno guidato, ispirato e sostenuto per la creazione di questo libro. Ho acquisito ed elaborato per molto tempo tantissime informazioni prima che mi decidessi a scriverlo. Ma finalmente è arrivato, in un periodo dove il settore dell'alimentazione è sempre in evoluzione con nuove scoperte scientifiche e, ahimè, anche con nuove teorie talvolta assurde da fare accapponare la pelle. Parlare di alimentazione oggigiorno sembra facile, visto che chiunque ormai si permette di entrare in questo argomento, consigliando magari la prima cosa che leggono o sentono nei vari mezzi mass-mediali. Ma scrivere un testo che dimostri con prove scientifiche verificabili, le tesi a sostegno di tale argomento, non è da tutti. È un atto di responsabilità nei confronti del prossimo!
Le nuove ricerche condotte nell'ambito dell'alimentazione hanno dimostrato chiaramente che salvaguardare la nostra salute è possibile, anche se queste ricerche, in realtà, non hanno mai realmente differenziato i soggetti presi in esame, dimostrando in più di un'occasione, che i risultati ottenuti in laboratorio sono validi per alcuni e non per altri. Ognuno di noi ha un suo metabolismo, una sua genetica e biochimica, una sua individualità ed è per questo che molti rispondono a queste terapie alimentari in maniera differente. Ciò che fa bene a Tizio, non è detto che faccia bene anche a Caio!
Detto ciò, verrebbe giustamente da pensare che essendo quasi 7 miliardi di abitanti sulla Terra, esisterebbero altrettanti programmi alimentari specifici per ognuno di noi. In un certo senso il concetto non sarebbe sbagliato, ma è anche vero che la realizzazione di 7 miliardi di programmi nutrizionali sarebbe una cosa impossibile da realizzare, anche per il professionista di buona volontà. Allora come risolvere il problema dell'individualità biochimica? La ricerca in questi anni ha fatto passi da gigante dimostrando, dal punto di vista scientifico-antropologico, che la razza umana si è evoluta in gruppi e non singolarmente come individui. Questa evoluzione di gruppo ha portato alla nascita, nel corso dei secoli, a delle caratteristiche fisiche e metaboliche (in base al contesto di vita in cui si viveva) specifiche per ogni gruppo, e che permettono oggi di poter stilare una lista di alimenti da consigliare o eliminare, di comprendere meglio i meccanismi dello stress e la nostra personalità, di conoscere le predisposizioni verso determinate patologie, e cosa importante, di mettere in atto un programma strategico individuale a base di sostanze naturali per combattere le diverse malattie.
Queste caratteristiche sviluppate nel corso di migliaia di anni sono scritte nel nostro sangue, più precisamente, nel nostro gruppo sanguigno. Molti scienziati hanno utiliz-

zato i gruppi sanguigni per conoscere l'evoluzione a tappe della razza umana e per determinare, in parte, l'individualità biochimica insita in ognuno di noi. È vero che solo il gruppo sanguigno potrebbe risultare molto restrittivo per stabilire un piano terapeutico naturale o alimentare, perché in effetti i fattori genetici in gioco sono tanti. Il Progetto Genoma Umano ha permesso di conoscere il numero più o meno esatto di geni che un essere umano possiede. Questi geni sono circa 30.000-35.000. Questo vuol dire che gli esseri umani, avendo un genoma uguale per il 99,9% (alcuni scienziati sostengono che la differenza in termini di percentuale sia maggiore), si differenziano soltanto per poche centinaia di geni.

Il gruppo sanguigno è uno di questi. E anche se mancano all'appello altri geni per poter conoscere con esattezza la specificità di ogni soggetto, è pur vero che la conoscenza del gruppo sanguigno ha già dimostrato da solo di essere capace di migliorare il benessere e la salute di migliaia di persone sparse nel mondo. Da quando è stata scoperta questa caratteristica che permette di associare l'alimentazione al proprio emogruppo, tantissime persone nel mondo ne hanno tratto beneficio. È un caso? Io non credo ai casi, ma credo a ciò che vedo. E se vedo miracoli non posso non considerarli solo perchè la scienza ha l'interesse a portare avanti altre teorie!

Questo programma alimentare è stato in questi ultimi anni il più discusso e osteggiato. Ho letto dichiarazioni di medici o altri professionisti (lo erano realmente?) da rabbrividire, scagliandosi contro questa teoria e affibbiandole ogni nefandezza. In particolare, tutti coloro che difendono uno stile di vita da vegano, dove per stare bene, in salute e campare cent'anni, occorre mangiare solo frutta, verdura, cereali e legumi (forse dimenticano che sono gli alimenti che contengono più sostanze tossiche in assoluto, oltre ad essere, alcune varietà, geneticamente modificate). Se queste persone andassero a dare un'occhiata a qualche testo di antropologia o di evoluzione biologica, forse (e non ne sono sicuro) capirebbero di stare dalla parte del torto. Ma, volendo, per gli amanti dei viaggi, basterebbe andare tra le popolazioni primitive come gli aborigeni australiani, i pigmei, i boscimani o i masai per rendersi conto che si nutrono da secoli di cacciagione, pesca e un pò di agricoltura e non conoscono le patologie cosiddette del benessere che colpiscono il mondo industrializzato. A dire il vero, non conoscono neanche legumi, cereali e molte varietà di frutta e verdura che noi mangiamo a quintali ogni giorno. Ma nonostante ciò, stanno bene. Come mai? Molti scienziati si sono posti questo quesito e andando ad indagare hanno scoperto che queste tribù erano tutte di gruppo sanguigno 0, che secondo questa teoria, è il carnivoro per eccellenza. Tengo a precisare, per evitare fraintendimenti, che non sono contro i vegani, i fruttariani o i latto-ovo-vegetariani, dico soltanto che nell'esercizio della mia professione naturopatica, ho riscontrato perfettamente, come sostiene questa teoria, che soltanto i soggetti di gruppo sanguigno A e AB possono permettersi un'alimentazione più vegetariana e meno carnivora.

La teoria dei gruppi sanguigni si basa su un concetto logico: gli esseri umani presenti oggi sulla Terra sono il frutto dei suoi antenati. I primi esseri sulla Terra avevano gruppo sanguigno 0 (come dimostra anche l'antropologia), ossia, esseri privi di antigeni nel loro gruppo sanguigno. Questi uomini, chiamati anche cacciatori-raccoglitori, si alimentavano prevalentemente di carne, pesce e radici, le uniche fonti alimentari disponibili in quel periodo storico. Le mutate condizioni ambientali e nutrizionali spinsero i primi uomini cacciatori-raccoglitori ad emigrare e ad adattarsi, per sopravvivere, a un'alimentazione basata prevalentemente sull'agricoltura, dando così origine alla trascrizione del gene che codifica per il gruppo sanguigno A (il primo gruppo sanguigno ad avere un antigene).

Lo spostamento successivo degli uomini verso aree deserte e poco popolate diede origine ancora una volta ad un nuovo cambiamento nell'alimentazione e nello stile di vita che permise la trascrizione del gene del gruppo sanguigno B. La commistione del sangue di gruppo A con quello di gruppo B diede origine, circa un migliaio di anni fa, alla nascita del gruppo sanguigno con due antigeni: il gruppo sanguigno AB.

L'uomo, quindi, essendo il risultato di una dura e lunga selezione naturale porta con sé, nel proprio codice genetico, gli stessi caratteri dei suoi antenati. Essendosi evoluto nel tempo e soprattutto in condizioni ambientali e nutrizionali differenti, viene logico pensare che ogni gruppo sanguigno conservi ancora oggi le caratteristiche metaboliche, caratteriali e comportamentali dei suoi antenati.

Dopo aver dato queste spiegazioni sono convinto che i detrattori rimarranno sempre tali e continueranno ancora a portare avanti le loro assurde teorie che, dispiaciuto per loro, con i fatti verranno sempre smentite. Ma poco importa, perché il consiglio che voglio trasmettervi è quello di sperimentare questo tipo di alimentazione sulla propria pelle. Si dice "provare per credere". Chi lo ha fatto, in primis il sottoscritto di gruppo sanguigno 0 (ex vegetariano malato), ne ha soltanto tratto dei grandi benefici!

CAPITOLO I: CARATTERISTICHE DEI GRUPPI SANGUIGNI

I GRUPPI SANGUIGNI AB0

Ogni gene nel nostro organismo è presente in due forme alternative (chiamati alleli). Un'eccezione a questa regola è rappresentata dal gene che codifica per i gruppi sanguigni AB0 rappresentando un caso di allelìa multipla. La presenza di alleli multipli fu scoperto agli inizi del novecento dagli studi effettuati da Karl Landsteiner, che mise brillantemente in evidenza l'incompatibilità dei vari gruppi sanguigni tra loro. Nel sistema AB0 si riscontrano quattro gruppi sanguigni: 0, A, B, AB. I sei genotipi, che determinano i quattro fenotipi, rappresentano le diverse combinazioni di tre alleli: I_A, I_B, e i. Le persone omozigoti per l'allele recessivo i sono di gruppo sanguigno 0. Sia I_A sia I_B sono dominanti su i. Saranno perciò di gruppo sanguigno A sia gli I_A/I_A sia gli I_A/i e saranno di gruppo sanguigno B sia gli I_B/I_B sia gli I_B/i. Gli individui eterozigoti I_A/I_B sono di gruppo sanguigno AB, vale a dire, manifestano entrambi i gruppi sanguigni A e B contemporaneamente.

La genetica di questo sistema segue i principi fondamentali di Mendel. Un individuo di gruppo sanguigno 0, ad esempio, deve avere genotipo i/i. I genitori di questa persona potrebbero essere entrambi 0 (i/i x i/i), o entrambi A (I_A/i x I_A/i, da cui è atteso ¼ di progenie i/i) o entrambi B (I_B/i x I_B/i) o uno A e l'altro B (I_A/i x I_B/i).

FENOTIPO	GENOTIPO
0	i/i
A	I_A/I_A o I_A/i
B	I_B/I_B o I_B/i
AB	I_A/I_B

La tipizzazione sanguigna (cioè la determinazione del gruppo sanguigno di un individuo) e l'analisi dell'ereditarietà dei gruppi vengono usate a volte nei casi di controversa paternità o nei casi di scambio di neonati in ospedale. In tali casi, i dati genetici non possono provare l'identità del genitore. L'analisi genetica sulla base del gruppo sanguigno può solo essere usata per dimostrare che un individuo non è il genitore di un dato bambino: ad esempio, un bambino di fenotipo AB non potrebbe essere il figlio di un genitore di gruppo 0.

Nell'effettuare trasfusioni di sangue bisogna combinare attentamente i gruppi sanguigni dei donatori e dei riceventi, dato che gli alleli che determinano il gruppo sanguigno specificano delle molecole, chiamate antigeni cellulari, che si trovano attaccati alla superficie esterna dei globuli rossi.

Un antigene è qualsiasi molecola che riconosciuta estranea da un individuo stimola la produzione di specifiche molecole proteiche chiamate anticorpi, che si legano all'antigene. Un determinato individuo possiede sulle cellule e tessuti un gran numero di antigeni, molti dei quali sono estranei per un altro individuo; è necessaria quindi un'attenzione al gruppo sanguigno nelle trasfusioni e al tipo di tessuto nei trapianti d'organo. D'altra parte, gli antigeni non vengono generalmente riconosciuti come estranei dall'individuo che li esprime (le malattie autoimmuni sono un'eccezione). Gli antigeni correlati ai gruppi sanguigni sono tra i più potenti dei numerosi antigeni posseduti dal nostro organismo. La loro estrema sensibilità è tale da garantire un sistema d'allarme efficiente e vigile. Infatti, quando le nostre difese immunitarie entrano in contatto con l'antigene di un batterio, per prima cosa si consultano con l'antigene che determina il gruppo sanguigno per sapere se l'intruso è un amico o un nemico.

Il nome di ogni gruppo sanguigno dipende dalla presenza di un antigene specifico: antigene A per il gruppo sanguigno A, antigene B per il gruppo sanguigno B, antigene A e B per il gruppo sanguigno AB, nessun antigene per il gruppo 0. Per comprendere meglio la natura di questi antigeni, li possiamo immaginare come antenne che sporgono all'esterno dalla superficie delle cellule. Queste antenne sono costituite da due parti: lo stelo che serve come supporto, e l'estremità che funge da ricevente e trasmittente.

Il supporto è costituito da una serie di molecole di uno zucchero chiamato fucosio. Il gruppo sanguigno di tipo 0 non avendo antigeni possiede solo lo stelo, cioè le catene di fucosio; nel gruppo sanguigno di tipo A al supporto di fucosio troviamo unito un altro zucchero chiamato N-acetil-galattosammina; nel gruppo sanguigno di tipo B al supporto di fucosio troviamo unito un altro zucchero chiamato D-galattosio; nel gruppo sanguigno di tipo AB al supporto di fucosio sono uniti sia la N-acetil-galattosammina sia il D-galattosio. Quando l'antigene che determina il vostro gruppo sanguigno si accorge che un antigene estraneo è penetrato nell'organismo, per prima cosa stimola la produzione di anticorpi, in grado di contrastare l'intruso. Gli anticorpi, prodotti da cellule specializzate del sistema immunitario, hanno il compito di attaccarsi all'antigene estraneo, bloccarlo e favorirne la distruzione. Le cellule del sistema immunitario producono una varietà infinita di anticorpi, ciascuno diretto contro un nemico ben definito. Questi ultimi, da parte loro, cercano in tutti i modi di sfuggire ai "radar" del sistema immunitario, e nel tentativo di rendersi invisibili possono addirittura cambiare i propri antigeni, cercando di mimetizzarli per renderli più accettabili da parte dell'organismo. Ma il nostro sistema difensivo, vigile ed efficiente, è in grado di fronteggiare la situazione elaborando nuovi tipi di anticorpi. Prendiamo, per esempio, un virus o un batterio: una volta penetrato nell'organismo esso, grazie alla sua struttura antigenica diversa, mette in moto il sistema immunitario che produce anticorpi specifici. Questi ultimi, si precipitano come missili verso gli antigeni estranei che sporgono all'esterno del corpo del microrganismo, attaccandosi. Si innesca così una reazione chiamata agglutinazione, grazie alla quale i microrganismi si attaccano gli uni agli altri formando piccoli ammassi che tendono a precipitare. Tutto questo processo rende più facile la loro eliminazione. Questo meccanismo di difesa antigene-anticorpo, messo in atto dal nostro sistema immunitario, ci consente di comprendere meglio ciò che accade quando soggetti appartenenti a gruppi differenti ricevono il sangue.

I soggetti con sangue di gruppo A hanno anticorpi anti-B. Essi, pertanto, rigettano il sangue di gruppo B.

I soggetti con sangue di gruppo B hanno anticorpi anti-A. Essi, pertanto, rigettano il sangue di gruppo A.

Le persone di gruppo A e di gruppo B non possono quindi scambiarsi il sangue.

I soggetti con sangue di gruppo AB non hanno né anticorpi anti-A, né anticorpi anti-B. Essi possono ricevere il sangue da tutti e vengono per questo chiamati accettori universali. Però, visto che i loro globuli rossi hanno l'antigene A e B, non possono donare sangue ai soggetti appartenenti ad altri gruppi sanguigni, eccetto che ad altre persone di gruppo AB.

I soggetti con sangue di gruppo 0 hanno anticorpi anti-A e anti-B. Essi, pertanto, rigettano il sangue di gruppo A, B e AB. Le persone di gruppo 0 non possono quindi ricevere il sangue da nessuno, eccetto che da altre persone di gruppo 0. Pertanto, non possedendo nè antigeni A nè antigeni B, possono donare il loro sangue a chiunque e per questo vengono chiamati donatori universali.

Gli anticorpi diretti contro i gruppi sanguigni sono i più potenti del nostro sistema immunitario. La loro abilità nell'agglutinare i globuli rossi di gruppo diverso è così spiccata che il fenomeno può essere addirittura osservato ad occhio nudo mettendo a contatto due gocce di sangue incompatibile.

La maggior parte degli altri anticorpi viene prodotta sotto l'influsso di particolari stimoli (come, per esempio, una vaccinazione oppure un'infezione). Gli anticorpi dei gruppi sanguigni, invece, vengono elaborati automaticamente. Spesso essi compaiono nel sangue al momento della nascita e raggiungono i livelli che manterranno anche nell'età adulta già verso i quattro mesi di vita.

Ma dove si trova il gene che codifica il gruppo sanguigno? Il gene del gruppo sanguigno AB0 è localizzato nella gamba q del cromosoma 9, intorno alla banda 34, e perciò il suo indirizzo viene indicato con la sigla 9q34. È in questa posizione che si trovano i tre alleli fondamentali del sistema del gruppo sanguigno AB0, che determinano l'appartenenza al gruppo 0, A, B o AB.

I meccanismi attraverso cui si manifesta l'influenza del gruppo sanguigno vanno posti in relazione con l'effetto dei geni su altri geni, apparentemente scorrelati, situati nelle loro immediate vicinanze. Ciò spiega perchè il gruppo sanguigno può incidere su numerosi e svariati sistemi fisiologici, dagli enzimi digestivi alle sostanze neurochimiche.

Alcuni dei rapporti tra il gene del gruppo sanguigno e altri geni che influenzano la salute e il benessere generale dell'individuo sono già noti: nel 1984 alcuni ricercatori presentarono prove, in un articolo apparso sulla rivista Genetic Epidemiology, della presenza in una genealogia famigliare di un gene importante per la predisposizione al cancro del seno posizionato nei pressi della banda q34 del cromosoma 9. Questo fatto pone in evidenza l'esistenza di una chiara connessione tra gruppo sanguigno e tumore del seno.

Ma c'è molto di più. I ricercatori che operano in questo campo hanno scoperto che molte sostanze nutritive sono in grado di agglutinare le cellule di alcuni gruppi sanguigni (in un modo simile al rigetto), ma non di altri. Ciò significa che un alimento può, per esempio, risultare dannoso per le cellule di un soggetto di tipo A e benefico per le cellule di un soggetto di tipo B. Non a caso, molti degli antigeni presenti negli alimenti hanno caratteristiche simili all'antigene A o B. Questa scoperta ha rivelato l'esistenza di una correlazione scientifica tra gruppi sanguigni e alimentazione.

Molti nutrizionisti restano interdetti quando sentono affermare per la prima volta un legame tra il gruppo sanguigno e i meccanismi della digestione. In realtà non è l'antigene del gruppo sanguigno ad influenzare il livello di acidità dello stomaco, bensì il gene del gruppo sanguigno a influire su altri geni, apparentemente scorrelati, ma situati nelle immediate vicinanze, che hanno il potere di esercitare un'azione sull'acidità dei succhi gastrici. Questo fenomeno, detto associazione (linkage) dei geni, non è ancora stato completamente spiegato, pur essendo stato osservato con una certa frequenza.

EREDITÀ GENETICA DEL GRUPPO SANGUIGNO

Da dove deriva il mio gruppo sanguigno? Come il colore degli occhi o dei capelli, il gruppo sanguigno viene definito da due serie di geni: uno ereditato dalla madre, l'altro dal padre. La commistione delle due caratteristiche darà origine al vostro gruppo sanguigno. Al momento del concepimento, il futuro bambino erediterà parte del suo corredo genetico dal padre e parte dalla madre. Nel caso dei gruppi sanguigni, due genitori AA e BB avranno un figlio con gruppo sanguigno di tipo AB, mentre due genitori A0 e B0 potranno avere un figlio con gruppo sanguigno A0 (e quindi A), AB, B0 (e quindi B), oppure 00 (e quindi 0).

Supponiamo che abbiate ricevuto da vostra madre il gene A e da vostro padre il gene 0: il vostro genotipo sarà allora A0 ma, poichè il gene del gruppo A è dominante su quello di gruppo 0, il vostro fenotipo sarà il gruppo A. Tuttavia voi possederete un gene 0 latente, che potrà essere trasmesso alla vostra progenie.

Prima dell'introduzione delle tecniche di indagine sul DNA, i gruppi sanguigni servivano anche per escludere la paternità di un bambino. Supponiamo, per esempio, che ci fossero un bambino di tipo A (AA o A0), una madre di tipo 0 (00) e un presunto padre di tipo B (BB o B0); dato che i geni A e B sono dominanti sullo 0, il padre del bambino non avrebbe certo potuto avere il gruppo sanguigno B; il bambino, pertanto, sarà stato figlio di un'altra persona.

Come mai il gruppo sanguigno 0 nel tempo non tende a scomparire, dal momento che i gruppi dominanti sono quelli A e B? La risposta è che l'allele 0 pur essendo recessivo non va perduto, ma viene trasmesso alla progenie attraverso il salto generazionale. Se un genitore possiede un allele 0 recessivo e quindi il figlio non lo esprime fenotipicamente, potrebbe risultare il contrario con il nipote o con la generazione successiva.

COMBINAZIONI DEI GRUPPI SANGUIGNI

Gruppi dei genitori	Gruppi dei figli
00 x 00	00
00 x A0	A0 00
00 x AA	A0
00 x B0	B0 00
00 x BB	B0
A0 x A0	AA A0 00
AA x A0	AA A0

AA x AA	AA
AO x BO	AB AO BO OO
AA x BO	AB AO
AO x BB	AB BO
AA x BB	AB
BO x BO	BB BO OO
BO x BB	BB BO
BB x BB	BB
OO x AB	AO BO
AO x AB	AA AB AO BO
AA x AB	AA AB
BO x AB	AB BB AO BO
BB x AB	AB BB
AB x AB	AA AB BB

IL FATTORE RH

Quando vi fate determinare il gruppo sanguigno, venite anche a sapere se siete negativi o positivi. Molti non sanno che si tratta di una classificazione supplementare che non ha nulla in comune con il sistema ABO. Il sistema Rh deve il suo nome al macaco Rhesus, la scimmia spesse volte utilizzata negli esperimenti di laboratorio e nel cui sangue si individuò per la prima volta questo fattore. Esso comprende diversi antigeni (CDEcde), ma tra questi il più importante è D che, se presente, determina la positività. In pratica, quindi, una persona Rh positiva avrà l'antigene D, mentre una persona Rh negativa ne sarà priva.

Per molti anni rimase inspiegabile per i medici il motivo per cui alcune donne che avevano condotto una prima gravidanza in modo del tutto normale, alla seconda o a quelle ancora successive sviluppavano complicazioni che spesso si concludevano con l'aborto o addirittura con la morte della madre stessa. Nel 1940 si scoprì infine che quelle donne possedevano gruppi sanguigni diversi da quelli dei figli, che avevano ereditato i loro dai padri. I figli erano di gruppo Rh+, il che significa che possedevano l'antigene Rh nelle cellule del loro sangue, mentre le madri erano di gruppo Rh- e quindi prive di quell'antigene nel loro sangue. A differenza di quanto succede nel sistema ABO, le persone con Rh- non producono anticorpi contro gli altri gruppi sanguigni finché non vengono sensibilizzate. Questa sensibilizzazione si realizza mediante lo scambio di sangue tra madre e neonato che avviene durante il parto. Ecco perchè in occasione della nascita del primo figlio il sistema immunitario della madre non è ancora pronto a reagire al differente gruppo sanguigno del neonato. Ma se un successivo concepimento porta allo sviluppo di un altro feto Rh+, la madre, ora sensibilizzata, genera anticorpi contro il gruppo sanguigno del bambino. Questo tipo di reazioni al fattore Rh può avvenire solo in madri con Rh- che concepiscono figli di padri con Rh+ e perciò le donne di Rh+, che costituiscono l'85% della popolazione femminile, non hanno alcun motivo di preoccuparsi.

GENETICA DEL SISTEMA RH

PADRE	MADRE	FIGLIO
DD (Rh+)	DD (Rh+)	100% DD
DD (Rh+)	Dd (Rh+)	50% DD, 50% Dd
Dd (Rh+)	DD (Rh+)	50% DD, 50% Dd
Dd (Rh+)	Dd (Rh+)	50% Dd, 25% DD, 25% dd
dd (Rh-)	dd (Rh-)	100% dd
Dd (Rh+)	dd (Rh-)	50% dd, 50% Dd
dd (Rh+)	Dd (Rh+)	50% dd, 50% Dd
DD (Rh+)	dd (Rh-)	100% Dd
dd (Rh-)	DD (Rh+)	100% Dd

IL SISTEMA MN

Il sistema del gruppo sanguigno MN è praticamente sconosciuto, dato che non è importante né per le trasfusioni né per i trapianti. Esistono però delle prove che dimostrano che questo sistema svolge un ruolo di un certo rilievo in alcune malattie cardiovascolari e nel cancro. In questo sistema si viene classificati nei gruppi MM, NN, o MN a seconda che nelle proprie cellule sia presente esclusivamente l'antigene M (gruppo MM), esclusivamente l'antigene N (gruppo NN), oppure entrambi (gruppo MN).
Circa il 28% della popolazione appartiene al gruppo MM, il 22% a quello NN e il restante 50% a quello MN. La maggior parte dei problemi di salute sono correlati con l'appartenenza ai due gruppi puri, mentre quello misto sembra essere più difeso: questa particolarità genetica è nota con il nome di "vigore degli ibridi".
Sembra che il sistema MN abbia una certa importanza nello sviluppo di cancro del seno. Per esempio, se una persona ha il gruppo sanguigno A/MM e nella sua famiglia si

sono verificati casi di cancro, sarebbe di fondamentale importanza consigliare di adottare uno stile di vita con spiccate caratteristiche preventive nei confronti di quella malattia.

Il sistema MN mostra anche una certa correlazione con le malattie cardiovascolari. Uno studio apparso nel 1983 sulla rivista Clinical Genetics, indicava che le persone di gruppo NN presentavano livelli di colesterolo e trigliceridi molto più alti delle altre dopo aver consumato un certo pasto standard. I ricercatori concludevano che le persone che possiedono almeno un gene M (gruppi sanguigni MM e MN) sembrano essere muniti di difese più efficaci contro le conseguenze di alti livelli ematici di trigliceridi e colesterolo.

VARIANTE A_1 O A_2

Per i gruppi A e AB esiste una variante supplementare che può avere qualche implicazione per le strategie alimentari e di comportamento. Per determinare se il sangue è di gruppo A_1 o A_2 (e conseguentemente A_1B o A_2B), lo si tratta con una soluzione contenente una lectina della pianta Dolichos biflorus, che reagisce più attivamente con le cellule dei globuli rossi A_1 che con quelle A_2. Il reagente è prodotto da molte aziende chimiche e il test può essere effettuato presso numerosi laboratori diagnostici.

La distinzione tra A_1 e A_2 sta diventando importante soprattutto perchè certe lectine microbiche sembrano mostrare preferenza verso uno dei gruppi A. Del gruppo A_1 esistono altre variazioni minori, ma le loro connessioni con le lectine, le malattie o l'alimentazione non sono ancora state studiate.

IL LAVORO DI DUE VITE

Il gruppo sanguigno è la chiave che svela i misteri sulla salute, la malattia, la longevità e la vitalità fisica ed emozionale. Esso influenza la nostra suscettibilità nei confronti delle malattie, le scelte alimentari e il tipo di attività fisica che dovrebbe essere praticata. Il gruppo sanguigno costituisce un fattore importante, di cui bisogna tener conto quando si valutano il livello energetico individuale, l'efficienza con la quale vengono bruciate le calorie introdotte con l'alimentazione, la risposta emozionale allo stress, e forse anche la personalità.

La connessione tra gruppo sanguigno e alimentazione potrebbe sembrare incredibile, ma non lo è. Da tempo ci mancava un qualcosa che permettesse di capire le strade che portano alla salute o alla malattia; il perché di certi individui che riescono a dimagrire seguendo un certo tipo di alimentazione, mentre altre non ne traggono alcun beneficio; perché alcuni arrivano alla vecchiaia conservando una buona forma fisica e mentale, mentre altri non ci riescono. L'analisi dei gruppi sanguigni ha permesso di dare una risposta a tutti questi quesiti. Essi seguono un percorso ininterrotto che parte dalla comparsa dell'uomo sulla terra e arriva fino ai nostri giorni. Sono il marchio che i nostri progenitori hanno lasciato nell'inarrestabile cammino della storia.

Lo studio e la comprensione dei gruppi sanguigni rappresenta un'estensione delle recenti scoperte relative al DNA umano. Tutto ciò, fa compiere un passo avanti alla genetica stabilendo che ogni essere umano è assolutamente unico. Non ci sono diete e stili di vita giusti o sbagliati, ma solo scelte corrette o scorrette rispetto al codice genetico individuale. Il lavoro nel campo dell'analisi dei gruppi sanguigni rappresenta il raggiungimento dell'obiettivo di due vite, quella di James D'Adamo e del figlio Peter J. D'Adamo.

James D'Adamo dopo essersi diplomato alla scuola naturopatica nel 1957, ha approfondito i suoi studi in Europa. In queste occasioni notò che alcune persone, pur seguendo scrupolosamente diete strettamente vegetariane e povere di grassi, non riuscivano a trarne sufficienti benefici. Anzi, alcuni sembravano addirittura peggiorare.

James D'Adamo, dotato di acuto spirito di osservazione e di grandi capacità deduttive, giunse alla conclusione che dovevano per forza esistere delle "impronte biologiche" utilizzabili per stabilire le diverse necessità nutrizionali dei suoi pazienti. Egli partì da un concetto semplice: dato che il sangue è la principale fonte di nutrimento per i tessuti, è probabile che esso presenti aspetti che possono contribuire a identificare queste differenze. Per dimostrare la fondatezza di questa teoria, iniziò a suddividere i suoi pazienti in base alle caratteristiche del sangue, osservando poi le diverse reazioni che si manifestavano prescrivendo tipi di dieta differenti.

Con il passare degli anni e dopo aver esaminato una lunga lista di pazienti, iniziarono ad emergere alcuni aspetti veramente interessanti. Egli notò che i soggetti con gruppo sanguigno di tipo A, sembravano reagire male alle diete ricche di proteine animali che includevano abbondanti porzioni di carne, mentre risultati migliori potevano essere ottenuti utilizzando proteine di origine vegetale come, per esempio, quelle contenute nella soia. In aggiunta, il latte e i latticini tendevano ad aumentare la produzione di muco nelle vie respiratorie e nei seni paranasali. Invitati ad aumentare il proprio livello di attività fisica, i soggetti di tipo A, mal tolleravano lo sforzo aggiuntivo, mentre dichiaravano di sentirsi molto meglio praticando attività leggere come lo yoga.

Al contrario, i pazienti con gruppo sanguigno di tipo 0 reagivano ottimamente a una dieta ricca di proteine animali e si sentivano rinvigoriti da un'attività fisica particolarmente intensa, come gli sport aerobici e lo jogging. Con il passare del tempo e la prosecuzione dei suoi studi, James D'Adamo accumulò un numero crescente di conferme a sostegno delle sue teorie dove ognuno segue un sentiero proprio verso il benessere. Nel 1980 pubblicò i risultati dei suoi studi nel libro intitolato One Man's Food.

In quell'anno il figlio Peter J. D'Adamo stava frequentando il terzo anno di studi naturopatici presso il John Bastyr College di Seattle. Appassionato dagli studi nell'ambito dei gruppi sanguigni condotti dal padre, volle portare sul banco di prova tali teorie per dimostrarne la validità scientifica. L'occasione si presentò nel 1982, durante l'ultimo anno di frequenza, quando per motivi di studio, iniziò ad esaminare le pubblicazioni mediche. Peter J. D'Adamo si pose l'obiettivo di scoprire se esistevano correlazioni tra malattie e gruppi sanguigni AB0 e, in caso positivo, se qualcuna di esse poteva rinforzare le teorie nutrizionali del padre. Dato che il suo libro si basava su intuizioni soggettive non era certo di riuscire a trovare evidenze scientifiche in grado di sostenere la sua ipotesi. Ma i risultati delle sue ricerche furono sbalorditivi. Il primo successo arrivò quando apprese che due delle principali malattie che colpiscono lo stomaco presentavano un'associazione con i gruppi sanguigni. La prima è l'ulcera peptica, condizione spesso legata a un'eccessiva produzione di acido da parte dello stomaco, più frequente nelle persone appartenenti al gruppo 0. Questa scoperta lo eccitò molto, visto che il padre aveva osservato che i suoi pazienti con sangue di tipo 0 si sentivano meglio seguendo una dieta ricca di proteine animali (carne, pesce ecc.), alimenti che per essere digeriti richiedono una buona produzione di acido cloridrico. Il secondo successo fu la scoperta dell'esistenza di una correlazione tra il gruppo sanguigno di tipo A e il cancro dello stomaco. Questa malattia è spesso associata a una scarsa acidità gastrica, alterazione presente anche nell'anemia perniciosa, un altro disturbo più frequentemente riscontrabile nei soggetti di tipo A. L'anemia perniciosa è conseguente a una grave carenza di vitamina B_{12}. Quest'ultima, infatti, può essere assimilata solo se lo stomaco funziona a dovere.

Studiando queste correlazioni, Peter J. D'Adamo comprese che appartenere al gruppo sanguigno 0 significava essere esposti a un maggior rischio di sviluppare malattie legate a un'acidità gastrica eccessiva, mentre le persone con emogruppo A erano invece esposte ai disturbi opposti. Aveva finalmente scoperto una base scientifica che sostenesse le osservazioni fatte dal padre. Iniziò così l'interesse per la biologia molecolare e l'antropologia dei gruppi sanguigni negli anni successivi, che lo portarono a postulare quattro semplici chiavi per entrare nei misteri della vita:

1. Il gruppo sanguigno a cui appartenete (0, A, B, AB) è un'impronta genetica che vi distingue dagli altri proprio come fa il DNA contenuto in ognuna delle vostre cellule.
2. Utilizzando le caratteristiche associate al vostro gruppo sanguigno come guida per scegliere l'alimentazione e lo stile di vita più adatti vi sentirete meglio, raggiungerete con maggiore facilità il peso ideale e contribuirete a rallentare i processi di invecchiamento.
3. Tra i vari parametri utilizzati per inquadrare un qualsiasi individuo (razza, cultura, luogo di provenienza), quello che consente un'identificazione migliore è proprio il gruppo sanguigno.
4. La chiave per interpretare il significato dei gruppi sanguigni può essere trovata nella storia dell'evoluzione dell'uomo: il tipo 0 è il più vecchio; il tipo A inizia la sua evoluzione con lo sviluppo dell'agricoltura; il tipo B fa la sua comparsa quando gli uomini cominciano a migrare verso i territori del nord, più freddi e inospitali; il tipo AB, infine, costituisce un fenomeno di adattamento relativamente moderno, il risultato di mescolanze tra gruppi diversi. La storia di questa evoluzione si correla direttamente con i fabbisogni nutrizionali caratteristici di ciascun gruppo sanguigno.

LA STORIA DELL'UOMO

In questi ultimi quarant'anni abbiamo imparato ad utilizzare dei segnali biologici, come quelli forniti dai diversi gruppi sanguigni, per tracciare una mappa degli spostamenti e delle aggregazioni dei nostri antenati. Scoprendo come i primi uomini si adattarono alle modificazioni climatiche, ambientali e alimentari, impariamo qualcosa di più su noi stessi. Infatti, sono state proprio esse a favorire la comparsa di nuovi gruppi sanguigni.

Le differenze riscontrabili nei diversi gruppi sanguigni sono pertanto la diretta conseguenza della capacità dell'uomo di adattarsi alla mutevolezza dell'ambiente circostante. Nella maggior parte dei casi, questi cambiamenti hanno avuto profonde ripercussioni sui sistemi digestivo e immunitario: un pezzo di carne avariata poteva uccidere; un taglio o un'abrasione poteva infettarsi trasformandosi in una ferita mortale.

Tuttavia l'uomo ha resistito. E la storia della sua sopravvivenza è legata alle capacità di adattamento del sistema digestivo e di quello immunitario. È proprio in questi due ambiti che si riscontrano le differenze tra i soggetti appartenenti ai vari gruppi sanguigni. La storia dell'essere umano è contrassegnata dalla lotta per la sopravvivenza, o meglio dalla capacità dell'uomo di adattarsi all'ambiente in cui si è trovato a vivere e

alla dieta che è stato costretto a seguire. In altre parole, il reale motore dell'evoluzione è stato il cibo e le migrazioni che si sono susseguite per procacciarselo.
Non è possibile stabilire con esattezza l'inizio della storia dell'evoluzione. I protoantropi, primi umanoidi a noi noti, si pensa che comparvero circa 500.000 anni fa. Forse la preistoria dell'uomo iniziò in Africa. La vita dei nostri antenati era breve, dura e rozza. Si poteva morire per centinaia di motivi diversi: infezioni, malattie parassitarie, aggressione da parte di animali, parto e fratture. Morire giovani era la regola. I primi esseri umani dovevano impegnare una quantità enorme di tempo e risorse per difendersi da un ambiente così ostile. I loro denti, corti e smussati, non erano certo armi adatte per attaccare i nemici. Inoltre, a differenza della maggior parte dei loro antagonisti nell'ambito della catena alimentare, non erano particolarmente veloci e neppure forti e agili. Inizialmente la qualità che li contrassegnava era un'istintiva furbizia, che poi nel tempo si è mutata in pensiero ragionato. Ma avevano qualcosa di molto più importante: mani dotate di dita in grado di poter svolgere un lavoro.
I neandertaliani, già evoluti in homo sapiens, probabilmente si nutrivano di piante selvatiche, di larve e delle carogne di animali uccisi dai predatori più abili di loro. Essi, infatti, più che predatori erano prede di molti parassiti e germi. Quando i nostri antenati iniziarono a spostarsi da un luogo all'altro furono costretti ad adattarsi a un'alimentazione diversa. L'ingestione di nuovi cibi modificò radicalmente il sistema digestivo e immunitario. Ciò consentì all'uomo non solo di sopravvivere, ma di prosperare nel nuovo habitat. Questi profondi cambiamenti accompagnano lo sviluppo dei diversi gruppi sanguigni che sembrano fare la loro comparsa in tappe critiche dell'evoluzione:

1. L'ascesa degli esseri umani verso la cima della catena alimentare (l'evoluzione del gruppo sanguigno di tipo 0 ne è l'espressione più completa).
2. Il passaggio da un'alimentazione basata sulla caccia e sulla raccolta di piante selvatiche e radici a un'alimentazione basata su un'agricoltura rudimentale (comparsa del gruppo sanguigno di tipo A).
3. La fusione delle razze e le migrazioni verso altre aree (sviluppo del gruppo sanguigno di tipo B).
4. La mescolanza di gruppi diversi (comparsa del gruppo sanguigno di tipo AB).

Ciascun gruppo sanguigno racchiude in sé il messaggio genetico legato alla dieta e al comportamento dei nostri progenitori. Pur avendo alle nostre spalle un lungo cammino, molte caratteristiche ci legano ancora ai primi uomini che hanno popolato la terra.

GRUPPO 0: IL CACCIATORE-RACCOGLITORE

È il gruppo sanguigno più antico. I primi uomini che avevano questo gruppo sanguigno erano cacciatori abili e scaltri, capaci di costruire e utilizzare vari strumenti e armi (giavellotti, lance, clave). Queste armi, associate alla sua resistenza fisica, lo mettevano nelle condizioni di non temere la concorrenza del regno animale. La loro alimentazione era prevalentemente a base di carne e le proteine animali erano la loro fonte di energia primaria. In questo periodo si formarono le caratteristiche principali dell'apparato digerente del gruppo sanguigno 0. Questi uomini, inizialmente, trovarono enormi riserve alimentari, che purtroppo, non durarono per molto: il successo nella caccia e l'abbondante alimentazione aumentarono il tasso di crescita della popolazione, e le riserve di caccia divennero insufficienti. Vi furono delle lotte, i più forti difesero il loro territorio, e i più deboli dovettero emigrare. Con le migrazioni, si modificarono le condizioni di vita, trasformando l'uomo cacciatore-carnivoro, in onnivoro, consumando insetti, bacche, noci, radici e piccoli animali. E coloro che si stabilirono vicino alle coste iniziarono ad alimentarsi di pesce.

Oggigiorno il "gruppo sanguigno dei carnivori" è quello più diffuso, circa il 38-40 per cento della popolazione mondiale.

GRUPPO A: IL VEGETARIANO

Il gruppo sanguigno A, secondo per diffusione, comparve in risposta alle mutate condizioni ambientali. L'agricoltura e l'addomesticamento degli animali furono le caratteristiche salienti della sua cultura. La coltivazione dei cereali e la disponibilità di bestiame diedero un forte impulso all'evoluzione. Non più costretti a vivere alla giornata, gli uomini iniziarono a sviluppare comunità stabili e le prime strutture abitative. Queste popolazioni adottarono uno stile di vita e un'alimentazione totalmente differente, che diedero origine a dei cambiamenti genetici nei sistemi digestivo e immunitario. Questi cambiamenti furono necessari per consentire loro di tollerare e assorbire le sostanze nutritive contenute nei cereali e negli altri prodotti dell'agricoltura.

L'abilità necessaria per cacciare in gruppo favorì la nascita di un nuovo tipo di cooperazione. Per la prima volta, il lavoro di un singolo individuo dipendeva dall'attitudine di altri ad assolvere compiti diversi. Il mugnaio, per esempio, aveva bisogno del raccolto del contadino il quale, a sua volta, non avrebbe potuto macinare il grano senza il mugnaio. Ben presto, nessuno pensò al cibo come a fonte immediata di nutrimento.

I campi dovevano essere seminati e coltivati in anticipo per assicurare scorte in grado di soddisfare bisogni futuri. La pianificazione delle risorse e il lavoro di gruppo divennero in poco tempo abitudini ben radicate. Ed è curioso osservare come i soggetti appartenenti al gruppo sanguigno di tipo A ancora oggi conservino tratti psicologici che li fanno eccellere nei lavori che richiedono pianificazione e collaborazione.

Proprio in quel periodo il gene che codifica per il gruppo sanguigno di tipo A, incominciò a germogliare. La mutazione che segnò il passaggio dal gruppo sanguigno 0 a quello A fu molto rapida: circa quattro volte più veloce delle mutazioni osservabili nella Drosophila (il moscerino della frutta utilizzato per gli esperimenti genetici).

Per quale motivo si è verificata la rapida mutazione che ha dato origine al gruppo sanguigno di tipo A? La risposta è semplice: per favorire la sopravvivenza di coloro che riuscivano ad adattarsi meglio in una società ormai "affollata". Non a caso, i soggetti con sangue di tipo A erano più resistenti nei confronti di malattie infettive caratteristiche delle comunità densamente popolate. E ancora oggi essi hanno maggiori probabilità, rispetto a persone con sangue di tipo 0, di sopravvivere a epidemie terribili come la peste, il vaiolo e il colera.

In conclusione, il passaggio dal gruppo sanguigno 0 a quello A è stato determinato dalla profonda modificazione delle abitudini alimentari e dalle diverse epidemie provocate dall'affollamento.

GRUPPO B: IL NOMADE E IL PASTORE

Il gruppo sanguigno B fece la sua comparsa probabilmente in seguito a migrazioni e al passaggio da aree con un clima torrido a zone più fredde e rigide. In ogni caso, dopo il suo sviluppo, si pensa che il nuovo gruppo sanguigno divenne ben presto caratteristico delle grandi tribù nomadi della steppa, che a quel tempo dominavano le pianure eurasiatiche.

Quando i mongoli iniziarono a dilagare attraverso l'Asia, il gene del sangue di gruppo B era già profondamente radicato. Queste popolazioni nomadi portarono con sè una cultura fondata principalmente sulla pastorizia, come dimostra, tra l'altro, la loro alimentazione basata sul consumo di carne e di prodotti caseari.

I pastori nomadi si differenziarono in due grossi gruppi: uno, dedito prevalentemente all'agricoltura, prese dimora nel sud-est asiatico (Cina); l'altro, nomade e bellicoso, conquistò i territori posti a settentrione e a occidente. La divisione fra i pastori bellicosi del nord e i pacifici contadini del sud fu tanto profonda da riuscire a superare la prova del tempo. Ancora oggi, infatti, la cucina tipica dell'Asia del sud non contempla l'uso del latte e dei prodotti caseari, considerati cibi "barbari".

GRUPPO AB: IL PIÙ MODERNO

Il sangue di gruppo AB è il più raro e recente. Sviluppatosi dalla mescolanza del sangue di tipo A, con quello di tipo B, è oggi presente in meno del 5 per cento della popolazione mondiale. Dato che i soggetti di tipo AB ereditano la tolleranza di entrambi i tipi di sangue A e B, il loro sistema immunitario si è specializzato nella fabbricazione di anticorpi in grado di contrastare le malattie infettive. Inoltre, il fatto di non possedere anticorpi anti-A e anti-B, fa sì che questi soggetti siano meno predisposti a sviluppare allergie e altre malattie che coinvolgono il sistema immunitario.

Essere di gruppo AB non comporta solo vantaggi. Infatti, questi soggetti hanno difficoltà a riconoscere come estranee sostanze o cellule che hanno caratteristiche antigeniche simili a quelli di tipo A e B. In queste circostanze il sistema immunitario non fabbrica anticorpi difensivi, ma resta tranquillo. Tutto ciò comporta una certa predisposizione a sviluppare tumori poichè una delle funzioni del nostro sistema difensivo è anche quella di riconoscere e uccidere cellule trasformate che, nel tempo, possono dare origine a una neoplasia.

Certamente questo non significa che tutte le persone di gruppo AB si ammaleranno di tumore, ma essere soltanto più vulnerabili nei confronti di queste patologie.

CONCLUSIONI

TIPO 0: E' il gruppo sanguigno più antico, quello dei nostri antenati cacciatori. Le persone con sangue di gruppo 0 hanno un sistema immunitario forte e reattivo, in grado di distruggere chiunque, amico o nemico.

TIPO A: E' caratteristico dei primi immigrati, costretti ad adattarsi a un'alimentazione basata sull'agricoltura; le persone di gruppo A sono dotate di una spiccata propensione a lavorare in gruppo, qualità indispensabile per sopravvivere in comunità.

TIPO B: E' il risultato dell'adattamento a nuove condizioni climatiche.

TIPO AB: E' il gruppo sanguigno più moderno e raro, nato dall'unione tra la tolleranza del tipo A e l'equilibrio del tipo B.

CAPITOLO II: LECTINE, POLIAMMINE E DIGESTIONE

LECTINE E ALIMENTI

Tra sangue e cibo si verifica una reazione chimica che fa parte del nostro bagaglio genetico. Nonostante tutto ciò sia sorprendente all'inizio del ventunesimo secolo, il sistema digestivo e quello immunitario conservano ancora una predilezione per i cibi consumati dagli antenati di gruppo sanguigno simile al nostro.

La ragione risiede in glicoproteine chiamate lectine. Queste glicoproteine, presenti in maniera più o meno abbondanti nei diversi alimenti, sono dotate di proprietà agglutinanti che si esprimono nel sangue.

Le lectine costituiscono un mezzo semplice ed efficace che consente a un determinato organismo di attaccarsi a un altro. Moltissimi germi, e anche il nostro stesso sistema immunitario, utilizzano questa specie di colla biologica. Le cellule che tappezzano i condotti attraverso i quali la bile lascia il fegato per arrivare nella cistifellea, per esempio, hanno una superficie ricca di lectine che le aiutano ad afferrare e bloccare batteri e parassiti. I microrganismi, per esempio, utilizzano proprio queste lectine come delle vere e proprie ventose per ancorarsi alle mucose del nostro organismo. Spesse volte le lectine dei virus e dei batteri hanno antigeni simili a quelli del nostro gruppo sanguigno. Le stesse considerazioni valgono per il cibo. Quando mangiamo alimenti che contengono lectine incompatibili con il nostro gruppo sanguigno, esse si sistemano in un organo (reni, fegato, cervello, stomaco ecc.) e iniziano ad agglutinare globuli rossi in quell'area.

Le lectine di derivazione alimentare, presentano caratteristiche simili a quelle degli antigeni dei gruppi sanguigni e si comportano come nemici per le persone che possiedono anticorpi diretti contro quello specifico antigene. Il latte, per esempio, possiede lectine simili all'antigene B: se una persona con sangue di tipo A ne beve un pò, il suo sistema immunitario metterà subito in moto i meccanismi di agglutinazione nel tentativo di eliminare l'intruso.

Come avvengono i processi di agglutinazione? Supponiamo che una persona di tipo A mangi del fegato di vitello (alimento da evitare). La digestione del fegato inizia nello stomaco, ma la lectina che contengono è resistente all'azione dell'acido cloridrico. A questo punto possono succedere due cose: la lectina, intatta, può interagire con le pareti dello stomaco, oppure proseguire il suo viaggio verso l'intestino. Anche qui il suo destino può seguire due strade diverse: la lectina può attaccare la parete intestinale, oppure passare nel sangue ed essere trasportata in tutto l'organismo.

Ciascuna lectina ha le sue predilezioni, e quindi gli organi che possono essere colpiti sono diversi. Una volta giunta a destinazione, la lectina esercita un effetto magnetico sulle cellule che la circondano: le attira formando degli agglomerati che successivamente verranno distrutti.

LECTINE: NUOVE SCOPERTE SULLA TOSSICITÀ

Quando mangiamo alimenti che contengono lectine incompatibili con il nostro gruppo sanguigno, esse potranno interferire negativamente con i processi della digestione, del metabolismo e del sistema immunitario.

Molte lectine presentano affinità verso un determinato gruppo sanguigno, nel senso che mostrano una chiara predilezione per un preciso tipo di zucchero e si adattano meccanicamente all'antigene di un particolare gruppo sanguigno. La loro specificità rispetto al gruppo sanguigno si manifesta nel fatto che si legano in modo preferenziale con l'antigene glicosilato di un certo gruppo sanguigno, mentre lasciano gli altri del tutto indisturbati. A livello cellulare, le lectine spesso inducono la formazione di legami incrociati tra le molecole di zuccheri presenti sulla superficie di cellule differenti e così facendo provocano l'agglomerazione e l'agglutinazione delle cellule stesse, che è forse il loro effetto più noto.

Il termine lectina, che deriva dal latino, significa "scegliere", infatti, le lectine scelgono le cellule a cui aderire in funzione del grado di glicosilazione dei tessuti a cui esse appartengono. Per esempio, le cellule delle pareti dell'intestino tenue sono normalmente molto ben glicosilate e quindi offrono molte opportunità per la formazione di legami con le lectine. L'attacco delle lectine sull'apparato digerente può avvenire su diversi fronti e provocare una serie di sintomi che vanno al di là di quelli che siamo soliti definire problemi digestivi:

- **<u>Le lectine interferiscono con il sistema immunitario dell'intestino</u>**. Molte delle lectine presenti nel cibo, stimolano il sistema immunitario a produrre gli anticorpi destinati a combatterle. Dato che spesso gli alimenti che le contengono vengono considerati "fortemente allergenici", è ragionevole supporre che alcune di queste sospette allergie alimentari non siano in realtà altro che reazioni del sistema immunitario verso le lectine contenute in quei cibi.

- **Le lectine interferiscono con la digestione delle proteine**. Alcuni ricercatori hanno osservato che l'agglutinina del germe di grano (WGA) potenzia enormemente l'attività sulla membrana cellulare della maltasi, l'enzima che nell'intestino tenue è adibito alla scissione delle molecole degli zuccheri complessi per formare zuccheri semplici. Nelle medesime condizioni si è osservato che anche l'attività dell'amminopeptidasi, l'enzima che scinde le molecole dei polipeptidi negli amminoacidi componenti, viene inibita dall'agglutinina del germe di grano.
- **Le lectine attivano autoanticorpi nelle malattie infiammatorie e autoimmuni**. Quasi tutti siamo dotati nel sistema sanguigno di anticorpi contro le lectine alimentari e alcuni di questi sono stati posti in relazione con danni immunitari ai reni in pazienti affetti da nefropatie (malattie dei reni). È stato anche ipotizzato che gli anticorpi prodotti nell'artrite reumatoide possano richiedere l'attivazione della lectina del germe di grano. Alcuni ricercatori sono convinti che molti casi di fibromialgia, un disturbo infiammatorio dei tessuti muscolari, siano provocati da un'intolleranza ai prodotti contenenti frumento. Quindi, in questi casi, si consiglia di provare a evitare questi prodotti per un certo periodo di tempo, per verificare un'eventuale attenuazione dei dolori.
- **Le lectine alimentari danneggiano le pareti intestinali**. Si è a conoscenza da tempo che alcune lectine dei legumi danneggiano i microvilli delle cellule di assorbimento dell'intestino tenue. In una sperimentazione condotta su animali, fu somministrata una lectina derivante dal fagiolo rosso, e nel giro di qualche ora si osservò nei microvilli degli animali la formazione di una diffusa vescicolazione, cioè la comparsa di numerose bolle longitudinali, che successivamente scomparve in una ventina di ore. Si notò inoltre una riduzione significativa della lunghezza dei singoli microvilli, che ritornarono alle dimensioni normali nel medesimo lasso di tempo.
- **Le lectine modificano la permeabilità dell'intestino**. Si è riscontrato che le lectine alimentari aumentano la permeabilità dell'intestino, inducendo in alcuni soggetti lo sviluppo di allergie o intolleranze anche verso altre proteine. In una ricerca si è scoperto che in animali alimentati con una dieta a base di fagioli cresceva nettamente la permeabilità intestinale di proteine del siero che erano state iniettate nella loro circolazione sanguigna. Questo dimostra che le lectine alimentari possono essere considerate almeno parzialmente responsabili del calo delle proteine del siero e della comparsa di altre intolleranze alimentari, in seguito a un calo di efficienza della funzionalità intestinale.

- **Le lectine bloccano gli ormoni digestivi**. La colecistochinina (CKK), un ormone che facilita la digestione dei grassi, delle proteine e dei carboidrati stimolando la secrezione degli enzimi digestivi, è influenzata da svariate lectine alimentari, in particolare da quelle del germe di grano. Le lectine si legano ai recettori della CKK e ne inibiscono l'azione. Una quantità elevata di CKK nel cervello fa supporre che l'ormone intervenga anche nel controllo dell'appetito e che quindi queste lectine possano anche contribuire a creare problemi di sovrappeso (in assenza di CKK, l'appetito cresce). Si è ipotizzato che, bloccando i recettori della CKK, le lectine inibiscano la secrezione dell'amilasi, un enzima necessario per la digestione dei carboidrati. L'attività dell'amilasi è più elevata negli individui di gruppo A, il che è perfettamente logico dal momento che sono quelli che metabolizzano con più efficienza i carboidrati complessi.
- **Le lectine danneggiano l'assorbimento**. Un esperimento condotto su animali alimentati con una dieta a base prevalentemente di farina cruda di fagioli bianchi ha rilevato che i soggetti in esame crescevano meno e perdevano il 50% della capacità di assorbire il glucosio e di utilizzare le proteine della dieta rispetto a un gruppo di animali di controllo nutrito con una farina dello stesso tipo, ma con lectine inattivate. L'aggiunta di lectine provenienti dal grano, dallo stramonio o dall'ortica all'alimentazione di animali cavie, provocava una diminuzione della capacità di digerire e utilizzare le proteine della dieta, che ne rallentava la crescita. Le lectine del frumento erano quelle responsabili dei danni più gravi, in quanto provocavano un ingrossamento del pancreas e una riduzione delle dimensioni del timo, una ghiandola correlata con le funzioni del sistema immunitario. Lo studio traeva le seguenti conclusioni: «Benchè sia stato raccomandato di trasferire il gene della lectina del germe di grano nelle piante da raccolto, per migliorarne la resistenza ai parassiti, la presenza di questa lectina nell'alimentazione alle concentrazioni necessarie per ottenere una protezione efficace contro la maggior parte dei parassiti, può costituire un pericolo per gli animali superiori. Perciò il suo utilizzo nelle piante come insetticida naturale non è privo di rischi per la salute dell'uomo».
- **Le lectine stimolano l'ingrossamento degli organi**. Le lectine possono causare l'ingrossamento degli organi attraverso il rilascio di una categoria di sostanze chimiche dette poliammine. Numerose ricerche hanno registrato aumenti del volume dell'intestino, del fegato e del pancreas di animali sottoposti a somministrazione di lectine alimentari.

LECTINE: UNA COLLA BIOLOGICA PERICOLOSA

Le lectine sono considerate dei veri e propri collanti pericolosi. Alcune lectine, possono causare una morte immediata. Un esempio di lectina molto tossica e molto potente è la ricina, estratta dai semi di ricino. Per nostra fortuna, le lectine presenti nei cibi non è così tossica come la ricina, anche se queste possono nel tempo causare una lunga lista di problemi.

Il 95 per cento delle lectine assunte attraverso gli alimenti, vengono eliminate senza problemi dal nostro organismo. Il restante 5 per cento, riesce a raggiungere il sangue dove innesca una serie di reazioni che portano alla distruzione di globuli rossi e bianchi. Le lectine stesse, possono danneggiare le pareti di stomaco e intestino, causando un'infiammazione delle mucose che provoca disturbi simili a quelli di un'allergia alimentare. Bastano pochissime quantità per agglutinare un numero impressionante di cellule. Sempre che, vi sia incompatibilità con il gruppo sanguigno.

Questo non deve assolutamente vietare l'assunzione dei vari cibi, poichè esse si ritrovano in alimenti come cereali, verdura, legumi, pesce, crostacei e molluschi, e sarebbe molto difficile evitarle. Il segreto è di eliminare le lectine incompatibili con il nostro gruppo sanguigno. Il glutine, per esempio, è la lectina caratteristica del frumento e di altri cereali, che, attaccandosi alla parete dell'intestino, può causare un'infiammazione dolorosa: questa reazione avviene in presenza di certi gruppi sanguigni, soprattutto quello di tipo 0.

Le lectine dal punto di vista strutturale, sono diverse a seconda della loro provenienza. Quella del grano, per esempio, ha una forma diversa da quella della soia e, pertanto, reagirà con sostanze differenti; ciascuna di loro risulterà dannosa per alcuni gruppi sanguigni e benefica per altri. I tessuti del sistema nervoso risultano molto sensibili all'agglutinazione delle lectine di origine alimentare. Ricercatori russi hanno notato che il sistema nervoso degli schizofrenici è più sensibile all'attacco di lectine alimentari molto comuni (tipo il frumento). La lectina estratta dalle lenticchie, se iniettata in un'articolazione di coniglio, induce la comparsa di un'infiammazione locale del tutto simile a quelle dell'artrite reumatoide. In effetti, molte persone che soffrono di questa malattia si sentono meglio se escludono dalla loro alimentazione le lenticchie e gli ortaggi appartenenti alla famiglia delle Solanacee, come pomodori, melanzane, peperoni e patate. Ciò non sorprende perchè le Solanacee sono ricche di lectine.

Le lectine alimentari sono anche in grado di attaccarsi ai recettori di superficie dei globuli bianchi, stimolandoli a riprodursi più velocemente. Esse sono pertanto dei mitogeni. Ciò significa che la lectina induce la cellula ad entrare in una fase del ciclo biologico chiamata mitosi, cioè, la fase che consente alla cellula di dividersi in due cellule figlie.

LE LECTINE PIÙ PERICOLOSE

FRUMENTO. Sono molte le persone che non tollerano i prodotti a base di frumento, anche se per lo più non ne sono coscienti, perchè gli effetti di questa intolleranza non si manifestano con sintomi chiari e immediatamente riconoscibili. Il frumento contiene, oltre ad altre proteine, quantità elevate di glutine e gliadina; sebbene siano presenti anche in numerosi altri cereali, le lectine del frumento sono in grado di suscitare una risposta del sistema immunitario assai più marcata. La sensibilità al glutine e alle gliadine è uno degli effetti secondari che incidono maggiormente sul buon funzionamento del processo digestivo degli alimenti. La maggior parte di coloro che lamentano disturbi digestivi possiedono nel siero anticorpi delle gliadine. La maggioranza dei soggetti che mostrano intolleranza al glutine, non denunciano alcun disturbo, quantunque il loro intestino risulti privo della necessaria mucosa protettiva.

La lectina del frumento, detta agglutinina del germe di grano, o WGA, costituisce un problema alimentare rilevante, ma in gran parte non riconosciuto, per un'ampia fetta della popolazione. Al pari di molte altre lectine alimentari, la WGA non viene attaccata dal processo digestivo e produce effetti metabolici e ormonali non trascurabili: per esempio, simula l'effetto dell'insulina sui suoi recettori, e per questa ragione è una delle molecole più utilizzate per studiare le dinamiche metaboliche dell'insulina.

La sensibilità individuale agli effetti negativi della WGA dipende dal gruppo sanguigno di appartenenza. Esistono prove che l'antigene del gruppo A presente nell'intestino si lega all'agglutinina del grano, conferendo così ai soggetti di gruppo sanguigno A e AB la capacità di annullare gli effetti della sua lectina. In sostanza, quest'ultima viene catturata dall'antigene del gruppo sanguigno presente nei succhi gastrici prima che abbia la possibilità di fare troppi danni.

POMODORI. Molte persone si chiedono come mai il pomodoro, alimento consigliato da molti nutrizionisti per le sue proprietà antiossidanti, siano sconsigliati ad alcuni soggetti appartenenti a un determinato gruppo sanguigno. Il dibattito dei pomodori è tra i più accesi nell'ambito nutrizionale. Questo perchè si è scoperto che contengono alte concentrazioni di licopene, un pigmento naturale che conferisce, oltre che ai pomodori, anche alle angurie e ai pompelmi rossi il loro colore caratteristico e che è dotato di notevoli proprietà antiossidanti. Alcune ricerche hanno indicato che il licopene può diminuire il rischio di certe forme tumorali, come quelle della prostata, e che contribuisce ad abbassare la frequenza delle malattie cardiache. Ma allora, perchè questo alimento non è consigliato per tutti i gruppi sanguigni? La ragione è semplice. I pomodori contengono una potente lectina, chiamata agglutinina del Lycopersicon esculentum, una delle poche lectine dotate di potere agglutinante per tutti i gruppi sanguigni e per questo definite con il termine di Panemoagglutinine. La lectina del pomodoro è quindi tutt'altro che innocua, perchè abbassa la concentrazione della mucina, l'enzima preposto alla protezione delle pareti intestinali. Probabilmente è questo il motivo per cui molti casi di intolleranze alimentari comprendono i pomodori.

Ma la lista dei danni delle lectine dei pomodori non termina qui. Infatti ci sono prove attendibili che esse tendono a legarsi con i tessuti nervosi, oltre che con una delle sottounità della pompa protonica, il meccanismo cellulare attraverso cui la gastrina stimola la produzione dell'acido gastrico. È probabile che questa sia la ragione per cui molti soffrono di iperacidità dopo aver mangiato salsa di pomodoro.

E il licopene? In primo luogo, sarà bene rendersi conto che quand'anche aggiungessimo un pomodoro alla nostra insalata non ne ricaveremmo granchè in termini di quantitativi di licopene, dal momento che i pomodori sono in gran parte composti di acqua. Per assumere grandi quantità di licopene dovremmo quindi ricorrere alla conserva di pomodoro, che però sfortunatamente contiene anche molta più lectina.

Ma c'è anche una buona notizia: oltre che nei pomodori, il licopene si trova in un buon numero di altri alimenti, come l'anguria, il pompelmo rosa, la papaia e le albicocche secche.

ARACHIDI. Molti soggetti, indipendentemente dal gruppo sanguigno, sono allergici a questi frutti, in grado di scatenare una serie di sintomi, con conseguenze anche fatali. In questi casi il consiglio migliore è quello di eliminarli totalmente dall'alimentazione. D'altra parte si stanno accumulando prove che la lectina delle arachidi svolge un ruolo protettivo contro svariate forme tumorali, tra cui quelle dello stomaco, del colon e del seno. Ma come si conciliano queste scoperte con quella, altrettanto recente, che denuncia nelle arachidi la presenza di aflatossine, correlate allo sviluppo di cancro del fegato nelle cavie? (Non esistono invece prove dirette che coinvolgano le aflatossine nello sviluppo del cancro del fegato negli esseri umani).

Innanzitutto, le aflatossine non sono componenti delle arachidi (e neppure del mais, del sorgo, del pecan, dei pistacchi o delle noci) ma contaminanti prodotti da un micete che si sviluppa su questi alimenti in condizioni di conservazione inadeguate.

Ma quanto è grave il problema delle aflatossine? In molti paesi non sono mai stati riportati casi di intossicazione, alcuni casi sono stati registrati in paesi del Terzo Mondo (Uganda, Malesia), dove sia i metodi di stoccaggio, sia quelli di identificazione della malattia sono alquanto sospetti. Nessuno di questi casi è stato mai associato al consumo di arachidi: in Uganda la causa è stata una partita di mais contaminato e in Malesia un tipo di pasta lunga.

INDIVIDUAZIONE DELLE LECTINE

L'effetto delle lectine sui cibi non è una semplice teoria ma si basa su vere e proprie evidenze scientifiche. Acquistando presso laboratori specializzati le lectine isolate dai vari alimenti, è possibile vedere al microscopio l'agglutinazione con un gruppo sanguigno incompatibile. Esiste, però, un altro metodo scientifico molto valido per misurare la presenza di lectine tossiche nel nostro organismo. Si tratta di un semplice esame condotto sulle urine, mediante il quale viene misurata su una scala colorimetrica l'escrezione di indacano, una sostanza (potassio indossil solfato) prodotta a livello intestinale dalla decomposizione del triptofano, assorbita dalla parete intestinale ed escreta con le urine. Questo indolo è associato ai fenomeni di fermentazione intestinale. In pratica, se fegato e intestino non riescono a digerire e ad utilizzare bene le proteine, si producono sostanze chimiche chiamate indoli che vengono eliminati attraverso le feci e le urine. Se evitiamo gli alimenti contenenti lectine incompatibili, l'escrezione urinaria di indacano sarà minima. Al contrario, se consumiamo regolarmente cibi ricchi di lectine incompatibili, l'escrezione di indacano nelle urine sarà elevata. Questo test dimostra senza ombra di dubbio come l'ingestione anche sporadica di un cibo incompatibile abbia ripercussioni esagerate, non osservabili nei soggetti che hanno un gruppo sanguigno compatibile con quello stesso alimento. Se una persona di tipo A mangia un pò di mortadella, ad esempio, i nitriti (sostanza ad azione conservante) in essa contenuti avranno un'attività tossica novanta volte superiore a quella svolta in un soggetto appartenente a un altro gruppo sanguigno. Questo perchè nel tipo A il rischio generico di sviluppare un tumore gastrico è aumentato e quindi i nitriti, sostanze dotate di attività cancerogena, risultano più tossici.

TEST DELL'INDACANO

Il test dell'indacano è stato utilizzato dalla medicina tradizionale fino a qualche decennio fa per diagnosticare la presenza di una flora batterica intestinale troppo esuberante. In un prossimo futuro, quando un numero sempre maggiore di persone imparerà a conoscere i legami che esistono tra lectine e gruppo sanguigno, questo test rivivrà una seconda primavera.

1° Passaggio: Aggiungendo all'urina acido cloridrico e ferro si ottiene una reazione chimica che sviluppa fumo.

2° passaggio: La miscela viene lasciata riposare per due minuti, poi si aggiungono tre gocce di cloroformio che fanno liberare una maggiore quantità di fumo di colore variabile dall'azzurro chiaro al blu scuro.

3° Passaggio: Il risultato della reazione viene misurato con l'ausilio di una scala colorimetrica (0-2: risultato buono; 2,5: c'è qualche problema; 3-4: la situazione è critica).

POLIAMMINE: UNA NUOVA SCOPERTA SULLA TOSSICITÀ

Le sostanze tossiche presenti nell'intestino, non riguardano solo gli indoli, ma anche altri composti chimici chiamati poliammine: putrescina, spermidina, cadaverina.

Le poliammine sono proteine, dette ammine biogene, presenti in basse concentrazioni in tutte le cellule viventi (umane, animali, vegetali). Gli organi del corpo hanno bisogno di poliammine per crescere, rinnovarsi e metabolizzare; dal loro effetto stabilizzante sul DNA cellulare dipende il corretto sviluppo delle cellule e il buon funzionamento del sistema nervoso. I bambini, infatti, producono quantità maggiori di poliammine che servono per la loro crescita, rispetto agli adulti che ne producono in quantità più basse. Si è riscontrato che molte lectine alimentari, oltre ad agire in modo selettivo verso i gruppi sanguigni, stimolano la produzione di poliammine nell'apparato digerente.

Una probabile spiegazione di questo fenomeno è che le cellule dell'intestino sintetizzino grandi quantità di poliammine nel tentativo di riparare i danni provocati dalle lectine tossiche ai microvilli intestinali. Pur stimolandone la produzione, l'effetto finale delle lectine riduce la quantità di poliammine disponibile per l'organismo, facendo calare il livello totale delle ammine biogene in altri tessuti del corpo.

Questo spiega come mai i bambini cresciuti in regime vegano tendono ad essere in media più piccoli di quelli onnivori: l'alto contenuto di lectine provenienti da una tipica dieta vegetariana a base di cereali può indurre le cellule intestinali a sequestrare quantità di poliammine tali da privare altri tessuti, rallentando la crescita di muscoli e ossa. Molte lectine provocano un aumento anormale delle dimensioni di organi come il fegato, il pancreas e la milza. L'ingrossamento di questi organi è la conseguenza di un enorme afflusso di poliammine nei loro tessuti.

Sono stati condotti esperimenti su animali nella cui dieta era stata inserita la lectina del germe di grano, che stimola una consistente produzione di poliammine. Si è scoperto che in seguito alla somministrazione diminuivano la digeribilità e il grado di utilizzo delle proteine alimentari, con un rilevante impatto negativo sulla crescita degli animali esaminati. Un altro effetto osservato è stato appunto la crescita abnorme, stimolata dalle poliammine, del pancreas e dei tessuti dell'intestino tenue. Lo stesso effetto è stato riscontrato anche con numerose altre lectine di fagioli e legumi. Non è azzardato ipotizzare che l'effetto stimolante della lectina del germe di grano sulla sintesi delle poliammine, in combinazione con la capacità delle lectine di simulare l'azione dell'insulina, sia responsabile dell'aumento di peso in soggetti appartenenti al gruppo sanguigno 0 e B che ne fanno un consumo eccessivo.

In definitiva, le poliammine si possono considerare come proteine a doppio taglio: una certa quantità è indispensabile per favorire la crescita delle cellule e la guarigione dalle malattie, un loro eccesso può rallentare il sistema immunitario e modificare il metabolismo dei tessuti. La soluzione più giusta per evitare i danni causati dalle poliammine è quello di adottare il programma alimentare basato sul gruppo sanguigno, in modo tale da regolare l'apporto delle lectine e di conseguenza l'aumento indiscriminato di poliammine nei tessuti intestinali.

LE POLIAMMINE NEI CIBI

Molti testi di biochimica definiscono le poliammine come le proteine della carne morta. Quando un tessuto vivo viene sottoposto a uno choc o muore, la struttura delle sue proteine si spezza e in seguito i batteri o gli enzimi contenuti nei cibi trasformano in poliammine molti dei frammenti che si sono formati. Per questo motivo le poliammine si trovano in quantità enormi nei tessuti di persone vittime di traumi gravi e in prodotti alimentari che hanno subìto trasformazioni strutturali provocati da un trattamento troppo brusco, come un congelamento troppo rapido.

Molti seguaci della dieta vegana, rinunciano a cibi come la carne e il pesce utilizzando come giustificazione la presenza elevata di poliammine. Ma costoro non sanno che esse sono abbondanti in vegetali come cereali, frutti e germogli. Inoltre, anche se non sono presenti direttamente negli alimenti di origine vegetale, verranno prodotti dall'organismo in risposta alle lectine presenti in molte piante, cereali e legumi.

Normalmente li possiamo trovare nei cibi fermentati e in quelli trattati, qualora il processo di inscatolamento o di congelamento abbia compromesso l'integrità strutturale dei tessuti. Anche i formaggi stagionati contengono grandi quantità di putrescina, al pari di alcuni vegetali, come le patate, le verdure in scatola o congelate (con l'eccezione di quelli a foglia verde) e certi frutti, tra i quali arance e mandarini. Anche i gamberi sono ricchi di putrescina, soprattutto quelli confezionati e congelati. Mentre alcuni formaggi stagionati, i semi di soia fermentati, il tè fermentato, il sakè giapponese, i funghi coltivati, e il pane fresco sono abbondanti fonti di spermidina. I cereali, le verdure in scatola o congelate, i prodotti della carne, le carni rosse e il pollame contengono invece abbondanti fonti di spermina.

Misurare la quantità di poliammine nel nostro organismo non è facile, perchè mancano metodi semplici e diretti di valutazione, ma nonostante ciò è possibile ottenerne una stima sufficientemente affidabile utilizzando come indicatori una serie di altre misure indirette:

- **Livelli ematici di albumina più alti della norma**: l'albumina, una proteina molto importante utilizzata come mezzo di trasporto veloce da altre sostanze nutritive, viene sintetizzata dal fegato. La sua produzione tende a calare in presenza di stress ambientali, nutrizionali, tossici e traumatici, mentre sale parallelamente alla sintesi delle poliammine. La misurazione dell'albumina viene anche utilizzata per conoscere lo stato nutrizionale del paziente, in quanto riflette il livello delle riserve proteiche presenti nel corpo nell'ultimo mese. I valori normali sono compresi tra 3,5 e 5,2 g/dl. Livelli di albumina superiori a 4,8 sono un probabile indizio della presenza elevata di poliammine, mentre livelli inferiori a 4 danno un buon margine di sicurezza.
- **Indacanuria elevata**: un eccesso di indacano nelle urine indica che nel primo tratto intestinale vi sono molti batteri che producono elevate quantità di poliammine.
- **Alitosi (alito cattivo)**: se nonostante un'accurata pulizia del cavo orale, l'alitosi persiste, probabilmente il problema deve essere attribuito alla presenza di troppe poliammine. La putrescina e la cadaverina, sono i principali responsabili dell'odore caratteristico dell'alitosi.
- **Cefalea dopo aver consumato cibi fermentati**: le poliammine esaltano gli effetti dell'istamina, presente spesso in alimenti che contengono istidina, come il vino rosso. La cefalea indica la presenza di alti livelli di poliammine, soprattutto quando questa avviene dopo aver consumato birra o vino.

SEGNALI CHE INDICANO UN ECCESSO DI INDOLI E POLIAMMINE NEI GRUPPI SANGUIGNI

GRUPPO 0: I soggetti di gruppo 0 si devono tenere lontani dalle lectine dei cereali (in particolare frumento), che aumentano la produzione di poliammine da parte delle cellule dell'intestino, del pancreas e del fegato. Sintomi di intossicazione:

- forti infiammazioni, come dolori alle giunture e altri di natura meno specifica, come quelli dovuti a fibromialgia; problemi mestruali;
- difficoltà a dimagrire; eccessiva ritenzione di liquidi;
- problemi intestinali: crampi, flatulenza e stitichezza;
- affaticabilità e iperattività mentale;
- intolleranza ai carboidrati (affaticabilità e perdita di attenzione dopo un pasto ricco di carboidrati);
- trigliceridi alti.

GRUPPO A: I soggetti appartenenti a questo gruppo non devono consumare prodotti di origine animale, perchè il cattivo assorbimento derivante dall'incompleta scissione delle proteine animali, offre ai vostri batteri intestinali una buona fonte di amminoacidi, dandovi in cambio poliammine. Sintomi di intossicazione:

- problemi della pelle, come psoriasi, eczema o acne;
- cefalee frontali, che non rispondono bene all'aspirina o all'acetamminofene;
- seno fibromatoso;
- agitazione mentale e scarsa capacità di reggere gli stress;
- fermentazione gastrica con conseguente alitosi;
- ipoglicemia (basso livello di zucchero nel sangue);
- colesterolo alto;
- feci maleodoranti.

GRUPPO B-AB: Tra arginina e gruppo sanguigno è stata scoperta un'interessante correlazione. L'ornitina decarbossilasi (ODC) viene spesso prodotta a partire da un amminoacido più comune, l'arginina. Il gene dell'enzima che produce l'acido arginosuccinico, il precursore dell'arginina, è situato nei pressi di quello del gruppo AB0 nel locus 9q34 e le ricerche hanno dimostrato l'esistenza di una stretta correlazione tra i due. Attraverso questo meccanismo gli elementi genetici dell'espressione del gruppo sanguigno influiscono sulla quantità di arginina disponibile per essere convertita in ornitina e infine in poliammine.

L'ossido nitrico è un altro derivato dell'arginina. Questi legami ci consentono di capire perchè il gruppo B e quello AB, che possiedono l'antigene B, trattano l'ossido nitrico in modo differente dagli altri gruppi sanguigni. Questi gruppi sono molto sensibili ai cambiamenti nei livelli dell'ossido nitrico e vengono danneggiati quando le poliammine sottraggono l'arginina destinata alla sua produzione. Sintomi di intossicazione:

- mancanza di libido (stimolo sessuale);
- insufficienza circolatoria: mani e piedi freddi, ipotensione ortostatica (pressione del sangue differente in piedi o coricati), emorroidi, vene varicose e affaticabilità;
- sensibilità alla luce (fotofobia) e a molti odori;
- fermentazione gastrica; alitosi;
- sensazione di pesantezza e disagio nel tratto intestinale inferiore;
- seno fibromatoso.

ALIMENTI CHE ABBASSANO I LIVELLI DI POLIAMMINE E INDOLI

- **Noci**. Secondo alcune ricerche le noci inibiscono l'ODC. Possono essere mangiate da tutti i gruppi sanguigni.
- **Tè verde**. I risultati di alcune ricerche indicano che i polifenoli contenuti nel tè verde hanno il potere di inibire l'ODC. Può essere utilizzato da tutti i gruppi sanguigni.
- **Frutti pigmentati di blu scuro, porpora o rosso**. Questi cibi contengono antocianidine, antiossidanti in grado di inibire l'ODC. Tra di essi more, ciliegie e mirtilli. La maggior parte di questi frutti sono benefici per tutti i gruppi sanguigni.
- **Cipolle, aneto, dragoncello, foglie dei broccoli e aglio**. Hanno moderate proprietà antibatteriche contro molti dei ceppi prodotti dalle poliammine. Inibiscono leggermente l'ODC. Possono essere consumati da tutti i gruppi sanguigni.
- **Curcumina e curcuma**. Sono spezie utilizzate nella cucina indiana e dai praticanti ayurvedici. La curcumina è un potente inibitore della sintesi delle poliammine. Possono essere consumate da tutti i gruppi sanguigni.

GRUPPO SANGUIGNO E DIGESTIONE

Gli interventi principali del gruppo sanguigno nel processo digerente sono i seguenti:

- **Saliva**. L'antigene del gruppo sanguigno è presente in grandi quantità nella saliva e nel muco, con la funzione di difesa contro le invasioni dei batteri.
- **Mucine**. Il gruppo sanguigno è il fattore più importante tra quelli che determinano la struttura delle mucine, le molecole diffuse lungo tutto il tubo digeren-

te, che forniscono protezione contro i batteri e le irritazioni alimentari. Si possono considerare i guardiani dell'apparato digerente.
- **Stomaco**. Gli antigeni del gruppo sanguigno sono maggiormente presenti sulle pareti dello stomaco che in altri organi dell'apparato digerente. Un buon numero di ormoni e secrezioni sono direttamente influenzati dal gruppo sanguigno, e tra questi i succhi gastrici, principalmente la gastrina, la pepsina e l'istamina.
- **Fegato**. Le cellule delle pareti dei condotti biliari del fegato contengono l'antigene del gruppo sanguigno, così come il succo pancreatico e la bile. Il gruppo sanguigno esercita così la sua influenza sul principale filtro dell'organismo, adibito a separare le sostanze nutritive dagli scarti.
- **Intestino tenue**. Grandi quantità di antigeni del gruppo sanguigno aderiscono alle pareti dell'intestino tenue, dove interagiscono con le sostanze nutritive e gli enzimi che regolano l'assimilazione.
- **Intestino crasso**. Gli antigeni del gruppo sanguigno sono presenti in gran numero nell'intestino crasso, dove influenzano la flora intestinale.

Il gruppo sanguigno è il fattore importante per controllare l'ambiente dello stomaco, regolando l'attività degli acidi e degli enzimi gastrici. Ma come agisce il gruppo sanguigno? Il suo meccanismo d'azione è abbastanza complesso. Quando il cibo penetra nello stomaco, la stimolazione nervosa provoca la secrezione di un liquido, chiamato succo gastrico, composto di acqua, acido cloridrico e vari enzimi. Nel succo gastrico vengono secrete una grande quantità di antigeni del gruppo sanguigno, più che in ogni altra secrezione dell'intero apparato digerente. L'acido cloridrico distrugge i germi presenti nel cibo, proteggendo l'intestino dalle infezioni, ma è anche la sostanza che, in caso di rigurgiti, può provocare bruciori nell'esofago.

Quando il cibo entra nello stomaco, il succo gastrico diventa più alcalino, perchè le proteine del cibo esercitano un effetto tampone sugli acidi gastrici. L'aumento di alcalinità stimola il rilascio di maggiori quantitativi di gastrina e conseguentemente l'aumento della produzione dell'acido. Una volta digerite le proteine, l'acidità dello stomaco tende nuovamente a salire, interrompendo il rilascio di gastrina, in modo da bloccare la secrezione di ulteriori quantitativi di acido.

Le molecole delle proteine vengono scisse anche con l'aiuto dell'enzima pepsina. La pepsina è molto sensibile al livello di acidità dello stomaco e quindi, in assenza di sufficienti quantità di acido cloridrico, l'azione di questo enzima non si innesca. Il gruppo sanguigno influisce direttamente sull'attivazione della pepsina.

La maggior parte delle persone di gruppo sanguigno 0 producono nello stomaco più acido cloridrico rispetto agli altri gruppi sanguigni. Inoltre, dopo un pasto, secernono più prontamente maggiori quantitativi di pepsina, oltre a più pepsinogeni e più gastrina, tutti componenti necessari per scindere in modo appropriato le proteine animali.

E' stato anche dimostrato che l'antigene del gruppo A, normalmente secreto nel succo gastrico, si lega alla pepsina inibendone l'azione. Ciò può spiegare la bassa acidità gastrica riscontrata nei soggetti appartenenti a questo gruppo sanguigno. L'acido gastrico oltre a digerire le proteine, serve da barriera contro la maggior parte dei batteri.

Uno dei problemi più seri incontrati da chi ha una bassa acidità gastrica (gruppo A e AB) è l'eccessiva proliferazione batterica nello stomaco e nel primo tratto dell'intestino tenue. In questo caso, un trattamento con antibiotici non risolve il problema, che tenderà a ripresentarsi dopo pochi giorni dal termine della cura.

IL DIBATTITO DELLE PROTEINE

Uno dei lati più contestati della nutrizione genetica basata sui gruppi sanguigni è l'affermazione che le persone dei gruppi 0 e B, per stare bene, debbano consumare carni rosse in abbondanza. Le teorie nutrizioniste tradizionali attribuiscono infatti alle carni rosse ogni sorta di nefandezze, considerandole responsabili, tra l'altro, di innalzare il livello del colesterolo, con le conseguenti malattie cardiache e di favorire l'osteoporosi. Ma la conoscenza che abbiamo oggi del ruolo della fosfatasi alcalina intestinale contraddice nettamente questa credenza.

La fosfatasi alcalina è un enzima prodotto nell'intestino tenue che, tra le altre sue funzioni, facilita anche la digestione delle proteine e dei grassi animali. Studi recenti dimostrano chiaramente che i soggetti di gruppo sanguigno 0 e, sia pure in misura minore, anche quelli di gruppo B, sono dotati nell'intestino di livelli elevati di fosfatasi alcalina, in grado di proteggerli dagli effetti potenzialmente pericolosi di un regime alimentare ricco di proteine. Al contrario, le persone di gruppo A producono quantità irrilevanti di questo enzima e anche quel poco viene disattivato dai propri antigeni A.

Naturalmente è una ragione in più per convincere queste persone ad attenersi rigorosamente a scelte alimentari a basso contenuto di proteine.

Esistono prove che la fosfatasi alcalina intestinale, oltre a favorire la demolizione dei grassi, migliora anche l'assorbimento del calcio. Alla luce di queste scoperte, la teoria dei vegani, o vegetariani integrali, che sostiene l'utilità delle diete a base vegetale per prevenire l'osteoporosi non poggia evidentemente su basi solide. L'osservazione che in alcuni individui sottoposti ad un'alimentazione ricca di proteine l'eliminazione del

calcio tende ad aumentare risponde al vero, ma al più può essere considerata una correlazione, e in realtà le ricerche su questo tema provano esattamente il contrario.
Per dare il colpo di grazia, a chi sostiene queste teorie assurde, una recente ricerca della Johns Hopkins, dell'Università del Minnesota e del Chicago Center for Clinical Research indica che una quantità di circa 180 g di carne rossa, consumata cinque o sei volte alla settimana, può abbassare anche del 10% il rischio di contrarre malattie coronariche. In particolare, le donne che avevano adottato diete più proteiche (circa il 24% del totale delle calorie assunte), presentavano un rischio cardiopatico inferiore di un quarto rispetto a quello di altre donne che ricavavano da sostanze proteiche solo il 15% delle loro calorie totali.

I PROBIOTICI

Le conoscenze scientifiche attuali sono il frutto di ricerche umane nel lungo cammino dell'evoluzione. Da sempre le nuove teorie ipotizzate da alcuni scienziati sono state considerate come idee folli e di natura diabolica, quindi, da scartare perchè non accettate dalla classe medica e scientifica. Ma se non fosse stato per la genialità di alcuni personaggi rivoluzionari, oggi l'uomo vivrebbe ancora nelle capanne e con le candele.
La non accettazione di nuove teorie che farebbero sconfinare l'uomo verso elevate conoscenze scientifiche e spirituali, è purtroppo un'abitudine ancora oggi ben radicata.
Nel 1910, un biologo russo di nome Elie Metchnikoff suggerì che la via migliore per rimanere sani e prolungare la vita era eliminare la tossicità gastrointestinale, ma come potete già immaginare, gran parte dell'establishment medica di allora, liquidò lui e le sue teorie trattandolo alla stregua di un ciarlatano. Un vero peccato, perchè in realtà il russo aveva ragione.
Fu proprio Metchnikoff ad inventare il termine "probiotico", che significa letteralmente <<in favore della vita>>, per sottolineare la sua ipotesi che il processo dell'invecchiamento venga accelerato dall'esposizione prolungata alle sostanze tossiche putrefattive prodotte da uno squilibrio della flora intestinale. Il processo, sosteneva il biologo, può essere rallentato consumando con regolarità i batteri del latte cagliato e i prodotti alimentari trasformati dalle loro colture. Oggi, dopo un secolo, l'idea che i batteri intestinali benefici siano in grado di proteggere le cellule, migliorare le difese immunitarie e favorire il pieno utilizzo delle sostanze nutritive presenti nei cibi, viene accettata da tutti.
Ciò che non è ancora stato ben compreso è il ruolo svolto dal gruppo sanguigno nell'orchestrare il giusto equilibrio dei batteri benefici. Come abbiamo già accennato, gli antigeni del gruppo sanguigno vengono espressi in tutte le parti del corpo che intera-

giscono con l'ambiente esterno. Ma quale ruolo svolgono questi antigeni nella creazione dell'equilibrio della flora intestinale? Gli antigeni del sangue sono zuccheri complessi, di cui i batteri sembrano esserne ghiotti. Gli antigeni dei differenti gruppi sanguigni sono composti da diverse combinazioni di zuccheri e i batteri, nei loro confronti, sono molto selettivi. Molti batteri benefici presenti nel nostro intestino si alimentano in modo consono al gruppo sanguigno, in altre parole, preferiscono cibarsi dell'antigene del nostro gruppo sanguigno. Se sono presenti in quantità sufficiente, si accaparreranno il cibo con molta più determinazione rispetto alle forme batteriche più pericolose eventualmente presenti e alla fine riusciranno ad impedire l'accesso all'organismo a tutti gli ospiti indesiderati. I ceppi batterici benefici presenti nel colon metabolizzano gli antigeni del gruppo sanguigno trasformandoli in acidi grassi a catena corta, molto efficaci per la salute dell'intestino.

Ma da dove nasce questa loro preferenza? Si basa su un principio noto come "aderenza". Come una chiave può essere inserita solamente nella sua serratura, così i batteri aderiscono esclusivamente a quelle configurazioni di zuccheri che offrono sedi di attacco complementari. Benchè non tutte le sedi presenti nel tratto digerente e in quello intestinale siano specifiche di ogni gruppo sanguigno, il processo complessivo di adesione per molti batteri benefici (e anche per quelli dannosi) è controllato dal gruppo sanguigno. Infatti quasi il 50% di tutti i ceppi batterici esaminati mostrano un grado di specificità verso un particolare gruppo sanguigno. In generale, tutti i gruppi sanguigni traggono vantaggi dagli effetti complessivi dei batteri benefici specifici e degli alimenti trattati con colture batteriche. Gli alimenti probiotici offrono una ciambella di salvataggio agli organismi malati, favorendone la disintossicazione e la guarigione.

CAPITOLO III: GRUPPI SANGUIGNI E ALIMENTAZIONE

Dopo aver esaminato le caratteristiche più importanti del sistema AB0, eccoci finalmente arrivati alla connessione tra alimenti ed emogruppi. Gli alimenti che troverete in base alle vostre caratteristiche sanguigne riguardano soltanto quelli che tollerate geneticamente e che potete mangiare senza problemi. Gli alimenti che non troverete e che sono esclusi dalla lista, stanno ad indicare che potrebbero essere potenzialmente dannosi per la vostra salute, quindi, da bandire totalmente dal vostro programma alimentare.

Gli alimenti benefici agiscono nell'organismo come veri e propri farmaci, pertanto, devono essere consumati con maggiore frequenza. Gli alimenti indifferenti, invece, sono abbastanza tollerati, e anche se non sono considerati alimenti farmaci (come quelli benefici), agiscono apportando sostanze nutritive importanti all'organismo (vitamine, minerali, aminoacidi ecc.).

UN ULTERIORE LIVELLO DI CLASSIFICAZIONE

L'esistenza di quattro gruppi sanguigni – 0, A, B e AB – non implica che al mondo ci siano solo quattro tipologie di individui e una conclusione simile costituirebbe una semplificazione ridicola, dal momento che, come tutti sanno, la realtà è di gran lunga più variegata e complessa. Da ciò nasce la necessità di fare un passo avanti fino a raggiungere un nuovo livello di classificazione, attraverso un'ulteriore suddivisione di ognuno dei gruppi sanguigni – in particolare tra chi è portatore di antigeni nelle secrezioni e chi non lo è – per arrivare a disporre di una maggiore specificità di identificazione.

All'interno del nostro organismo, il gruppo sanguigno, lungi dal rimanere inerte, si manifesta con un gran numero di espressioni diverse, che determinano le differenziazioni individuali. Proviamo a chiarire il concetto attraverso un'analogia, quella del rubinetto dell'acqua: a seconda della pressione, dal rubinetto può uscire un potente getto d'acqua oppure solo poche gocce e il rifornimento potrà essere rispettivamente buono o insufficiente. In modo analogo, la condizione di portatore o non portatore di antigeni nelle secrezioni è correlata con l'entità e la posizione dell'espressione nell'organismo degli antigeni del gruppo sanguigno.

Proprio di fronte al 9q34, sui cromosomi 11 e 19, abita l'importante cugino primo del gene del gruppo sanguigno, il gene che determina la presenza degli antigeni del gruppo sanguigno nelle secrezioni.

Quantunque questo gene sia indipendente da quello del gruppo sanguigno, influisce sui modi con cui quest'ultimo si manifesta. Tutti gli esseri umani portano nelle cellule del sangue un antigene del gruppo sanguigno, ma la maggior parte delle persone (tra l'80 e l'85% della popolazione) hanno anche antigeni che si muovono liberamente nelle varie secrezioni corporali. Tali individui sono detti **portatori di antigeni nelle secrezioni**, perché esprimono gli antigeni del gruppo sanguigno nei fluidi corporali, quali saliva, muco e sperma. Un portatore di antigene nelle secrezioni può determinare il proprio gruppo sanguigno attraverso l'analisi di questi fluidi, oltre che con quella del sangue. Il restante 15-20%, cioè coloro che possiedono gli antigeni del gruppo sanguigno solamente nelle cellule del sangue, vengono definiti, abbastanza prevedibilmente, **non portatori di antigeni nelle secrezioni**.

Poiché i portatori hanno a disposizione più possibilità per manifestare gli antigeni del gruppo sanguigno, presentano nel loro organismo un numero maggiore di espressioni del gruppo sanguigno rispetto ai non portatori. Quest'ultima condizione, o status, può avere forte impatto sulle caratteristiche del sistema immunitario ed è associata con un ampio assortimento di malattie e disfunzioni metaboliche.

COME DETERMINARE SE SIETE O NO PORTATORI

Esiste un metodo approssimato ma rapido per stabilirlo, legato a un sistema supplementare di classificazione del sangue, detto **sistema Lewis**, funzionalmente collegato alla genetica delle secrezioni, in quanto lo stesso gene codifica sia il gene delle secrezioni, sia il sistema Lewis. Nel sistema Lewis, localizzato nel cromosoma 19, sono possibili due antigeni, chiamati Lewis^a e Lewis^b. Gli individui vengono classificati in uno dei tre gruppi: Lewis^{a+b-}, Lewis^{a-b+} e Lewis^{a-b-} (la quarta possibile variante, Lewis^{a+b+}, è molto rara).

Il sistema Lewis si può utilizzare per determinare se un certo soggetto è o meno portatore di antigeni nelle secrezioni, poiché si è osservato che chi appartiene al gruppo Lewis^{a+b-} è anche non portatore, mentre chi appartiene a quello Lewis^{a-b+} è anche portatore. Il legame tra lo status di portatore o non portatore e il sistema Lewis viene a formarsi perché i portatori convertono tutti i loro antigeni Lewis^a in antigeni Lewis^b (rendendoli Lewis^{b+}). La ragione per cui ho definito approssimato questo metodo è che esiste una categoria di persone che sfugge a questo tipo di classificazione: i soggetti di gruppo Lewis[a-b-] non possono utilizzare questo sistema per determinare il loro status di portatore o non portatore, in quanto non producono sostanze Lewis e quindi non presentano mai le caratteristiche a+ o b+ nel sangue o nelle secrezioni.

Fortunatamente solo il 6% della popolazione bianca e il 16% di quella nera appartengono al gruppo Lewis[a-b-] e ciò consente quindi alla maggioranza delle persone di determinare la propria condizione di portatore o non portatore sul medesimo campione di sangue utilizzato per determinare il gruppo sanguigno.

SISTEMA LEWIS

Le (a$^+$b$^-$) = non portatori (o non secretori)
Le (a$^-$b$^+$) = portatori (o secretori)
Le (a$^-$b$^-$) = Lewis negativi
(possono essere sia portatori sia non portatori)

PERCHÈ È IMPORTANTE SAPERE SE SI È PORTATORI?

La ragione per cui la natura ha fatto alcuni di noi portatori e altri non portatori non è nota con precisione, anche se possiamo presumere che lo status di portatore sia la conseguenza di uno sforzo dell'evoluzione teso a fornire all'organismo un livello supplementare di difesa, inesistente nei primi esseri umani. Abbiamo prove che dimostrano che lo status di non portatore è geneticamente precedente a quella di portatore e probabilmente più consono alle esigenze digestive dei primi cacciatori-raccoglitori.

Lo status di portatore è con tutta probabilità l'esito di un processo di adattamento immunologico. Infatti la capacità di secernere gli antigeni del gruppo sanguigno nella saliva, nei succhi gastrici e in altri fluidi corporali sembra creare una barriera supplementare contro aggressioni ambientali, quali quelle dei batteri, degli inquinanti e di altri potenziali invasori.

Dal punto di vista immunologico, i non portatori sembrano perseguire una strategia diversa, approntando una sorta di "**trappola mortale**": lasciano cioè che gli invasori patogeni facciano il loro ingresso nell'organismo per poi attaccarli e sterminarli dall'interno. Alcune delle aree controllate o influenzate dallo status di portatore o non portatore sono:

- la facilità con cui i batteri estranei invadono l'organismo;
- il grado di aderenza ai tessuti dell'apparato digerente delle lectine e di altre strutture alimentari sensibili al gruppo sanguigno;

- la sindrome X, o sindrome da resistenza all'insulina;
- l'equilibrio dei batteri intestinali;
- la significatività dei marker tumorali per la diagnosi del cancro;
- la tendenza del sangue a coagulare;
- la composizione del latte materno;
- l'immunoresistenza;
- la predisposizione alle carie dentali;
- la sensibilità ai batteri responsabili delle ulcere;
- il rischio relativo di sviluppare problemi di infiammazione intestinale;
- l'infiammazione delle vie respiratorie e la predisposizione agli attacchi virali;
- la prevalenza delle patologie autoimmuni;
- i fattori di rischio delle patologie cardiache;
- la predisposizione genetica all'alcolismo.

Eccovi un esempio delle conseguenze pratiche di essere o meno un portatore. Supponiamo che il vostro sangue sia di gruppo 0 e che dobbiate sottoporvi a un intervento chirurgico. Il sangue di gruppo 0 è quello che contiene la concentrazione più bassa di fattori di coagulazione e perciò siete maggiormente soggetti a emorragie. Ma livelli molto bassi di fattori di coagulazione sono una caratteristica anche di chi è portatore. Se quindi siete di gruppo 0 e in più portatore di antigeni nelle secrezioni, avrete maggiori probabilità di eventi emorragici incontrollabili rispetto ai soggetti di gruppo 0 ma non portatori.

PROGRAMMA ALIMENTARE PER IL GRUPPO 0

STRATEGIE DI COMPORTAMENTO

- Per acquisire forza, energia ed efficienza metabolica, consumate più volte alla settimana carni magre di alta qualità, provenienti possibilmente da animali allevati in modo naturale. Per ottenere risultati migliori deve essere al sangue o poco cotta; se la preferite ben cotta, mettetela prima a marinare in ingredienti benefici, come succo di limone, spezie ed erbe.
- Includete sempre nella vostra alimentazione porzioni di pesci di acque fredde ricchi di oli. Gli oli di pesce combattono le malattie infiammatorie, migliorano la funzionalità della tiroide e attivano il metabolismo.
- Evitate del tutto i latticini, per voi sono difficili da digerire e causano un aumento di muco nelle prime vie respiratorie.

- Eliminate dalla vostra alimentazione il frumento e tutti i prodotti che lo contengono: per chi appartiene a questo gruppo sono gli alimenti che generalmente danno i maggiori problemi. Se avete disturbi digestivi o tendenza ad ingrassare, eliminate anche i prodotti a base di avena.
- Limitate al massimo il consumo di fagioli, che per voi non costituiscono una fonte di proteine particolarmente consigliabile.
- Mangiate grandi quantità di frutta e verdura, possibilmente biologiche.
- Se non potete fare a meno della vostra dose quotidiana di caffeina, sostituite almeno il caffè con il tè verde, che non è acido e contiene meno caffeina.
- Per gli spuntini, utilizzate frutta secca come mandorle, noci, semi di zucca, fichi, datteri e albicocche secche.

STRATEGIE ALIMENTARI

- Utilizzate la liquirizia DGL (senza glicirrizina). Vi aiuterà ad aumentare il livello della secretina, un ormone che inibisce la produzione dell'acido gastrico e inoltre è anche capace di bloccare il rilascio dell'ormone gastrina, che agisce da stimolante per quella stessa funzione. Questa forma di liquirizia è anche in grado di favorire la formazione dello strato di muco adibito a proteggere le cellule dello stomaco dai possibili attacchi dell'acido. Vi sconsiglio l'uso della liquirizia non raffinata, che può causare un innalzamento della pressione sanguigna.
- Integrate l'alimentazione con estratto di corteccia d'olmo, in grado di migliorare la salute delle membrane dello stomaco, dell'intestino e delle vie urinarie, favorendo anche la proliferazione dei lattobacilli.
- Utilizzate il rizoma dello zenzero, che contiene antinfiammatori, antiossidanti e sostanze che prevengono l'ulcera e favoriscono la motilità intestinale.
- Utilizzate i chiodi di garofano, sono una buona fonte di eugenolo, sostanza antinfiammatoria utile per prevenire l'ulcera e le infezioni da candida.
- Integrate con la radice di curcuma, che contiene sostanze antitumorali, antiossidanti e antinfiammatorie, fa calare l'attività dell'ornitina decarbossilasi, favorisce la funzionalità gastrica e quella epatica, stimola la produzione della mucina, ha effetti gastroprotettivi e favorisce la secrezione degli enzimi digestivi.
- Utilizzate il peperoncino, protegge l'apparato digerente dalle tossine e contiene sostanze antinfiammatorie, antiossidanti e antiulcera.
- Bevete acqua minerale frizzante a temperatura ambiente, può aiutare a far calare la produzione di gastrina e ad abbassare l'acidità gastrica.

- Evitate latte, birra, alcolici, fanno tutti aumentare la produzione di gastrina.
- Evitate o moderate al massimo il consumo di caffè. È stato dimostrato che tutti i tipi di caffè (anche quello decaffeinato) fanno aumentare la produzione di gastrina.
- Evitate tutti i cibi che stimolano la secrezione acida, come le arance, i mandarini e le fragole.
- Preferite i succhi di verdura a quelli di frutta.

CARNI E POLLAME

Le persone con gruppo sanguigno di tipo 0 stanno bene seguendo un'alimentazione ricca di proteine animali e un programma di attività fisica intensa. Per questi soggetti le proteine sono fondamentali. Chi le consuma in quantità insufficienti o di qualità inadeguata mette in pericolo la propria capacità di metabolizzare i grassi, con conseguenze patologiche anche gravi, come diabete e problemi cardiovascolari. Per questi individui, le proteine di alta qualità costituiscono anche la migliore misura preventiva contro l'obesità: fanno crescere la massa muscolare, aumentando così il metabolismo basale, un effetto che permette di bruciare l'eccesso di grassi.

I soggetti di gruppo 0 devono avvicinarsi a uno stile di vita alimentare simile ai loro progenitori. Infatti, l'alimentazione dei cacciatori-raccoglitori e l'enorme fabbisogno energetico necessario per sopravvivere in un ambiente ostile, avevano probabilmente abituato il corpo dell'uomo primitivo a tollerare bene un leggero stato di chetosi, condizione in cui il metabolismo risulta alterato in conseguenza di un'alimentazione ricca di proteine e grassi e povera di carboidrati.

Nella chetosi, una certa quota di proteine e grassi non riesce ad essere demolita completamente, ma viene metabolizzata fino a una tappa che comporta la formazione di sostanze chiamate corpi chetonici. Questi ultimi, entro certi limiti, possono essere utilizzati dal cervello, dal cuore e dai muscoli come carburante alternativo al glucosio.

Molti nutrizionisti continuano a sostenere che il cervello e altri apparati hanno bisogno di glucosio come fonte energetica primaria, ricordando tra l'altro, che l'assunzione generale di carboidrati deve corrispondere al 60 per cento circa degli alimenti giornalieri consumati. Questa teoria è parzialmente vera e valida per altri gruppi sanguigni, ma non per i soggetti di gruppo sanguigno 0. Per loro l'unica fonte energetica primaria sono le proteine e la loro conversione in energia avviene mediante un'altra via metabolica alternativa alla glicolisi, cioè la gluconeogenesi (o neoglucogenesi), che trasforma proprio i grassi e le proteine in energia.

La gluconeogenesi è un processo che porta alla formazione di glucosio a partire dallo scheletro carbonioso di alcuni amminoacidi. Questo processo assicura un apporto costante di energia anche in condizioni di carenza di glucosio. Nonostante i soggetti di gruppo 0 producano buone quantità di acido cloridrico e quindi adatti alla digestione delle proteine animali, devono ricordarsi di bilanciare l'apporto di proteine con sufficienti quantità di verdura e frutta. In caso contrario, si corre il rischio di avere succhi gastrici eccessivamente acidi e pertanto dannosi per le pareti dello stomaco e del duodeno.

GRUPPO 0 – SECRETORE (O PORTATORE DI ANTIGENI)

BENEFICI
Agnello
Cervo
Fegato di manzo o vitello
Manzo
Montone (o castrato)
Vitello

INDIFFERENTI
Anatra
Capretto
Cavallo
Coniglio
Fagiano
Faraona
Fegatini di pollo
Fegato d'anatra
Oca
Pernice
Piccione
Pollo
Struzzo
Tacchino

GRUPPO 0 – NON SECRETORE (O NON PORTATORE DI ANTIGENI)

BENEFICI
Cervo
Coniglio
Fagiano
Manzo
Montone (o castrato)
Pernice
Piccione
Struzzo
Vitello

INDIFFERENTI
Agnello
Anatra
Capretto
Cavallo
Faraona
Fegatini di pollo
Fegato d'anatra
Fegato di manzo o vitello
Oca
Pollo
Quaglia
Tacchino

AGNELLO, MANZO. Forniscono proteine di alta qualità. Incoraggiano la crescita dei batteri intestinali. Incrementano la massa muscolare magra e sono ottimi alimenti antidiabetici e antitumorali. Ottime fonti di zinco.
ANATRA, POLLO. Ottime fonti di proteine e selenio.
CAVALLO. Incoraggia la crescita dei batteri intestinali. Ottima fonte di proteine e zinco.
CERVO. Fornisce proteine di alta qualità. Incoraggia la crescita dei batteri intestinali e incrementa la massa muscolare magra.
CONIGLIO. Incoraggia la crescita dei batteri intestinali. Ottima fonte di proteine.
FAGIANO. Incoraggia la crescita dei batteri intestinali. Ottima fonte di proteine, potassio e selenio.

FEGATO DI MANZO O VITELLO. Fornisce proteine di alta qualità. Incrementa la massa muscolare magra e incoraggia la crescita dei batteri intestinali. Ottima fonte di vitamine del gruppo B, vitamina A, colina, potassio, selenio, zinco e ferro.
MAIALE, SALUMI. Causano flocculazione del siero o precipitazione delle proteine del siero. Contengono componenti che possono aumentare la suscettibilità verso le malattie. Alimenti con un'alta percentuale di contaminazione batterica.
MONTONE (O CASTRATO). Fornisce proteine di alta qualità. Incoraggia la crescita dei batteri intestinali. Incrementa la massa muscolare magra ed è un ottimo alimento antidiabetico e antitumorale. Ottima fonte di vitamina E e zinco.
PERNICE, PICCIONE. Incoraggiano la crescita dei batteri intestinali. Ottime fonti di proteine.
TACCHINO, STRUZZO. Ottime fonti di proteine, selenio e zinco.
VITELLO. Fornisce proteine di alta qualità. Incoraggia la crescita dei batteri intestinali. Incrementa la massa muscolare magra ed è un ottimo alimento antidiabetico. Ottima fonte di zinco.

PESCE E FRUTTI DI MARE

Pesce, crostacei e frutti di mare rappresentano un'importante fonte di proteine animali, soprattutto i pesci provenienti da acque fredde, come aringa, merluzzo, salmone, sardine, sgombro e tonno. Durante l'evoluzione alcuni fattori di coagulazione del sangue sono mutati man mano che gli uomini si adattavano alle modificazioni ambientali. Ecco perché i soggetti di gruppo 0 tendono ad avere il sangue più fluido rispetto alla norma e quindi una scarsa tendenza nella formazione di coaguli. Dato che i pesci come il merluzzo, l'aringa, le sardine, il salmone, lo sgombro e il tonno sono ricchi di grassi che fluidificano il sangue, si potrebbe pensare che essi non siano adatti ai soggetti di tipo 0. In realtà le cose non stanno così. Probabilmente perché questi grassi riducono la tendenza delle piastrine ad aggregarsi formando trombi, mentre la fluidità del sangue osservabile in molti soggetti di tipo 0 è dovuta ad altri fattori della coagulazione. In pratica, i meccanismi in gioco sono diversi.
I grassi contenuti in questi pesci possono inoltre essere di grande aiuto nelle malattie infiammatorie croniche dell'intestino come, per esempio, la colite ulcerosa e il morbo di Crohn, alle quali, tra l'altro, il tipo 0 è particolarmente suscettibile. Inoltre i prodotti ittici sono ricchi di iodio, la materia prima che la tiroide utilizza per fabbricare i suoi ormoni. Infatti, molti soggetti di tipo 0 tendono ad avere una tiroide pigra e quindi un metabolismo più lento e una propensione ad acquistare peso.

Per tutte queste ragioni chi appartiene a questo gruppo sanguigno dovrebbe sforzarsi di consumare molto pesce. Evitate però di ricorrere spesso a prodotti surgelati, in quanto contengono più poliammine rispetto al prodotto fresco.

GRUPPO 0 – SECRETORE (O PORTATORE DI ANTIGENI)

BENEFICI
Branzino (spigola)
Dentice
Halibut
Luccio
Merluzzo
Passera di mare
Pesce persico d'acqua dolce
Pesce persico di mare
Pesce spada
Ricciola
Sogliola
Storione
Tonno pinne gialle

INDIFFERENTI
Alici (acciughe)
Anguilla
Aragosta
Aringa
Capesante
Carpa
Cavedano
Caviale
Cernia
Coda di rospo (rana pescatrice)
Coregone (lavarello)
Corvina
Cozze
Eglefino (haddock)
Gambero

Granchio
Lampuga
Lumache di terra
Merlano
Nasello
Orata
Ostriche
Pesce rombo
Pesce serra
Platessa
Salmone atlantico
Salmone reale
Salmone rosso
Sarago
Sardine
Scorfano
Sgombro
Tonnetto rosso (alalunga)
Triglie
Trota arcobaleno (o iridea)
Trota di mare
Vongole

GRUPPO 0 – NON SECRETORE (O NON PORTATORE DI ANTIGENI)

BENEFICI
Aringa
Luccio
Merluzzo
Nasello
Pesce persico d'acqua dolce
Pesce persico di mare
Pesce spada
Ricciola
Sardine
Sgombro
Sogliola

Storione
Tonno pinne gialle

INDIFFERENTI
Anguilla
Aragosta
Branzino (spigola)
Capesante
Carpa
Cavedano
Caviale
Cernia
Coda di rospo (rana pescatrice)
Coregone (lavarello)
Corvina
Dentice
Eglefino (haddock)
Gambero
Halibut
Lampuga
Lumache di terra
Merlano
Orata
Ostriche
Pesce rombo
Pesce serra
Passera di mare
Platessa
Salmone atlantico
Salmone reale
Salmone rosso
Sarago
Scorfano
Tonnetto rosso (alalunga)
Triglie
Trota arcobaleno (o iridea)

Trota di mare
Vongole

ALICI (ACCIUGHE), DENTICE, LUMACA, RANA PESCATRICE. Ottime fonti di selenio.
ANGUILLA. Ottima fonte di proteine, potassio, vitamina A e vitamina D.
HALIBUT, NASELLO, SALMONE. Ottime fonti di proteine, potassio e selenio.
PESCE PERSICO, SOGLIOLA. Alimenti molto nutrienti. Incrementano la massa muscolare magra.
PESCE SPADA. Fornisce proteine di alta qualità. Incrementa la massa muscolare magra. Ottima fonte di selenio.
POLPO. Irritante gastrico. Inibisce la corretta funzione digestiva.
SARDINE. Ottima fonte di proteine, calcio, potassio, selenio e vitamina B_{12}.
SEPPIA. Contiene lectine o altre agglutinine tossiche.
SGOMBRO. Ottima fonte di proteine, selenio e vitamina B_{12}. Potrebbe contenere alte percentuali di pesticidi.
SPIGOLA. Alimento molto nutriente. Incrementa la massa muscolare magra. Ottima fonte di proteine, potassio e selenio.
TONNO. Ottima fonte di proteine, selenio, vitamina A e vitamina B_{12}.
TROTA IRIDEA. Fornisce proteine di alta qualità. Incrementa la massa muscolare magra. Ottima fonte di potassio e vitamina B_{12}.
VONGOLE. Ottima fonte di proteine, calcio, ferro, potassio, selenio e vitamina B_{12}.

LATTICINI E UOVA

Le persone di tipo 0 devono limitare drasticamente il consumo di latte e latticini poichè il loro organismo non riesce a metabolizzarli bene. Inoltre, questi alimenti possono provocare aumenti di peso, muco nelle prime vie respiratorie, infiammazioni e affaticabilità. Ho risolto personalmente diversi casi di otite cronica semplicemente eliminando dall'alimentazione dei bambini appartenenti a questo gruppo, il latte e i cereali (pappe a base di frumento e mais).
Le uova, in quantità limitate (massimo 4 alla settimana), sono invece permesse: essendo una buona fonte di DHA, possono contribuire a costruire la massa dei tessuti attivi.
Evitando latte e latticini, che sono una buona fonte di calcio, si può andare incontro a delle carenze, soprattutto nei giovani e nelle donne in menopausa. In questi casi, non essendo assimilabile il calcio contenuto in questi cibi, è consigliabile soddisfare le ri-

chieste di calcio dell'organismo attraverso il consumo di alimenti vegetali o un integratore minerale.

GRUPPO 0 – SECRETORE (O PORTATORE DI ANTIGENI)

BENEFICI
Pecorino (tutti i tipi)
Urda

INDIFFERENTI
Burro
Burro chiarificato (ghee)
Feta
Mozzarella (tutti i tipi)
Uova di gallina

GRUPPO 0 – NON SECRETORE (O NON PORTATORE DI ANTIGENI)

INDIFFERENTI
Burro
Burro chiarificato (ghee)
Manchego
Pecorino romano
Quark
Uova di gallina
Uova d'oca
Uova di quaglia

CASEINA, GORGONZOLA, LATTE INTERO E PARZIALMENTE SCREMATO, SIERO DEL LATTE, YOGURT. Causano flocculazione del siero o precipitazione delle proteine del siero. Contengono componenti che possono aumentare la suscettibilità verso le malattie. Inibiscono il metabolismo.
FETA. Ottima fonte di proteine, calcio e zinco.
FONTINA, GOUDA, GELATO, PROVOLONE. Causano flocculazione del siero o precipitazione delle proteine del siero. Incrementano la disbiosi intestinale e i livelli di indacano o poliammine.

KEFIR. Inibisce il metabolismo.
MOZZARELLA. Ottima fonte di proteine e calcio.

LEGUMI

I soggetti di tipo 0 non riescono ad utilizzare bene le proteine contenute nei fagioli, ad eccezione delle persone con discendenti asiatici, il cui apparato digerente si è adattato meglio a questo tipo di alimento. Inoltre, i fagioli inibiscono il metabolismo di altre sostanze nutritive come, per esempio, quelle contenute nella carne. L'effetto più marcato di questi alimenti è la riduzione dell'acidità del tessuto muscolare che, nel tipo 0, dovrebbe rimanere sempre in una leggera condizione di acidosi per funzionare a dovere. Occorre non confondere il problema con la necessità di bilanciare l'eccessiva acidità dei succhi gastrici caratteristica delle persone con sangue di gruppo 0. Da questo punto di vista, anzi, alcune varietà di fagioli possono essere utili, proteggendo il rivestimento interno dello stomaco dall'attacco degli acidi e favorendo la guarigione di infiammazioni e ulcere. Sebbene alcuni di essi contengono lectine sospette, il consumo di questi alimenti deve avvenire con parsimonia, e se potete, scegliete in ogni caso proteine di origine animale.

GRUPPO 0 – SECRETORE (O PORTATORE DI ANTIGENI)

BENEFICI
Carrube
Fagioli azuki
Fagioli dall'occhio

INDIFFERENTI
Cannellini
Ceci
Fagioli bianchi
Fagioli di Lima
Fagioli neri
Fagioli tondini
Fagioli verdi mung (soia verde)
Fagiolino
Farina di soia
Fave

Germogli di soia
Natto
Piselli
Semi di chia
Tempeh
Tofu

GRUPPO 0 – NON SECRETORE (O NON PORTATORE DI ANTIGENI)

INDIFFERENTI
Cannellini
Carrube
Fagioli azuki
Fagioli bianchi
Fagioli dall'occhio
Fagioli di Lima
Fagioli neri
Fagioli pinto
Fagioli verdi mung (soia verde)
Fagiolino
Lenticchie (tutti i tipi)
Piselli
Semi di chia

FAGIOLI AZUKI. Contengono agglutinine benefiche che evitano la suscettibilità verso le malattie.
FAGIOLI BORLOTTI, FAGIOLI ROSSI. Contengono lectine o altre agglutinine tossiche.
TAMARINDO. Irritante gastrico. Inibisce la corretta funzione digestiva. Incrementa la disbiosi intestinale e i livelli di indacano o poliammine.

SEMI E FRUTTA SECCA

Semi e frutta secca costituiscono una buona fonte di proteine per i soggetti di tipo 0. Le noci, inoltre, sono eccellenti disintossicanti e i semi di lino aiutano a rafforzare il sistema immunitario. Le mandorle contengono una buona percentuale di magnesio, minerale spesse volte carente nei soggetti appartenenti a questo gruppo sanguigno.

Molti di essi, però, come i semi di girasole e le castagne, contengono lectine reattive per questo gruppo.

GRUPPO 0 – SECRETORE (O PORTATORE DI ANTIGENI)

BENEFICI
Noci
Semi di zucca

INDIFFERENTI
Burro di mandorle
Formaggio di mandorle
Mandorle
Nocciole
Noci di Macadamia
Noci Pecan
Pinoli
Semi di cartamo
Semi di sesamo
Tahin

GRUPPO 0 – NON SECRETORE (O NON PORTATORE DI ANTIGENI)

BENEFICI
Noci
Semi di zucca

INDIFFERENTI
Burro di mandorle
Formaggio di mandorle
Mandorle
Nocciole
Noci di Macadamia
Noci Pecan
Pinoli
Semi di lino
Semi di sesamo

Tahin

ARACHIDI, SEMI DI GIRASOLE. Contengono lectine o agglutinine tossiche.
CASTAGNE. Causano flocculazione del siero o precipitazione delle proteine del siero.
NOCI. Contengono componenti che possono bloccare la sintesi di poliammine o l'aumento dei livelli di indacano. Ottima fonte di proteine, potassio, zinco e folati.
NOCI DI MACADAMIA. Ottima fonte di potassio e grassi monoinsaturi.
SEMI DI LINO. Contengono componenti benefici che evitano la suscettibilità verso le malattie.
SEMI DI ZUCCA. Contengono componenti benefici che evitano la suscettibilità verso le malattie. Ottima fonte di proteine, potassio, zinco e folati.

CEREALI E AMIDI

I cereali rappresentano un vero problema per i soggetti appartenenti a questo gruppo sanguigno. Il 70 per cento delle patologie croniche sono causate proprio dai cereali.
Infatti, essi non tollerano il frumento (grano) e molti dei loro prodotti e sottoprodotti (dolcificanti e altri), e su di loro questi alimenti hanno un effetto ingrassante.
Il frumento è il primo responsabile dell'aumento di peso nelle persone di gruppo 0. Il glutine in esso contenuto altera il metabolismo, rallentandolo e favorendo l'accumulo di grasso. Inoltre, spesso è causa anche di artriti, psoriasi, infiammazioni intestinali, aumento di muco nelle prime vie respiratorie e altri disturbi cronici. L'agglutinina contenuta nel frumento integrale può inoltre aggravare eventuali fenomeni infiammatori.
È stato dimostrato che il 70% delle persone celiache, appartengono al gruppo sanguigno 0, mentre il restante 30%, comprende gli altri gruppi (20% gruppo A, 8% gruppo B, 2% gruppo AB). Alcune osservazioni hanno portato a considerare il problema della celiachia, come una patologia causata dalla modificazione genetica del frumento. Infatti negli anni '70, il frumento è stato incrociato con una varietà che ha portato alla creazione di una razza "nanizzata". Attraverso esami di laboratorio, è stato osservato che questa nuova varietà contiene molto più glutine e gliadina rispetto alla vecchia varietà (a stelo lungo) di frumento. Si pensa che il boom della celiachia (o dell'intolleranza al glutine) sia scoppiata verso la metà degli anni Ottanta proprio dopo l'introduzione nella catena alimentare di questa varietà di grano.

GRUPPO 0 – SECRETORE (O PORTATORE DI ANTIGENI)

BENEFICI
Farina d'avena
Pangermoglio

INDIFFERENTI
Amaranto
Avena
Farina di riso
Farina di segale
Farro spelta integrale
Fiocchi d'avena
Gallette di riso
Grano saraceno
Miglio
Pasta di grano saraceno
Quinoa
Riso basmati
Riso brillato (o bianco)
Riso integrale
Riso selvatico
Riso soffiato
Segale
Teff

GRUPPO 0 – NON SECRETORE (O NON PORTATORE DI ANTIGENI)

BENEFICI
Pangermoglio

INDIFFERENTI
Amaranto
Farina di riso
Gallette di riso
Kamut
Miglio

Quinoa
Riso basmati
Riso brillato (o bianco)
Riso integrale
Riso selvatico
Riso soffiato
Teff

FRUMENTO. Contiene lectine o altre agglutinine tossiche. Inibisce il metabolismo. Contiene componenti che aumentano la suscettibilità verso le malattie.

VERDURE

Le verdure sono una fonte preziosa di antiossidanti e fibre, oltre che utili per favorire il calo della produzione di poliammine nell'apparato digerente.
Non tutti però sono permessi! Alcune Brassicacee, come i cavolini di Bruxelles e la senape (per i secretori), possono inibire la funzione della tiroide, che in alcuni soggetti di tipo 0 tende già ad essere un pò pigra. Gli ortaggi a foglia verde ricchi in vitamina K, come la lattuga, i broccoli e gli spinaci, sono invece ben tollerati. Grazie alla presenza della vitamina K, essi riescono inoltre a compensare quel lieve deficit dei meccanismi della coagulazione di cui abbiamo già parlato precedentemente.
I germogli di alfalfa contengono sostanze che irritano il sistema digestivo e pertanto in grado di aggravare i problemi di ipersensibilità di cui spesso soffrono i soggetti appartenenti al gruppo 0. Allo stesso modo si comportano alcuni organismi microscopici (muffe) presenti nei funghi shiitake, nonchè nelle olive fermentate. Il fatto è che questi alimenti risultano del tutto estranei all'apparato digerente dei soggetti di tipo 0 che, pertanto, non riesce a tollerarli.
Alcuni ortaggi appartenenti alla famiglia delle Solanacee, come la melanzana e la patata, possono provocare disturbi articolari perchè le lectine in essi contenute tendono a depositarsi a livello delle articolazioni. I pomodori rappresentano un caso a parte. Essendo ricchi di potenti lectine chiamate Panemoagglutinine (cioè, dal greco, che agglutinano tutti i tipi di sangue), risultano mal tollerati dai soggetti di tipo A e B, ma possono essere consumati liberamente da quelli di tipo 0.
Molte verdure, inoltre, sono ricche di potassio, che favorisce l'eliminazione dal corpo dell'acqua extracellulare, mentre fa aumentare quella intracellulare.

GRUPPO 0 – SECRETORE (O PORTATORE DI ANTIGENI)

BENEFICI
Aglio
Alga dulse
Alga kelp
Alga spirulina
Alga wakame
Bietole
Broccoli
Carciofi
Cavolfiore verde
Cavolo riccio (o nero)
Cavolo rapa
Cicoria
Cime di rapa
Cipolle (tutti i tipi)
Lattuga romana
Pastinaca
Patate dolci (patate americane)
Prezzemolo
Rafano
Rape
Scarola
Semi di canapa
Spinaci
Tarassaco
Topinambur
Zenzero
Zucca

INDIFFERENTI
Asparagi
Barbabietole rosse
Carote
Cavolini di Bruxelles
Cavoli (tutte le altre varietà)

Cavolo cinese
Crauti
Finocchio
Funghi enoki
Funghi maitake
Funghi pleurotus
Funghi portobello
Indivia belga
Lattuga (tutte le altre varietà)
Manioca
Melanzane
Olive verdi
Pomodoro
Radicchio
Ravanello
Peperoni
Rucola
Scalogno
Sedano
Sedano rapa
Tapioca (o manioca)
Verza
Zucchine

GRUPPO 0 – NON SECRETORE (O NON PORTATORE DI ANTIGENI)

BENEFICI
Aglio
Alga dulse
Alga kelp
Alga spirulina
Alga wakame
Bietole
Broccoli
Carciofi
Carote
Cavolo riccio (o nero)

Cavolo rapa
Cicoria
Cipolle (tutti i tipi)
Prezzemolo
Rafano
Scarola
Semi di canapa
Spinaci
Tarassaco
Topinambur
Zenzero
Zucca

INDIFFERENTI
Asparagi
Barbabietole rosse
Cavolo cinese
Cime di rapa
Finocchio
Funghi champignon
Funghi enoki
Funghi maitake
Funghi pleurotus
Funghi portobello
Indivia belga
Lattuga (tutte le varietà)
Manioca
Pastinaca
Patate dolci (patate americane)
Peperoni
Pomodoro
Radicchio
Rape
Ravanello
Rucola
Scalogno

Sedano
Sedano rapa
Senape
Zucchine

BIETOLA, BROCCOLO, CARCIOFO, CAVOLO, CIPOLLA, LATTUGA, PATATA DOLCE (BATATA), SCAROLA, SPINACI, ZENZERO, ZUCCA. Contengono componenti benefici che evitano la suscettibilità verso le malattie.
CAVOLFIORE. Inibisce il metabolismo se consumato in eccesso.
CICORIA, RAPA, TARASSACO. Contiene componenti che possono bloccare la sintesi di poliammine o l'innalzamento dei livelli di indacano.
FUNGHI SHIITAKE, OLIVE NERE E VERDI. Contengono componenti che possono aumentare la suscettibilità verso le malattie.
PASTINACA. Contiene agglutinine che evitano la suscettibilità verso le malattie.
PREZZEMOLO. Contiene componenti benefici che evitano la suscettibilità verso le malattie.

<u>FRUTTA</u>

Le varietà di frutta benefiche per il soggetto di tipo 0 sono davvero tante. Fonte preziosa di fibre, vitamine, minerali e antiossidanti, e molti tipi, tra cui mirtilli e ciliegie, contengono pigmenti che bloccano l'azione dell'enzima epatico ornitina decarbossilasi. Ciò provoca un calo della produzione di poliammine, sostanze chimiche che insieme all'insulina favoriscono l'aumento di peso.
Molti frutti, come per esempio gli ananas, contengono grandi quantità di enzimi che combattono le infiammazioni, favorendo anche l'equilibrio idrico dell'organismo.
Prugne secche, susine e fichi, per esempio, sono particolarmente adatti ai soggetti di tipo 0 in quanto i frutti porporini e, in genere quelli di colore più scuro, abbassano l'acidità del tratto digestivo. E questo è un bene perchè come sappiamo le persone con sangue di gruppo 0 tendono a soffrire di iperacidità. L'alcalinità di questa frutta, esercita un'attività equilibrante in grado di evitare problemi come irritazioni e ulcere.
D'altra parte, però, troppa alcalinità nuoce ai muscoli. Anche il melone è alcalino, ma deve essere evitato perchè contiene funghi microscopici (muffe) poco tollerati dai soggetti di tipo 0; per questa ragione varietà come il cantalupo, che ne sono particolarmente ricchi, devono essere aboliti del tutto. Arance, mandarini e fragole sono molto acidi e quindi è bene evitarli o consumarli moderatamente. Inoltre le arance conten-

gono molta putrescina, una poliammina dannosa per questo gruppo sanguigno. Altri frutti, come per esempio il kiwi, contengono lectine reattive verso il gruppo 0, e pertanto, devono essere evitati. Tra i frutti acidi segnaliamo anche il pompelmo, che però, può essere tranquillamente consumato perchè durante i processi digestivi si comporta come una sostanza alcalina. La maggior parte delle bacche vanno bene, ma bisogna stare lontani da alcune varietà di more che contengono lectine dannose per l'apparato digerente.

Le persone con gruppo sanguigno di tipo 0 sono molto sensibili anche nei confronti della noce di cocco e dei prodotti che la contengono. È bene, quindi, quando compriamo cibi pronti, controllare sempre l'etichetta affinchè non vi siano derivati come l'olio di cocco, che oltretutto è ricco di grassi saturi e calorie.

GRUPPO 0 – SECRETORE (O PORTATORE DI ANTIGENI)

BENEFICI
Banane
Ciliegie
Fichi
Guava
Mango
Mirtilli neri
Prugne secche
Susine

INDIFFERENTI
Albicocche
Ananas
Anguria
Bacche di goji
Cachi
Carambola
Datteri
Fichi d'India
Fragole
Gelsi
Kumquat
Lamponi

Limetta
Limoni
Mele
Mele cotogne
Melograno
Mirtilli rossi
Papaia
Pere
Pesca
Pescanoce
Pompelmo
Ribes nero e rosso
Sambuco
Uva
Uva passa
Uva spina

GRUPPO 0 – NON SECRETORE (O NON PORTATORE DI ANTIGENI)

BENEFICI
Avocado
Bacche di goji
Banane
Ciliegie
Fichi
Fichi d'India
Guava
Mango
Melograno
Mirtilli neri
Susine

INDIFFERENTI
Ananas
Anguria
Cachi

Carambola
Gelsi
Kumquat
Lamponi
Limetta
Limoni
Mele cotogne
Mirtilli rossi
Papaia
Pere
Pesca
Pescanoce
Pompelmo
Prugne secche
Ribes nero e rosso
Sambuco
Uva
Uva passa
Uva spina

ARANCIA, MANDARINO. Incrementano le poliammine o i livelli di indacano. Inibiscono il metabolismo.
BANANA. Contiene agglutinine che evitano la suscettibilità verso le malattie.
CANTALUPO. Incrementa la disbiosi intestinale.
CILIEGIA, FICO (FRESCO/SECCO), MIRTILLO NERO. Contengono componenti che possono bloccare la sintesi di poliammine o l'innalzamento dei livelli di indacano.
KIWI. Inibisce il metabolismo.
ANANAS, MANGO. Contengono componenti benefici che evitano la suscettibilità verso le malattie.
NOCE DI COCCO. Causa flocculazione del siero o precipitazione delle proteine del siero. Aumenta l'effetto di altre lectine tossiche.

OLI E GRASSI

Il tipo 0 tollera molto bene gli oli, in particolare, quelli monoinsaturi (come l'olio extra vergine d'oliva) e quelli ricchi di acidi grassi della serie omega (come i semi di lino).

Questi oli, inoltre, aiutano il corretto funzionamento dell'intestino e ad abbassare i livelli di colesterolo mantenendo in salute cuore e arterie.

GRUPPO 0 – SECRETORE (O PORTATORE DI ANTIGENI)

BENEFICI
Olio di semi di lino
Olio extra vergine d'oliva

INDIFFERENTI
Olio di semi di canapa
Olio di semi di chia
Olio di semi di ribes nero
Olio di semi di zucca

GRUPPO 0 – NON SECRETORE (O NON PORTATORE DI ANTIGENI)

BENEFICI
Olio di semi di canapa
Olio extra vergine d'oliva

INDIFFERENTI
Olio di semi di chia
Olio di semi di lino
Olio di semi di ribes nero
Olio di semi di zucca

OLIO DI MAIS. Contiene lectine o altre agglutinine tossiche.
OLIO EXTRA VERGINE D'OLIVA. Contiene componenti benefici che evitano la suscettibilità verso le malattie.
OLIO DI ARACHIDI. Causa flocculazione del siero o precipitazione delle proteine del siero. Aumenta gli effetti negativi di altri alimenti tossici. Inibisce il metabolismo.
OLIO DI CARTAMO. Incrementa le poliammine o i livelli di indacano. Inibisce la funzione gastrica o blocca l'assimilazione.
OLIO DI GIRASOLE, OLIO DI SOIA. Causano flocculazione del siero o precipitazione delle proteine del siero.

OLIO DI GERME DI GRANO. Causa flocculazione del siero o precipitazione delle proteine del siero. Incrementa la disbiosi intestinale e i livelli di indacano o poliammine.

ERBE, SPEZIE E ALTRI CONDIMENTI

Scegliendo le spezie giuste è possibile aumentare l'efficienza dei sistemi digestivo e immunitario. Infatti, molte di esse hanno proprietà medicinali leggere o moderate, spesso perchè influiscono sulla presenza dei batteri nella parte terminale del colon. Molte delle gomme vegetali comunemente utilizzate come stabilizzatori e addensanti alimentari, come carragenina e guar, vanno evitate, perchè possono esaltare gli effetti delle lectine provenienti da altri alimenti. Da evitare sono anche il pepe bianco, il pepe nero e l'aceto, perchè possono irritare lo stomaco. Quelli benefici sono le alghe, come le laminarie, che essendo ricche di iodio, mantengono il buon funzionamento della tiroide, abbassano l'acidità gastrica e inoltre, essendo ricche anche in fucosio, non permettono ai batteri di attaccarsi alla parete gastrica. Il prezzemolo e il curry possono essere consumati con generosità, perchè stimolano la circolazione gastrica. Il miele e il cioccolato fondente non causano problemi, se non quelli legati all'ago della bilancia.

GRUPPO 0 – SECRETORE (O PORTATORE DI ANTIGENI)

BENEFICI
Curcuma
Curry
Peperoncino rosso spezzettato

INDIFFERENTI
Aceto di mele
Alloro
Aneto
Anice
Basilico
Bicarbonato di sodio
Cannella
Cardamomo
Cerfoglio
Chiodi di garofano
Cioccolato

Coriandolo
Cumino
Dragoncello
Erba cipollina
Lecitina di soia
Lievito di birra
Maggiorana
Maionese
Melassa
Menta
Miele
Miso
Origano
Paprika
Pectina della frutta
Peperoncino rosso in polvere
Pimento
Rosmarino
Sale marino integrale
Salvia
Santoreggia
Sciroppo d'acero
Sciroppo d'agave
Sciroppo di riso
Senape con aceto e frumento
Senape in polvere
Senape senza aceto e frumento
Stevia
Tamari
Timo
Umeboshi
Vaniglia
Zafferano
Zucchero bianco o integrale

GRUPPO 0 – NON SECRETORE (O NON PORTATORE DI ANTIGENI)

BENEFICI
Alloro
Basilico
Curry
Dragoncello
Lievito di birra
Origano
Peperoncino rosso spezzettato
Zafferano

INDIFFERENTI
Aneto
Anice
Bicarbonato di sodio
Cardamomo
Cerfoglio
Chiodi di garofano
Cioccolato
Coriandolo
Cumino
Curcuma
Erba cipollina
Lecitina di soia
Maggiorana
Melassa
Menta
Noce moscata
Paprika
Pectina della frutta
Peperoncino rosso in polvere
Pimento
Rosmarino
Sale marino integrale
Salvia
Santoreggia

Sciroppo d'agave
Senape in polvere
Senape senza aceto e frumento
Timo
Umeboshi

ACETO BALSAMICO, BIANCO E ROSSO. Inibiscono la corretta funzione digestiva. Irritano l'apparato gastrointestinale.
ALGA BRUNA O ROSSA. Attivano il metabolismo.
ASPARTAME, DESTROSIO, FRUTTOSIO, MALTODESTRINA, ZUCCHERO DI BARBABIETOLA O DI CANNA. Inibiscono il metabolismo.
CARRAGENINA. Contiene componenti che possono favorire la suscettibilità verso alcune malattie.
CURCUMA, CURRY. Contiene componenti che bloccano la sintesi di poliammine o l'innalzamento dei livelli di indacano.
GUAR. Causa flocculazione del siero o precipitazione delle proteine del siero.
KETCHUP. Contiene lectine o altre agglutinine tossiche.
PEPE BIANCO E NERO. Inibiscono la corretta funzione digestiva. Irritano l'apparato gastrointestinale. Contengono componenti che possono favorire la suscettibilità verso alcune malattie.

BEVANDE

Un bicchiere di vino rosso può essere bevuto con moderazione durante i pasti, in quanto un moderato consumo di vino ha effetti benefici sul sistema cardiovascolare.
Dei benefici si possono trarre dal consumo di tè verde, che contiene alcuni polifenoli in grado di prevenire la produzione di poliammine pericolose. Anche l'acqua con aggiunta di anidride carbonica ha effetti benefici sull'apparato digestivo di questi soggetti. Assolutamente da evitare sono le bevande come la birra, il caffè e i liquori che causano a livello digestivo l'aumento di acido cloridrico, un effetto di cui il soggetto di tipo 0 non ha proprio bisogno.

GRUPPO 0 – SECRETORE (O PORTATORE DI ANTIGENI)

BENEFICI
Acqua frizzante
Succo d'ananas senza zucchero

Tè verde

INDIFFERENTI
Acqua e limone
Bevanda di avena
Bevanda di mandorle
Bevanda di miglio
Bevanda di quinoa
Bevanda di riso
Bevanda di soia
Camomilla
Succo di mela
Succo di pompelmo senza zucchero
Vino rosso

GRUPPO 0 – NON SECRETORE (O NON PORTATORE DI ANTIGENI)

BENEFICI
Acqua frizzante
Succo d'ananas senza zucchero
Tè verde
Vino rosso

INDIFFERENTI
Acqua e limone
Bevanda di miglio
Bevanda di quinoa
Bevanda di riso
Succo di pompelmo senza zucchero

ACQUA FRIZZANTE. Riduce la quantità di acido cloridrico.
BIBITE GASSATE. Inibiscono la corretta funzione digestiva.
BIRRA, CAFFÈ, LIQUORI. Contengono componenti che possono aumentare la suscettibilità verso le malattie.
TÈ VERDE. Contiene componenti che possono bloccare la sintesi delle poliammine o l'innalzamento dei livelli di indacano.

PROGRAMMA ALIMENTARE PER IL GRUPPO A

STRATEGIE DI COMPORTAMENTO

- Evitate di mangiare carne. Per voi che avete una bassa acidità gastrica e carenza di fosfatasi alcalina nell'intestino è estremamente difficile digerirla e vi può creare una serie di problemi di metabolizzazione.
- Ricavate il vostro fabbisogno proteico dai derivati della soia e dal pesce fresco.
- Evitate dalla vostra alimentazione i latticini e i suoi derivati, che provocano un'eccessiva secrezione di muco. I latticini fermentati come lo yogurt vanno bene, perchè hanno un effetto probiotico e favoriscono la proliferazione della flora batterica intestinale, creando di conseguenza un ambiente con difese immunitarie più robuste.
- Mangiate fagioli, che per voi costituiscono la più importante fonte vegetale di proteine nobili.
- Evitate il frumento, soprattutto se avete problemi di sovrappeso o di eccessiva produzione di muco.
- Consumate grandi quantità di frutta e verdura.
- Consumate a volontà noci e frutta secca. Per la salute del vostro sistema cardiaco sono un vero toccasana.
- Bevete tè verde per rinforzare il sistema immunitario.
- Consumate cibi ricchi di vitamina A, come broccoli e zucca, per stimolare la produzione di fosfatasi alcalina nell'intestino.

STRATEGIE ALIMENTARI

- Integrate l'alimentazione con 500 mg di L-istidina due volte al giorno. Questo integratore è un amminoacido che migliora la secrezione dell'acido gastrico, specialmente per chi soffre di allergie.
- Utilizzate piante amare, come la genziana, impiegata da lungo tempo dai naturopati per stimolare le secrezioni gastriche. Può essere assunta mezz'ora prima dei pasti sotto forma di tisana leggera o come estratto idroalcolico.
- Evitate le bevande gassate e acqua frizzante. La carbonatazione deprime la produzione della gastrina, diminuendo ulteriormente l'acidità nello stomaco.
- Assumete betaina. Sotto forma di cloridrato di betaina è efficace per incrementare l'acidità nello stomaco, oltre ad offrire altri effetti benefici. Viene anche consigliata per abbassare i livelli ematici di una sostanza chiamata omocisteina,

che è stata associata ad alcune cardiopatie. La betaina viene utilizzata dall'organismo per produrre la S-adenosilmetionina (SAM-e), una sostanza che, dalle ultime scoperte, si pensa abbia proprietà antidepressive e stimolanti delle funzionalità epatiche. Si trova in abbondanza nei broccoli e nei cereali integrali.

CONSIGLIO: Il pomodoro è un ortaggio da evitare (per i secretori) o da consumare pochissime volte alla settimana (per i non secretori). Le persone di gruppo A possono soddisfare il fabbisogno di licopene utilizzando il cocktail fluidificante per le membrane. Ad una base di succo di pompelmo rosa, aggiungete un cucchiaio scarso di olio di semi di lino biologico e un cucchiaio di lecitina di soia di buona qualità, mescolando bene il tutto. La lecitina emulsiona l'olio e migliora l'assorbimento del licopene presente nel frutto.

CARNI E POLLAME

Da un punto di vista statistico, molte delle malattie causate da un'alimentazione proteica di origine prevalentemente animale, riguardano soprattutto i soggetti appartenenti al gruppo sanguigno A. La ragione è che esse sono prive di alcuni degli enzimi e degli acidi gastrici indispensabili per digerire correttamente le proteine animali.
Soltanto i soggetti di gruppo A non secretori tollerano abbastanza bene alcune varietà di carni, rispetto ai secretori. Ma entrambi i gruppi hanno una cosa in comune: devono stare alla larga dagli insaccati come prosciutto, salame, mortadella, wurstel ecc. Contengono tutti nitriti, che costituiscono un fattore di rischio aggiuntivo per lo sviluppo del cancro allo stomaco.

GRUPPO A – SECRETORE (O PORTATORE DI ANTIGENI)

INDIFFERENTI
Faraona
Fegatini di pollo
Fegato d'anatra
Piccione
Pollo
Struzzo
Tacchino

GRUPPO A – NON SECRETORE (O NON PORTATORE DI ANTIGENI)

BENEFICI
Tacchino

INDIFFERENTI
Agnello
Anatra
Capretto
Coniglio
Fagiano
Faraona
Fegatini di pollo
Quaglia
Montone castrato
Oca
Pernice
Piccione
Pollo
Struzzo

FEGATO DI VITELLO, MANZO, VITELLO. Incrementano le poliammine o i livelli di indacano. Inibiscono la corretta funzione gastrica o bloccano l'assimilazione.
MAIALE. Causa flocculazione del siero o precipitazione delle proteine del siero. Inibisce l'assimilazione. Alimento che contiene un'alta percentuale di contaminazione batterica.
TACCHINO. Ottima fonte di proteine, selenio e zinco.

PESCE E FRUTTI DI MARE

Rappresenta una buona fonte di proteine. Grazie alle sue qualità, il pesce è forse la migliore sorgente alimentare a vostra disposizione per la costruzione dei tessuti attivi. Molti pesci sono ricchi di acidi grassi della serie omega, di cui sono ben note le qualità preventive delle malattie cardiovascolari; forse meno conosciuto è il ruolo che svolgono nel controllo della produzione dei fattori di crescita cellulare.

Le lumache sono altamente consigliate, perchè contengono una lectina benefica in grado di distruggere diversi tipi di tumori (soprattutto quelli del seno), rinforzando il sistema immunitario.
I pesci devono essere cucinati al forno, alla griglia o in bianco: solo in questo modo potranno esprimere al meglio il loro valore nutritivo.

GRUPPO A – SECRETORE (O PORTATORE DI ANTIGENI)

BENEFICI
Carpa
Coda di rospo (rana pescatrice)
Coregone (lavarello)
Dentice
Lumache di terra
Merlano
Merluzzo
Pesce persico d'acqua dolce
Salmone atlantico
Salmone reale
Salmone rosso
Sardine
Sgombro
Trota di mare

INDIFFERENTI
Aringa
Branzino (spigola)
Capesante
Cavedano
Corvina
Lampuga
Luccio
Orata
Pesce persico di mare
Pesce rombo
Pesce spada
Ricciola

Sarago
Scorfano
Storione
Tonnetto rosso (alalunga)
Tonno pinne gialle
Triglie
Trota arcobaleno (o iridea)

GRUPPO A – NON SECRETORE (O NON PORTATORE DI ANTIGENI)

BENEFICI
Carpa
Coda di rospo (rana pescatrice)
Coregone (lavarello)
Dentice
Lumache di terra
Merlano
Merluzzo
Pesce persico d'acqua dolce
Pesce spada
Salmone atlantico
Salmone reale
Salmone rosso
Sardine
Scorfano
Sgombro
Triglie
Trota arcobaleno (o iridea)
Trota di mare

INDIFFERENTI
Alici (acciughe)
Aringa
Branzino (spigola)
Cavedano
Caviale
Cernia

Corvina
Cozze
Eglefino (haddock)
Halibut
Lampuga
Luccio
Nasello
Orata
Pesce persico di mare
Pesce rombo
Pesce serra
Passera di mare
Platessa
Polpo
Ricciola
Sarago
Storione
Tonnetto rosso (alalunga)
Tonno pinne gialle

GAMBERO. Aterogenico. Inibisce la corretta funzione gastrica o blocca l'assimilazione.
LUMACHE DI TERRA, RANA PESCATRICE. Contengono componenti benefici che evitano la suscettibilità verso le malattie. Ottime fonti di selenio.
MERLUZZO, SALMONE FRESCO. Cibi altamente nutrienti. Contengono componenti benefici che evitano la suscettibilità verso le malattie. Ottime fonti di proteine, potassio e selenio.
SEPPIA, SOGLIOLA. Inibiscono la corretta funzione gastrica o bloccano l'assimilazione.
SARDINE. Contengono componenti benefici che evitano la suscettibilità verso le malattie. Ottima fonte di proteine, calcio, potassio, selenio e vitamina B_{12}.
SGOMBRO. Contiene componenti benefici che evitano la suscettibilità verso le malattie. Ottima fonte di proteine, selenio e vitamina B_{12}. Potrebbe contenere alte percentuali di pesticidi.
TONNO. Ottima fonte di proteine, selenio, vitamina A e vitamina B_{12}.

LATTICINI E UOVA

Le persone di tipo A non tollerano molto bene i latticini e la scelta tra quelli consentiti è molto limitata. Questo per due semplici ragioni: i soggetti appartenenti a questo gruppo tendono a soffrire spesso di otiti e problemi respiratori con ristagno e accumulo di muco. Per questi soggetti il latte e i suoi derivati sono totalmente da bandire, proprio perché questi alimenti aumentano ancora di più la produzione di muco nelle vie respiratorie aggravando la condizione. Se non si soffre di questi disturbi, i soggetti di gruppo sanguigno A possono inserire tranquillamente nel loro programma alimentare alcuni di questi alimenti consentiti. Naturalmente queste raccomandazioni non valgono per coloro che soffrono di sinusiti, raffreddori, asma allergica e bronchite cronica. L'altro motivo per cui è meglio limitare al massimo il consumo di questi alimenti è legato al loro sistema immunitario: questi soggetti fabbricano anticorpi diretti contro uno dei principali costituenti del latte intero, il D-galattosio. Questo zucchero, insieme al fucosio, dà origine all'antigene B. Poichè il sistema immunitario di tipo A è destinato a reagire nei confronti di qualsiasi estraneo che abbia una struttura antigenica simil-B, è chiaro che latte e affini non saranno ben accetti. Le uova in quantità modeste (massimo 4 alla settimana) possono costituire una buona fonte complementare di proteine.

GRUPPO A – SECRETORE (O PORTATORE DI ANTIGENI)

BENEFICI
Pecorino (tutti i tipi)
Urda

INDIFFERENTI
Burro chiarificato (ghee)
Feta
Kefir
Latte di capra
Manchego
Mozzarella (tutti i tipi)
Paneer
Quark
Ricotta (tutti i tipi)
Uova di gallina

Uova d'oca
Uova di quaglia
Yogurt

GRUPPO A – NON SECRETORE (O NON PORTATORE DI ANTIGENI)

INDIFFERENTI
Burro chiarificato (ghee)
Feta
Fiocchi di latte
Kefir
Latte vaccino
Mozzarella (tutti i tipi)
Paneer
Pecorino romano
Quark
Ricotta (tutti i tipi)
Uova di gallina
Uova d'oca
Uova di quaglia
Yogurt

GELATO, LATTE VACCINO. Causano flocculazione del siero o precipitazione delle proteine del siero. Incrementano le poliammine o i livelli di indacano. Inibiscono la corretta funzione gastrica o bloccano l'assimilazione.
FETA. Ottima fonte di proteine, calcio e zinco.
YOGURT. Ottima fonte di calcio.

LEGUMI

Le persone di gruppo A traggono i massimi benefici dalle proteine presenti in molti fagioli e legumi, anche se alcune di esse contengono lectine dannose. In generale, un'alimentazione costituita prevalentemente da pesci e legumi, forniscono a questi soggetti tutte le sostanze necessarie per costruire la massa dei loro tessuti attivi.
Il legume da preferire sarebbe la soia (o i suoi derivati), ma occorre stare attenti a comprare prodotti biologici e non convenzionali, che rischiano di essere geneticamen-

te modificati (OGM). Questo alimento è una fonte eccellente di amminoacidi essenziali e contiene una lectina in grado di contrastare numerose forme di tumori.
Anche le fave contengono lectine utili a prevenire alcune forme di cancro, in particolare quelle dell'apparato digerente. Quelli da evitare, come per esempio, i fagioli di Spagna e i ceci, contengono una lectina che può ridurre la produzione di insulina e favorire la comparsa del diabete.

GRUPPO A – SECRETORE (O PORTATORE DI ANTIGENI)

BENEFICI
Fagioli azuki
Fagioli bianchi
Fagioli dall'occhio
Fagioli neri
Fagioli pinto
Fagiolino
Farina di soia
Fave
Germogli di soia
Lenticchie (tutti i tipi)
Natto
Tempeh
Tofu
Soia

INDIFFERENTI
Cannellini
Carrube
Castagne
Fagioli di Lima
Fagioli tondini
Fagioli verdi mung (soia verde)
Piselli

GRUPPO A – NON SECRETORE (O NON PORTATORE DI ANTIGENI)

BENEFICI
Fagioli bianchi
Fagioli pinto
Lenticchie (tutti i tipi)

INDIFFERENTI
Cannellini
Carrube
Castagne
Fagioli azuki
Fagioli dall'occhio
Fagioli di Lima
Fagioli neri
Fagioli rossi
Fagioli tondini
Fagioli verdi mung (soia verde)
Fagiolino
Farina di soia
Fave
Germogli di soia
Natto
Piselli
Tempeh
Tofu
Soia

FAGIOLI AZUKI, FAGIOLI PINTO, FAVE. Contengono componenti benefici che possono bloccare la sintesi di poliammine o l'innalzamento dei livelli di indacano.
FAGIOLI NANI, FAGIOLI ROSSI. Inibiscono il metabolismo.
LENTICCHIE, SOIA, TOFU. Contengono agglutinine che evitano la suscettibilità verso le malattie.
TAMARINDO. Causa flocculazione del siero o precipitazione delle proteine del siero.

SEMI E FRUTTA SECCA

Questi alimenti possono costituire per il gruppo A un'importante sorgente complementare di proteine. Molti di questi alimenti, tra cui le noci, hanno anche il potere di abbassare la concentrazione delle poliammine grazie a un'azione inibitoria nei confronti dell'enzima ornitina decarbossilasi. I semi di lino sono particolarmente ricchi di lignine, che aiutano a ridurre il numero dei recettori del fattore di crescita dell'epidermide, una sostanza necessaria alla proliferazione di numerosi e diffusi tipi di tumori.
Anche le arachidi (con tutta la pellicina rossa) svolgono un ruolo positivo per i soggetti di gruppo A, perchè la loro lectina è in grado di inibire le trasformazioni del tessuto canceroso della mammella bloccando l'azione dell'aromatasi, un enzima necessario per produrre gli estrogeni. Il consumo di questi alimenti deve essere moderato nei soggetti che soffrono di disturbi alla cistifellea.

GRUPPO A – SECRETORE (O PORTATORE DI ANTIGENI)

BENEFICI
Arachidi
Burro di arachidi
Noci
Semi di lino
Semi di zucca

INDIFFERENTI
Burro di mandorle
Formaggio di mandorle
Mandorle
Nocciole
Noci di Macadamia
Noci Pecan
Pinoli
Semi di cartamo
Semi di chia
Semi di girasole
Semi di papavero
Semi di sesamo
Tahin

GRUPPO A – NON SECRETORE (O NON PORTATORE DI ANTIGENI)

BENEFICI
Arachidi
Burro di arachidi
Burro di mandorle
Noci
Semi di lino
Semi di zucca

INDIFFERENTI
Formaggio di mandorle
Mandorle
Nocciole
Noci di Macadamia
Noci Pecan
Pinoli
Semi di chia
Semi di papavero
Semi di sesamo
Tahin

ARACHIDI, SEMI DI LINO, SEMI DI ZUCCA. Contengono agglutinine che evitano la suscettibilità verso le malattie. I semi di zucca sono un'ottima fonte di proteine, potassio, zinco e folati.
NOCCIOLE, NOCI DI MACADAMIA. Ottima fonte di potassio, folati e grassi monoinsaturi.
PISTACCHI. Causano flocculazione del siero o precipitazione delle proteine del siero. Inibiscono la corretta funzione gastrica.
NOCI. Contengono componenti che possono bloccare la sintesi di poliammine o l'innalzamento dei livelli di indacano. Ottime fonti di proteine, potassio, zinco e folati.

CEREALI E AMIDI

I soggetti di gruppo A non secretori dovrebbero usare molta cautela nel consumare carboidrati complessi, in particolare se derivanti dal frumento e dal mais, le cui lectine esercitano un'azione che simulando quella dell'insulina, fanno calare la massa dei tessuti attivi favorendo l'accumulo di grasso. Inoltre, i prodotti di frumento integrale contengono un'agglutinina che in dosi eccessive può aggravare eventuali disturbi infiammatori e provocare un calo della massa dei tessuti attivi. Questi avvertimenti non devono comunque scoraggiare i soggetti di gruppo A, perchè rispetto agli altri gruppi sanguigni, rispondono bene a un'alimentazione a base di cereali. Evitate, se potete, di scegliere quelli raffinati o che si presentano come precotti. Chi soffre di asma o di altri problemi respiratori deve eliminare del tutto il consumo di prodotti a base di frumento, perchè questi alimenti insieme ai latticini, aumentano la produzione di muco.

GRUPPO A – SECRETORE (O PORTATORE DI ANTIGENI)

BENEFICI
Amaranto
Avena
Farina d'avena
Fiocchi d'avena
Grano saraceno
Pangermoglio
Pasta di grano saraceno

INDIFFERENTI
Farina di grano duro
Farina di mais
Farina di riso
Farina di segale
Farro dicocco integrale
Farro spelta integrale
Frumento integrale
Gallette di riso
Kamut
Mais
Miglio
Orzo
Quinoa
Riso basmati
Riso brillato (o bianco)
Riso integrale
Riso selvatico

Riso soffiato
Segale

GRUPPO A – NON SECRETORE (O NON PORTATORE DI ANTIGENI)

BENEFICI
Amaranto

INDIFFERENTI
Avena
Farina d'avena
Fiocchi d'avena
Farina di riso
Farina di segale
Farro spelta integrale
Gallette di riso
Grano saraceno
Kamut
Miglio
Orzo
Pangermoglio
Pasta di grano saraceno
Quinoa
Riso basmati
Riso brillato (o bianco)
Riso integrale
Riso selvatico
Riso soffiato
Segale
Teff

AMARANTO, AVENA. Contengono componenti benefici che evitano la suscettibilità verso le malattie.
CRUSCA DI FRUMENTO, GERME DI GRANO, FARINA DI FRUMENTO INTEGRALE. Causano flocculazione del siero o precipitazione delle proteine del siero. Inibiscono il metabolismo.

VERDURE

Per i soggetti appartenenti a questo gruppo, le verdure costituiscono la migliore difesa contro le malattie croniche: forniscono fibre, minerali, enzimi e antiossidanti, tutte sostanze utili a favorire il calo della produzione di poliammine nell'apparato digerente.
Bisogna però cercare di mangiarli crudi, oppure cuocerli in modo da ridurre il più possibile la perdita di sostanze nutritive, tipo a vapore. Le cipolle sono estremamente benefiche, perchè contengono rilevanti quantità dell'antiossidante quercetina.
Molte verdure sono ricche di potassio, un elemento che facilita l'eliminazione dell'eccesso di acqua nei tessuti. I carciofi fanno bene al fegato e alla cistifellea, tipici punti deboli di questo gruppo sanguigno. Anche i cavoli sono da considerarsi alimenti-farmaci, perchè essendo ricchi di antiossidanti rinvigoriscono il sistema immunitario e prevengono le mutazioni cellulari. Altri ortaggi benefici sono zucca, zucchine e soprattutto aglio, dotato di proprietà antibiotiche, capace di stimolare i meccanismi difensivi dell'organismo e di fluidificare il sangue. Tutti i gruppi sanguigni possono trarre grandi benefici dall'aglio, ma forse il tipo A è quello che più se ne avvantaggia, dato che il suo sistema immunitario è molto vulnerabile. Le olive nere possono dare disturbi gastrici, mentre le patate e un consumo eccessivo di pomodori, melanzane e peperoni possono creare disturbi articolari.

GRUPPO A – SECRETORE (O PORTATORE DI ANTIGENI)

BENEFICI
Aglio
Bietole
Broccoli
Carciofi
Carote
Cavolo rapa
Cavolo riccio (o nero)
Cicoria
Cime di rapa
Cipolle (tutti i tipi)
Finocchio
Funghi champignon
Funghi maitake
Lattuga romana

Pastinaca
Porri
Prezzemolo
Rafano
Rape
Scarola
Sedano
Spinaci
Tarassaco
Topinambur
Zenzero
Zucca

INDIFFERENTI
Alga dulse
Alga kelp
Alga spirulina
Alga wakame
Asparagi
Barbabietole rosse
Cavolfiore
Cavolfiore verde
Cavolini di Bruxelles
Cavolo cinese
Cetriolo
Funghi enoki
Funghi pleurotus
Funghi portobello
Indivia belga
Lattuga (tutte le altre varietà)
Manioca
Olive verdi
Radicchio
Ravanello
Rucola
Scalogno

Sedano rapa
Semi di canapa
Senape
Tapioca (o manioca)
Zucchine

GRUPPO A – NON SECRETORE (O NON PORTATORE DI ANTIGENI)

BENEFICI
Alga kelp
Alga spirulina
Alga wakame
Bietole
Broccoli
Carciofi
Cavolo rapa
Cavolo riccio (o nero)
Cicoria
Cime di rapa
Cipolle (tutti i tipi)
Funghi maitake
Pastinaca
Porri
Rape
Scarola
Semi di canapa
Spinaci
Tarassaco
Topinambur
Zenzero
Zucca

INDIFFERENTI
Aglio
Alga dulse
Asparagi
Barbabietole rosse

Carote
Cavolfiore
Cavolini di Bruxelles
Cavolo cinese
Cetriolo
Finocchio
Funghi enoki
Funghi pleurotus
Funghi portobello
Funghi shiitake
Indivia belga
Lattuga (tutte le varietà)
Melanzane
Patate dolci (patate americane)
Pomodoro
Prezzemolo
Radicchio
Rafano
Ravanello
Rucola
Scalogno
Sedano
Sedano rapa
Senape
Tapioca (o manioca)
Zucchine

BROCCOLI, CARCIOFI, CIPOLLA, SCAROLA, TARASSACO, ZUCCA, ZUCCHINE. Contengono componenti benefici che evitano la suscettibilità verso le malattie.
AGLIO, FUNGHI MAITAKE, PASTINACA, PORRI, RAPE. Contengono agglutinine che evitano la suscettibilità verso le malattie.
RAFANO, ZENZERO. Contengono componenti benefici che possono bloccare la sintesi di poliammine o l'innalzamento dei livelli di indacano.
OLIVE NERE. Causano flocculazione del siero o precipitazione delle proteine del siero. Inibiscono la corretta funzione gastrica o bloccano l'assimilazione.

PATATE. Causano flocculazione del siero o precipitazione delle proteine del siero. Inibiscono il metabolismo.

FRUTTA

Le persone di tipo A devono mangiare frutta almeno tre volte al giorno. La scelta è ampia, sebbene sia importante privilegiare la frutta più alcalina come alcuni frutti di bosco e le susine che contribuiscono ad equilibrare l'effetto dei cereali i quali tendono a rendere i muscoli più acidi. Anche i meloni sono alcalini, ma il loro consumo deve essere evitato dato che contengono un'elevata quantità di funghi microscopici (muffe) e possono risultare troppo pesanti da digerire, specie il cantalupo. L'ananas, al contrario, si comporta come un ottimo digestivo e antinfiammatorio. Tra i frutti proibiti bisogna annoverare anche le arance, che essendo acide irritano lo stomaco e possono interferire con l'assorbimento di minerali indispensabili.

Per non creare inutili confusioni, bisogna puntualizzare che le reazioni acido/base che più ci interessano avvengono a due livelli diversi: nello stomaco e nei muscoli. Quando si afferma che le arance agiscono come irritanti gastrici per il tipo A, si vuole intendere la reazione che può avvenire nello stomaco di questi soggetti che, com'è noto, producono succhi poco acidi. Visto che il gruppo sanguigno di tipo A produce poca acidità, questo effetto potrebbe sembrare apparentemente benefico, ma purtroppo non lo è.

Anche il pompelmo è un frutto tendenzialmente acido, ma sullo stomaco delle persone di gruppo A esplica un'attività positiva perchè dopo la digestione tende a diventare alcalino. Allo stesso modo, risultano utili anche i limoni che aiutano la digestione e controllano la produzione di muco.

Dato che la vitamina C è un potente antiossidante e come tale contribuisce a prevenire lo sviluppo di tumori, dovendo rinunciare ad assumerla con le arance, è importante che le persone di tipo A mangino altri frutti che ne sono ricchi, come pompelmo e kiwi. Altri frutti benefici, come per esempio, i mirtilli, le more e le ciliegie, oltre a contenere quantità enormi di antiossidanti, contengono anche pigmenti che combattono l'aumento di peso, aiutando a dimagrire e a bloccare gli effetti dell'insulina.

La banana contiene una lectina poco tollerata da questi soggetti e dato che questo frutto è ricco di potassio, si consiglia di incrementare il consumo di albicocche e fichi per accaparrarsi buoni quantitativi di questo minerale.

GRUPPO A – SECRETORE (O PORTATORE DI ANTIGENI)

BENEFICI
Albicocche
Ananas
Bacche di goji
Ciliegie
Fichi
Limetta
Limoni
Mirtilli neri
Mirtilli rossi
More
Pompelmo
Prugne secche
Susine

INDIFFERENTI
Anguria
Avocado
Cachi
Carambola
Datteri
Fichi d'India
Fragole
Gelsi
Guava
Kiwi
Kumquat
Lamponi
Litchi
Mele
Mele cotogne
Melograno
Pere
Pesca
Pescanoce

Ribes nero e rosso
Sambuco
Uva
Uva passa
Uva spina

GRUPPO A – NON SECRETORE (O NON PORTATORE DI ANTIGENI)

BENEFICI
Albicocche
Ananas
Anguria
Bacche di goji
Ciliegie
Fichi
Limoni
Mirtilli neri
Mirtilli rossi
More
Pompelmo
Prugne secche
Sambuco
Susine

INDIFFERENTI
Avocado
Banane
Cachi
Carambola
Cocco
Datteri
Fichi d'India
Fragole
Gelsi
Guava
Kiwi

Kumquat
Lamponi
Limetta
Litchi
Mandarino
Mango
Mele
Mele cotogne
Melograno
Papaia
Pere
Pesca
Pescanoce
Ribes nero e rosso
Uva
Uva passa
Uva spina

BANANA. Causa flocculazione del siero o precipitazione delle proteine del siero. Inibisce il metabolismo.
CILIEGIA, MIRTILLO NERO, MIRTILLO ROSSO, MORA, SUSINO. Contengono componenti benefici che possono bloccare la sintesi di poliammine o l'innalzamento dei livelli di indacano.
LIMONE, ANANAS, FICO, LIME, POMPELMO. Contengono componenti benefici che evitano la suscettibilità verso le malattie.
MANGO. Causa flocculazione del siero o precipitazione delle proteine del siero. Incrementa la sintesi di poliammine o i livelli di indacano.
ARANCIA, MANDARINO. Causano flocculazione del siero o precipitazione delle proteine del siero. Incrementano le poliammine o i livelli di indacano. Inibiscono la corretta funzione gastrica o bloccano l'assimilazione.

OLI E GRASSI

I soggetti di tipo A non necessitano di un grande apporto di grassi, al contrario devono limitarli. In generale, gli oli migliori sono i monoinsaturi (come l'olio extra vergine d'oliva) e quelli ricchi di acidi grassi della serie omega (come quelli di semi di lino).

Questi oli contribuiscono a far funzionare al meglio stomaco e intestino, oltre a ridurre il colesterolo proteggendo cuore e arterie. Mentre le lectine contenute in alcuni oli, come quelli di mais e di cartamo, possono causare qualche problema digestivo.

GRUPPO A – SECRETORE (O PORTATORE DI ANTIGENI)

BENEFICI
Olio di semi di lino
Olio di semi di ribes nero
Olio extra vergine d'oliva

INDIFFERENTI
Olio di germe di grano
Olio di semi di canapa
Olio di semi di cartamo
Olio di semi di chia
Olio di semi di girasole
Olio di semi di zucca
Olio di soia

GRUPPO A – NON SECRETORE (O NON PORTATORE DI ANTIGENI)

BENEFICI
Olio di semi di chia
Olio di semi di lino
Olio di semi di ribes nero
Olio extra vergine d'oliva

INDIFFERENTI
Olio di germe di grano
Olio di semi di arachidi
Olio di semi di canapa
Olio di semi di girasole
Olio di semi di zucca
Olio di soia

OLIO DI SEMI DI LINO, OLIO EXTRA VERGINE D'OLIVA. Contengono componenti benefici che evitano la suscettibilità verso le malattie.
OLIO DI COCCO. Causa flocculazione del siero o precipitazione delle proteine del siero.
OLIO DI ARACHIDI, OLIO DI MAIS. Causano insufficienza secretoria. Aterogenici.

ERBE, SPEZIE ED ALTRI CONDIMENTI

Molte spezie presentano proprietà medicinali leggere o moderate, spesso perchè influiscono sulla presenza dei batteri nella parte terminale del colon.
Molte delle gomme vegetali più comuni, come il guar, vanno evitate, perchè possono esaltare gli effetti delle lectine provenienti da altri alimenti. La melassa, se utilizzata con parsimonia, è un ottimo dolcificante per i soggetti appartenenti a questo gruppo e può apportare all'organismo anche un supplemento di ferro. Il curry in polvere contiene una potente sostanza fitochimica chiamata curcumina, che favorisce il calo delle tossine intestinali. L'aceto, invece, deve essere evitato perchè potrebbe irritare lo stomaco.

GRUPPO A – SECRETORE (O PORTATORE DI ANTIGENI)

BENEFICI
Curcuma
Lecitina di soia
Melassa
Miso
Tamari

INDIFFERENTI
Aceto di mele
Alloro
Amido di mais
Aneto
Anice
Basilico
Bicarbonato di sodio
Cannella
Cardamomo
Cerfoglio

Chiodi di garofano
Cioccolato
Coriandolo
Cumino
Curry
Destrosio
Dragoncello
Erba cipollina
Fruttosio
Lievito di birra
Maggiorana
Maionese di soia
Menta
Miele
Noce moscata
Origano
Paprika
Pectina della frutta
Pimento
Rosmarino
Sale marino integrale
Salvia
Santoreggia
Sciroppo d'acero
Sciroppo d'agave
Sciroppo di riso
Senape con aceto e frumento
Senape in polvere
Senape senza aceto e frumento
Stevia
Timo
Umeboshi
Vaniglia
Zafferano
Zucchero bianco o integrale

GRUPPO A – NON SECRETORE (O NON PORTATORE DI ANTIGENI)

BENEFICI
Coriandolo
Lievito di birra
Miso

INDIFFERENTI
Alloro
Aneto
Anice
Basilico
Bicarbonato di sodio
Cannella
Cardamomo
Cerfoglio
Chiodi di garofano
Cioccolato
Cumino
Curcuma
Curry
Dragoncello
Erba cipollina
Fruttosio
Lecitina di soia
Maggiorana
Maionese di soia
Melassa
Menta
Miele
Noce moscata
Origano
Paprika
Pectina della frutta
Peperoncino rosso in polvere
Pimento
Rosmarino

Sale marino integrale
Salvia
Santoreggia
Sciroppo d'acero
Sciroppo d'agave
Senape in polvere
Senape senza aceto e frumento
Stevia
Tamari
Timo
Vaniglia
Zafferano

CURCUMA, SENAPE IN POLVERE. Contengono componenti benefici che possono bloccare la sintesi di poliammine o l'innalzamento dei livelli di indacano.
ACETO BALSAMICO, ACETO DI VINO, PEPE NERO, PEPE ROSSO. Causano flocculazione del siero o precipitazione delle proteine del siero.
GUAR. Inibisce il metabolismo.
KETCHUP. Causa flocculazione del siero o precipitazione delle proteine del siero. Inibisce il metabolismo.
GLUTAMMATO MONOSODICO. Incrementa le poliammine o i livelli di indacano.
ASPARTAME. Causa flocculazione del siero o precipitazione delle proteine del siero. Inibisce la corretta funzione gastrica o blocca l'assimilazione.

BEVANDE

I soggetti di gruppo sanguigno A possono provare a volte il desiderio di bere un bicchiere di vino durante i pasti: se lo potranno concedere, in quanto un moderato consumo di questa bevanda ha effetti benefici molto marcati sul loro sistema cardiovascolare. Anche il caffè va bene, ma per altre ragioni: stimola la produzione di acido da parte dello stomaco e, inoltre, possiede enzimi identici a quelli reperibili nella soia.
La bevanda benefica per eccellenza è il tè verde, che non deve mai mancare nel programma alimentare di questi soggetti. Come sappiamo, il tè verde contiene una sostanza (epigallo-catechin-gallato) in grado di combattere molti tipi di tumori, patologie che colpiscono maggiormente questo gruppo sanguigno.

GRUPPO A – SECRETORE (O PORTATORE DI ANTIGENI)

BENEFICI
Acqua e limone
Bevanda di soia
Caffè
Camomilla
Succo d'ananas senza zucchero
Succo di pompelmo senza zucchero
Tè verde
Vino rosso

INDIFFERENTI
Bevanda di avena
Bevanda di mandorle
Bevanda di miglio
Bevanda di quinoa
Bevanda di riso
Succo di mela
Vino bianco

GRUPPO A – NON SECRETORE (O NON PORTATORE DI ANTIGENI)

BENEFICI
Acqua e limone
Caffè
Succo d'ananas senza zucchero
Succo di pompelmo senza zucchero
Tè verde
Vino bianco
Vino rosso

INDIFFERENTI
Acqua frizzante
Bevanda di avena
Bevanda di cocco
Bevanda di mandorle

Bevanda di miglio
Bevanda di quinoa
Bevanda di riso
Bevanda di soia
Birra
Succo di mela
Tè nero

BIRRA. Causa flocculazione del siero o precipitazione delle proteine del siero.
CAFFÈ. Contiene agglutinine che evitano la suscettibilità verso le malattie.
TÈ VERDE, VINO ROSSO. Contengono componenti benefici che possono bloccare la sintesi di poliammine o l'innalzamento dei livelli di indacano.
LIQUORI. Causano insufficienza secretoria.
ACQUA FRIZZANTE, BIBITE GASSATE. Inibiscono la corretta funzione gastrica o bloccano l'assimilazione.

PROGRAMMA ALIMENTARE PER IL GRUPPO B

STRATEGIE DI COMPORTAMENTO

- Per acquisire forza ed energia e migliorare l'efficienza del metabolismo, consumate più volte alla settimana quantità moderate di carne magra di qualità, provenienti possibilmente da animali allevati in modo naturale. Per ottenere migliori risultati, deve essere al sangue o poco cotta; se la preferite ben cotta, lasciatela prima marinare in ingredienti benefici, come succo di limone, spezie ed erbe.
- Includete sempre nella vostra alimentazione porzioni di pesci provenienti da acque fredde ricchi di oli. Questi oli sono benefici perchè attivano il metabolismo.

STRATEGIE ALIMENTARI

Queste strategie sono state concepite per aiutare le persone di gruppo B ad evitare problemi che possono emergere dalla loro particolare costituzione neurologica, digerente, metabolica e immunitaria. In generale, questo gruppo è caratterizzato da un apparato digerente molto robusto e flessibile, in grado di digerire bene le proteine animali e i carboidrati. Inoltre, al pari del gruppo 0, possiedono un'alta concentrazione di fosfatasi alcalina intestinale, che li mette al riparo da alcune conseguenze negative causate da un'alimentazione ricca di grassi e proteine.

CARNI E POLLAME

Le persone di gruppo B sono in grado di metabolizzare in modo assai efficiente le proteine animali, ma anche per loro ci sono alcune limitazioni da prendere in considerazione. Tra tutte le carni, il pollo, se consumato in eccesso potrebbe rivelarsi dannoso per questi soggetti. Ma è possibile sostituirlo con altre carni molto simili, come il tacchino e il fagiano. Qualcuno potrebbe rimanere stupìto nell'apprendere che tutte le sue fatiche per abbandonare la carne rossa a favore del pollo, considerato più sano, siano state inutili. Eppure quello che realmente importa non è il contenuto di grassi, ma le lectine tossiche che a lungo andare possono favorire la comparsa di disturbi circolatori e immunitari. Le parti più magre di agnello e montone dovrebbero essere consumati molto spesso da questi soggetti, poichè aiutano a costruire massa muscolare e tessuti attivi, incrementando il tasso di metabolizzazione.

GRUPPO B – SECRETORE (O PORTATORE DI ANTIGENI)

BENEFICI
Agnello
Capretto
Cervo
Coniglio
Montone castrato

INDIFFERENTI
Fagiano
Fegato di manzo o vitello
Manzo
Struzzo
Tacchino
Vitello

GRUPPO B – NON SECRETORE (O NON PORTATORE DI ANTIGENI)

BENEFICI
Agnello
Capretto
Cervo
Coniglio
Fegato di manzo o vitello
Montone castrato

INDIFFERENTI
Cavallo
Fagiano
Manzo
Piccione
Struzzo
Tacchino
Vitello

MAIALE. Causa flocculazione del siero o precipitazione delle proteine del siero. Il maiale è un alimento che contiene alte percentuali di contaminazione batterica.
AGNELLO, CAPRETTO. Cibi altamente nutrienti. Ottime fonti di proteine.
FAGIANO, STRUZZO, TACCHINO. Ottime fonti di proteine, selenio e potassio.
CONIGLIO, MONTONE. Ottime fonti di proteine.

PESCE E FRUTTI DI MARE

Pesce e frutti di mare sono un'eccellente fonte di proteine per le persone di gruppo B, soprattutto il pesce che vive nelle acque fredde e profonde degli oceani come il merluzzo e il salmone, ricchi di oli particolarmente benefici. Per loro, il pesce è in generale un vero tesoro di sostanze nutritive molto adatte per costruire la massa dei tessuti attivi. Ottima fonte di proteine è anche l'halibut e la sogliola, che tra l'altro aiutano a rinforzare le difese immunitarie e regolare la produzione dei fattori di crescita cellulare.
Il pesce è anche una buona fonte di acido docosaesanoico (DHA), un nutriente indispensabile per assicurare una buona funzionalità a nervi e tessuti e una crescita equilibrata. Purtroppo, alcune varietà di pesci e frutti di mare contengono lectine reattive nei confronti di questo gruppo sanguigno, come per esempio, i granchi, le aragoste, i

gamberetti e alcuni frutti di mare. È interessante osservare che molti uomini con gruppo sanguigno di tipo B sono ebrei, ai quali è proibito, per motivi religiosi, il consumo di questi alimenti. E visto che spesso tali divieti hanno motivazioni di tipo igienico, è probabile che crostacei e frutti di mare fossero vietati proprio perchè poco digeribili.
Evitate di consumare pesce surgelato, che contiene molte più poliammine di quello fresco.

GRUPPO B – SECRETORE (O PORTATORE DI ANTIGENI)

BENEFICI
Calamari
Cernia
Coda di rospo (rana pescatrice)
Coregone (lavarello)
Corvina
Eglefino (haddock)
Halibut
Lampuga
Luccio
Merlano
Merluzzo
Nasello
Passera di mare
Pesce persico di mare
Pesce rombo
Pesce spada
Platessa
Salmone atlantico
Salmone reale
Salmone rosso
Sarago
Sardine
Sgombro
Sogliola
Storione
Tonnetto rosso (alalunga)
Tonno pinne gialle

INDIFFERENTI
Aringa
Carpa
Capesante
Cavedano
Dentice
Pesce persico d'acqua dolce
Pesce serra
Scorfano
Triglie

GRUPPO B – NON SECRETORE (O NON PORTATORE DI ANTIGENI)

BENEFICI
Carpa
Cernia
Coda di rospo (rana pescatrice)
Corvina
Eglefino (haddock)
Lampuga
Merluzzo
Pesce persico di mare
Sarago
Sardine
Sgombro
Storione
Tonno pinne gialle

INDIFFERENTI
Aringa
Calamari
Cavedano
Caviale
Coregone (lavarello)
Dentice
Halibut

Luccio
Lumache di terra
Merlano
Nasello
Passera di mare
Pesce persico d'acqua dolce
Pesce rombo
Pesce serra
Pesce spada
Platessa
Ricciola
Salmone atlantico
Salmone reale
Salmone rosso
Scorfano
Sogliola
Tonnetto rosso (alalunga)
Triglie

GAMBERO, GRANCHI, POLPO. Causano flocculazione del siero o precipitazione delle proteine del siero.
SPIGOLA, TROTA (TUTTI I TIPI). Contengono lectine o altre agglutinine tossiche.
HALIBUT, MERLUZZO, NASELLO, PESCE PERSICO, SALMONE FRESCO, SARDINE, SGOMBRO, SOGLIOLA. Cibi altamente nutrienti. L'halibut, il merluzzo, il nasello e il salmone sono ottime fonti di proteine, potassio e selenio. Lo sgombro è un'ottima fonte di proteine, selenio e vitamina B_{12}. Le sardine sono ottime fonti di proteine, calcio, potassio, selenio e vitamina B_{12}.
ARAGOSTA. Causa flocculazione del siero o precipitazione delle proteine del siero. Incrementa la produzione di poliammine o i livelli di indacano.
COZZE. Causano flocculazione del siero o precipitazione delle proteine del siero. Inibiscono la corretta funzione gastrica o bloccano l'assimilazione.
DENTICE. Ottima fonte di selenio.
TONNO. Ottima fonte di proteine, selenio, vitamina A e vitamina B_{12}.

LATTICINI E UOVA

Il tipo B è l'unico gruppo sanguigno che può tollerare leggermente meglio alcuni tipi di latticini. La ragione è semplice: l'antigene di tipo B è costituito da fucosio e D-galattosio, e quest'ultimo sarebbe lo stesso zucchero presente nel latte. Questo non significa però che tutte le persone di tipo B possono mangiare liberamente latte e formaggi.

Se siete di discendenza asiatica, all'inizio potreste trovare difficile adattarvi a questi alimenti, non per ragioni fisiche, ma culturali. Infatti i prodotti caseari fecero la loro comparsa in Asia al tempo delle invasioni mongoliche.

Essi pertanto, erano considerati cibi barbari, da evitare accuratamente. Nonostante siano passati ormai secoli, quest'idea è ancora radicata e molti asiatici di tipo B continuano a seguire un'alimentazione a base di soia, controindicata, tra l'altro, per il loro gruppo sanguigno. È un vero peccato, perchè non sanno che proprio questi alimenti sono importanti per la costruzione della massa dei tessuti attivi, contribuendo così ad incrementare l'attività metabolica.

Ma cosa si può fare se una persona di gruppo sanguigno B e intollerante al lattosio?

Innanzi tutto è importante specificare la differenza tra allergie e intolleranze alimentari. Le allergie sono reazioni immunitarie immediate che si scatenano quando l'organismo viene a contatto con cibi a cui si è ipersensibili (attivando la risposta delle igE). Mentre le intolleranze alimentari, non scatenano risposte immunitarie immediate (quindi non causano la risposta delle igE), perchè il problema è a livello digestivo.

Di norma, i soggetti di tipo B intolleranti al lattosio, lo sono per mancanza di un enzima chiamato lattasi, che ha il compito di digerire lo zucchero contenuto nel latte. Pertanto, questi soggetti devono iniziare a consumare prodotti caseari in piccole quantità con l'aiuto di un integratore contenente l'enzima lattasi. Così facendo, il sistema digestivo avrà il tempo per abituarsi al nuovo tipo di alimentazione. Potete, per esempio, iniziare con lo yogurt e il kefir, meglio tollerati rispetto al latte e al formaggio fresco.

Per le persone di gruppo B le uova rappresentano un'ottima fonte di DHA, indispensabile per la costruzione della massa dei tessuti attivi.

GRUPPO B – SECRETORE (O PORTATORE DI ANTIGENI)

BENEFICI
Feta
Fiocchi di latte
Kefir
Latte di capra

Latte vaccino
Mozzarella (tutti i tipi)
Paneer
Pecorino (tutti i tipi)
Ricotta (tutti i tipi)
Urda
Yogurt

INDIFFERENTI
Brie
Burro
Burro chiarificato (ghee)
Camembert
Cheddar
Edam
Emmenthal
Formaggio spalmabile (tipo Philadelphia)
Gouda
Gruyere (gruviera o groviera)
Jarlsberg
Manchego
Monterey Jack
Parmigiano reggiano
Provolone
Quark
Uova di gallina

GRUPPO B – NON SECRETORE (O NON PORTATORE DI ANTIGENI)

BENEFICI
Burro chiarificato (ghee)
Feta
Kefir
Latte di capra
Mozzarella (tutti i tipi)
Paneer

Ricotta (tutti i tipi)
Yogurt

INDIFFERENTI
Brie
Burro
Edam
Fiocchi di latte
Formaggio spalmabile (tipo Philadelphia)
Gorgonzola
Gouda
Gruyere (gruviera o groviera)
Manchego
Pecorino romano
Quark
Roquefort
Uova di gallina

FETA. Ottima fonte di proteine, calcio e zinco.
GORGONZOLA, GELATO. Causano flocculazione del siero o precipitazione delle proteine del siero. Incrementano la produzione di poliammine o i livelli di indacano.
LATTE DI CAPRA, RICOTTA, YOGURT. Ottime fonti di amminoacidi arginina e lisina. Il latte di capra è un'ottima fonte di calcio e potassio. La ricotta fresca è un'ottima fonte di proteine, calcio, selenio e vitamina A. Lo yogurt è un'ottima fonte di calcio.
KEFIR, MOZZARELLA, PARMIGIANO REGGIANO: Ottima fonte di calcio.

LEGUMI

Le persone di tipo B riescono a metabolizzare senza problemi le proteine di alcuni fagioli e legumi, sebbene la maggior parte contengano lectine che interferiscono con la produzione di insulina.

GRUPPO B – SECRETORE (O PORTATORE DI ANTIGENI)

BENEFICI
Fagioli rossi
Fagioli di Lima

INDIFFERENTI
Cannellini
Carrube
Castagne
Fagioli bianchi
Fagioli tondini
Fagiolino
Farina di soia
Fave
Germogli di soia
Piselli
Semi di chia
Tamarindo
Tempeh

GRUPPO B – NON SECRETORE (O NON PORTATORE DI ANTIGENI)

INDIFFERENTI
Cannellini
Carrube
Castagne
Fagioli bianchi
Fagioli di Lima
Fagioli rossi
Fagioli tondini
Fagiolino
Fave
Germogli di soia
Piselli
Semi di chia
Tamarindo
Tempeh

SOIA, MISO, TOFU. Inibiscono il metabolismo.

SEMI E FRUTTA SECCA

Questi alimenti possono costituire un'importante fonte complementare di proteine. La noce può anche contribuire ad abbassare la concentrazione delle poliammine nell'organismo, grazie a un'azione inibitoria nei confronti dell'enzima ornitina decarbossilasi. Ma non tutta la frutta secca può essere consumata liberamente, alcuni di essi, come i semi di girasole, il sesamo o le arachidi, contengono potenti lectine agglutinanti per il gruppo sanguigno B.

Alcune ricerche scientifiche sostengono la comparsa di alcuni tipi di tumori o altre patologie cronico-degenerative, con un consumo eccessivo di questi alimenti tra i soggetti appartenenti a questo gruppo sanguigno.

GRUPPO B – SECRETORE (O PORTATORE DI ANTIGENI)

BENEFICI
Noci

INDIFFERENTI
Burro di mandorle
Formaggio di mandorle
Mandorle
Noci brasiliane
Noci di Macadamia
Noci Pecan
Semi di lino

GRUPPO B – NON SECRETORE (O NON PORTATORE DI ANTIGENI)

BENEFICI
Noci

INDIFFERENTI
Burro di mandorle
Formaggio di mandorle
Mandorle
Noci brasiliane
Noci di Macadamia

Noci Pecan
Semi di lino
Semi di zucca

MANDORLE. Ottima fonte di calcio, magnesio e potassio.
NOCCIOLE, PISTACCHI, SEMI DI SESAMO, SEMI DI ZUCCA. Causano flocculazione del siero o precipitazione delle proteine del siero.
NOCI. Contengono componenti che possono bloccare la sintesi di poliammine o l'innalzamento dei livelli di indacano. Ottime fonti di proteine, potassio, zinco e folati.
NOCI BRASILIANE. Ottime fonti di proteine, potassio, selenio, zinco e grassi monoinsaturi.

CEREALI E AMIDI

I cereali creano qualche problema alle persone di gruppo B se consumati in eccesso. Al contrario, quando seguono un'alimentazione equilibrata, i cereali risultano ben tollerati. Quelli che generalmente creano qualche problema sono il frumento, il mais, la segale e il grano saraceno.

Il frumento contiene una lectina che si attacca ai recettori per l'insulina presenti sulle cellule adipose, impedendo all'ormone di svolgere bene la sua attività. Di conseguenza, i grassi avranno maggiore difficoltà ad essere utilizzati come combustibile. Inoltre, possono aggravare eventuali disturbi infiammatori e provocare un calo della massa dei tessuti attivi. Il mais e i suoi sottoprodotti causano in questi soggetti un aumento della massa grassa, probabilmente per la presenza di specifiche lectine. La segale contiene una lectina che disturba la circolazione e può indurre gravi disturbi come l'ictus. Il grano saraceno rallenta il metabolismo, riduce l'efficienza dell'insulina e promuove la ritenzione di liquidi e una minore resistenza agli sforzi.

GRUPPO B – SECRETORE (O PORTATORE DI ANTIGENI)

BENEFICI
Avena
Farina d'avena
Farro spelta integrale
Fiocchi d'avena
Gallette di riso

Miglio
Pangermoglio

INDIFFERENTI
Farina di grano duro
Farina di riso
Farro dicocco integrale
Orzo
Quinoa
Riso basmati
Riso brillato (o bianco)
Riso integrale
Riso soffiato

GRUPPO B – NON SECRETORE (O NON PORTATORE DI ANTIGENI)

BENEFICI
Miglio
Pangermoglio

INDIFFERENTI
Amaranto
Avena
Farina d'avena
Fiocchi d'avena
Farina di riso
Farro spelta integrale
Gallette di riso
Orzo
Quinoa
Riso basmati
Riso brillato (o bianco)
Riso integrale
Riso selvatico
Riso soffiato

FRUMENTO, GERME DI GRANO, KAMUT, MAIS, SEGALE. Causano flocculazione del siero o precipitazione delle proteine del siero.
AVENA (E PRODOTTI). Contiene componenti che possono bloccare la sintesi di poliammine o l'innalzamento dei livelli di indacano.

VERDURE

Le verdure forniscono fibre e antiossidanti in abbondanza e favoriscono il calo della produzione di poliammine nell'apparato digerente. Le cipolle sono estremamente benefiche, perchè contengono rilevanti quantità di quercetina, un potente antiossidante con proprietà antitumorali. Anche se da un punto di vista botanico, i funghi non possono essere classificati tra le verdure, i comuni funghi coltivati (champignon) contengono lectine in grado di combattere il cancro. La pastinaca contiene molti polisaccaridi, ottimi stimolatori del sistema immunitario. Le olive, invece, contengono funghi microscopici (muffe) potenzialmente responsabili di reazioni allergiche.

Le persone di tipo B tendono ad essere più vulnerabili nei confronti delle infezioni virali e delle malattie autoimmunitarie, quindi, dovrebbero consumare in abbondanza ortaggi a foglia verde. Questi ultimi, infatti, sono ricchi di magnesio, un minerale che aiuta l'organismo a combattere con maggiore efficacia lo stress e che, pertanto, contribuisce a salvaguardare l'efficienza delle difese immunitarie.

GRUPPO B – SECRETORE (O PORTATORE DI ANTIGENI)

BENEFICI
Alga spirulina
Alga wakame
Barbabietole rosse
Broccoli
Carote
Cavolfiore
Cavolfiore verde
Cavolini di Bruxelles
Cavolo riccio (o nero)
Cime di rapa
Funghi shiitake
Melanzane
Pastinaca

Patate dolci (patate americane)
Peperoni
Prezzemolo
Senape
Zenzero

INDIFFERENTI
Aglio
Alga dulse
Alga kelp
Asparagi
Bietole
Cavolo cinese
Cavolo rapa
Cetriolo
Cicoria
Cipolle (tutti i tipi)
Crauti
Finocchio
Funghi champignon
Funghi enoki
Funghi maitake
Funghi pleurotus
Funghi portobello
Indivia belga
Lattuga (tutte le varietà)
Patate
Porri
Radicchio
Rafano
Rape
Rucola
Scalogno
Scarola
Sedano
Sedano rapa

Semi di canapa
Spinaci
Tarassaco
Zucchine

GRUPPO B – NON SECRETORE (O NON PORTATORE DI ANTIGENI)

BENEFICI
Aglio
Alga wakame
Barbabietole rosse
Broccoli
Carote
Cavolfiore
Cavolini di Bruxelles
Cavolo riccio (o nero)
Cime di rapa
Cipolle (tutti i tipi)
Funghi shiitake
Pastinaca
Patate dolci (patate americane)
Prezzemolo
Semi di canapa
Senape
Zenzero

INDIFFERENTI
Alga dulse
Alga kelp
Alga spirulina
Asparagi
Bietole
Carciofi
Cavoli (tutte le altre varietà)
Cavolo cinese
Cavolo rapa

Cetriolo
Cicoria
Crauti
Finocchio
Funghi champignon
Funghi enoki
Funghi maitake
Funghi pleurotus
Funghi portobello
Indivia belga
Lattuga (tutte le varietà)
Manioca
Melanzane
Peperoni
Pomodoro
Porri
Radicchio
Rafano
Rape
Rucola
Scalogno
Scarola
Sedano
Sedano rapa
Spinaci
Tapioca (o manioca)
Tarassaco
Topinambur
Zucca
Zucchine

BIETOLE, BROCCOLI, CAROTE, CAVOLFIORI, CAVOLI (TUTTI I TIPI), PATATA DOLCE, ZENZERO. Contengono componenti benefici che evitano la suscettibilità verso le malattie.
OLIVE (TUTTI I TIPI). Causano flocculazione del siero o precipitazione delle proteine del siero.

FRUTTA

Un'alimentazione ricca di frutta e verdura può aiutare a perdere chili, attenuando gli effetti dell'insulina. Inoltre, la frutta contribuisce a spostare l'equilibrio dell'acqua corporea da alte concentrazioni extracellulari ad alte concentrazioni intracellulari.
Molti frutti, come per esempio gli ananas, contengono consistenti quantitativi di enzimi utili per calmare le infiammazioni e favorire l'instaurazione di un appropriato equilibrio dell'acqua presente nell'organismo. Altri frutti, come l'uva nera e l'anguria forniscono all'organismo il licopene, l'antiossidante presente anche nel pomodoro, un ortaggio che purtroppo è da evitare (per i secretori) o consumare con molta parsimonia (per i non secretori).
Naturalmente è bene conoscere le particolari interazioni dell'antigene B con alcuni frutti: avocado, cachi e melograno contengono lectine in grado di agglutinare le cellule di questo gruppo sanguigno.

GRUPPO B – SECRETORE (O PORTATORE DI ANTIGENI)

BENEFICI
Ananas
Anguria
Banane
Mirtilli rossi
Papaia
Susine
Uva

INDIFFERENTI
Albicocche
Arance
Bacche di goji
Ciliegie
Datteri
Fichi
Fragole
Gelsi
Guava
Kiwi

Kumquat
Lamponi
Limetta
Limoni
Litchi
Mandarino
Mango
Mele
Mele cotogne
Mirtilli neri
More
Pere
Pesca
Pescanoce
Platano
Pompelmo
Prugne secche
Ribes nero e rosso
Sambuco
Uva passa
Uva spina

GRUPPO B – NON SECRETORE (O NON PORTATORE DI ANTIGENI)

BENEFICI
Ananas
Anguria
Ciliegie
Fichi
Guava
Lamponi
Mirtilli neri
Mirtilli rossi
More
Ribes nero e rosso
Sambuco

Susine
Uva

INDIFFERENTI
Albicocche
Arance
Bacche di goji
Banane
Datteri
Fragole
Gelsi
Kiwi
Kumquat
Limetta
Limoni
Litchi
Mandarino
Mango
Mele
Mele cotogne
Papaia
Pere
Pesca
Pescanoce
Platano
Pompelmo
Prugne secche
Uva passa
Uva spina

NOCE DI COCCO. Causano flocculazione del siero o precipitazione delle proteine del siero.
MIRTILLI, PAPAIA, UVA. Contengono componenti che possono bloccare la sintesi di poliammine o l'innalzamento dei livelli di indacano.
CACHI, MELOGRANO. Contengono lectine tossiche.

ANANAS, ANGURIA. Contengono componenti benefici che evitano la suscettibilità verso le malattie.

OLI E GRASSI

In generale, per le persone di gruppo sanguigno B gli oli migliori sono quelli monoinsaturi, come l'olio extra vergine d'oliva, e quelli ricchi di acidi grassi della serie omega, come quelli di semi di lino. Evitate gli oli di sesamo, di girasole e di mais, che contengono una lectina dannosa per l'apparato digerente, e possono crearvi qualche problema durante il processo di digestione.

GRUPPO B – SECRETORE (O PORTATORE DI ANTIGENI)

BENEFICI
Olio extra vergine d'oliva

INDIFFERENTI
Olio di germe di grano
Olio di semi di canapa
Olio di semi di chia
Olio di semi di girasole
Olio di semi di lino
Olio di semi di ribes nero
Olio di soia

GRUPPO B – NON SECRETORE (O NON PORTATORE DI ANTIGENI)

BENEFICI
Olio di semi di canapa
Olio di semi di lino
Olio di semi di ribes nero
Olio extra vergine d'oliva

INDIFFERENTI
Olio di germe di grano
Olio di semi di chia

OLIO DI ARACHIDI, OLIO DI CARTAMO, OLIO DI COCCO. Causano flocculazione del siero o precipitazione delle proteine del siero.
OLIO DI GIRASOLE, OLIO DI MAIS, OLIO DI SOIA. Contengono lectine tossiche.
OLIO EXTRAVERGINE D'OLIVA. Contiene componenti benefici che evitano la suscettibilità verso le malattie.

ERBE, SPEZIE ED ALTRI CONDIMENTI

Le persone di tipo B possono trarre grandi benefici dalle spezie piccanti come lo zenzero e il curry. Alcuni di essi (come l'amido di mais e il malto d'orzo) fanno eccezione per la presenza di lectine in grado di potenziare gli effetti tossici di altre lectine presenti negli alimenti. La melassa è un ottimo dolcificante per i soggetti di gruppo B e può apportare all'organismo anche un supplemento di ferro. La curcumina (una potente sostanza fitochimica), presente nella curcuma e nel curry, è in grado di favorire il calo delle tossine intestinali.

GRUPPO B – SECRETORE (O PORTATORE DI ANTIGENI)

BENEFICI
Curry
Peperoncino rosso spezzettato

INDIFFERENTI
Aceto
Aceto di mele
Alloro
Aneto
Anice
Basilico
Bicarbonato di sodio
Capperi
Cardamomo
Cerfoglio
Chiodi di garofano
Cioccolato
Coriandolo
Cumino

Curcuma
Dragoncello
Erba cipollina
Fruttosio
Lecitina di soia
Lievito di birra
Maggiorana
Maionese
Melassa
Menta
Miele
Noce moscata
Origano
Paprika
Pectina della frutta
Pepe nero
Peperoncino rosso in polvere
Rosmarino
Sale marino integrale
Salvia
Santoreggia
Sciroppo d'acero
Sciroppo d'agave
Sciroppo di riso
Senape con aceto e frumento
Senape in polvere
Senape senza aceto e frumento
Tamari
Timo
Vaniglia
Zafferano
Zucchero bianco o integrale

GRUPPO B – NON SECRETORE (O NON PORTATORE DI ANTIGENI)

BENEFICI
Curry
Lievito di birra
Origano

INDIFFERENTI
Aceto
Alloro
Aneto
Anice
Basilico
Bicarbonato di sodio
Capperi
Cardamomo
Cerfoglio
Chiodi di garofano
Cioccolato
Coriandolo
Cumino
Curcuma
Dragoncello
Erba cipollina
Lecitina di soia
Maggiorana
Maionese
Melassa
Menta
Miele
Noce moscata
Paprika
Pectina della frutta
Peperoncino rosso in polvere
Peperoncino rosso spezzettato
Rosmarino
Sale marino integrale

Salvia
Santoreggia
Sciroppo d'acero
Sciroppo d'agave
Sciroppo di riso
Senape in polvere
Senape senza aceto e frumento
Stevia
Tamari
Timo
Vaniglia
Zafferano

DESTROSIO, MALTO D'ORZO, PEPE BIANCO, PEPE NERO, ZUCCHERO INVERTITO. Causano flocculazione del siero o precipitazione delle proteine del siero. Incrementano le poliammine o i livelli di indacano.
AMIDO DI MAIS, MISO, SALSA DI SOIA. Contengono lectine tossiche.
CURRY. Contiene componenti che possono bloccare la sintesi di poliammine o l'innalzamento dei livelli di indacano.
ASPARTAME, GELATINA, GLUTAMMATO MONOSODICO. Incrementano le poliammine o i livelli di indacano. Inibiscono il metabolismo e la corretta funzione gastrica o bloccano l'assimilazione.
MALTODESTRINA. Contiene lectine tossiche. Incrementa le poliammine o i livelli di indacano.

BEVANDE

Anche i soggetti appartenenti a questo gruppo sanguigno devono includere nel loro programma alimentare il tè verde, che come sappiamo, contiene alcuni polifenoli che bloccano la produzione di poliammine pericolose. Il consumo di caffè è permesso soltanto con moderazione, poichè un eccesso potrebbe comportare qualche problema all'apparato digerente. Da bandire totalmente birra, vino bianco e altri alcolici.

GRUPPO B – SECRETORE (O PORTATORE DI ANTIGENI)

BENEFICI
Bevanda di avena

Bevanda di miglio
Bevanda di riso
Succo d'ananas senza zucchero
Tè verde

INDIFFERENTI
Acqua e limone
Bevanda di mandorle
Bevanda di quinoa
Birra
Caffè
Camomilla
Succo d'arancia
Succo di mela
Succo di pompelmo senza zucchero
Tè nero
Vino bianco
Vino rosso

GRUPPO B – NON SECRETORE (O NON PORTATORE DI ANTIGENI)

BENEFICI
Bevanda di miglio
Bevanda di riso
Succo d'ananas senza zucchero
Tè verde
Vino bianco
Vino rosso

INDIFFERENTI
Acqua e limone
Acqua frizzante
Bevanda di avena
Bevanda di mandorle
Bevanda di quinoa
Bevanda di soia

Birra
Succo d'arancia
Succo di mela
Succo di pompelmo senza zucchero

TÈ VERDE. Contiene componenti benefici che evitano la suscettibilità verso le malattie.
BIBITE GASSATE, LIQUORI DISTILLATI. Inibiscono la corretta funzione gastrica o bloccano l'assimilazione.

PROGRAMMA ALIMENTARE PER IL GRUPPO AB

STRATEGIE DI COMPORTAMENTO

- Limitate il consumo di carne e pollo che a causa della bassa acidità gastrica e della scarsa presenza di fosfatasi alcalina nell'intestino, per i soggetti di gruppo AB sono difficilmente digeribili e possono creare una serie di problemi di metabolizzazione.
- Ricavate il vostro fabbisogno di proteine principalmente dai derivati della soia e dal pesce fresco.
- Includete nella vostra alimentazione moderate quantità di latticini, scegliendo quelli trattati con colture batteriche ed evitando i derivati freschi del latte, che provocano un'eccessiva secrezione di muco. I prodotti fermentati hanno un effetto probiotico e favoriscono la proliferazione della flora batterica intestinale e di conseguenza la creazione di un ambiente con difese immunitarie più robuste.
- Comprendete sempre nella vostra alimentazione porzioni regolari di pesci di acque fredde ricchi di oli. Gli oli di pesce sono benefici perchè attivano il metabolismo.
- Consumate preferibilmente cibi ricchi di vitamina A, come broccoli e zucca, per incrementare i vostri livelli di fosfatasi alcalina intestinale.

STRATEGIE ALIMENTARI:

- Prendete due volte al giorno 500 mg di L-istidina. Questo integratore è un amminoacido che migliora la secrezione dell'acido gastrico, specialmente per chi soffre di allergie.

- Utilizzate piante amare. Piante come la genziana vengono impiegate da lungo tempo dai naturopati per stimolare le secrezioni gastriche. Possono essere assunte mezz'ora prima dei pasti.
- Evitate le bevande gassate.
- Assumete betaina. Sotto forma di cloridrato di betaina è capace di aumentare l'acidità nello stomaco, oltre ad offrire altri effetti benefici. Viene infatti consigliata anche per ridurre i livelli ematici di una sostanza chiamata omocisteina, che è stata associata ad alcune cardiopatie. La betaina viene utilizzata dall'organismo per produrre la S-adenosilmetionina (SAM-e), una sostanza che è stata oggetto di attenzione da parte dei media per le sue proprietà naturali antidepressive e stimolanti delle funzionalità epatiche. Si trova in abbondanza nei broccoli e nei cereali integrali.

CARNI E POLLAME

La maggior parte dei soggetti di tipo AB devono stare lontani dal consumare carni ed evitare in questo modo l'innalzamento dei livelli di colesterolo. Il pollo può causare fastidiose irritazioni gastriche, quindi, sarà bene sostituirlo con carni più digeribili come il tacchino. Bisogna anche evitare le carni conservate e affumicate perchè il loro consumo, unito alla scarsa produzione di acido, può aumentare il rischio di tumori gastrici.

GRUPPO AB – SECRETORE (O PORTATORE DI ANTIGENI)

BENEFICI
Tacchino

INDIFFERENTI
Agnello
Capretto
Coniglio
Fagiano
Fegato di manzo o vitello
Montone castrato
Struzzo

GRUPPO AB – NON SECRETORE (O NON PORTATORE DI ANTIGENI)

BENEFICI
Agnello
Coniglio
Montone castrato
Tacchino

INDIFFERENTI
Capretto
Cervo
Fagiano
Fegato di manzo o vitello
Quaglia
Struzzo

MAIALE. Contiene componenti che possono aumentare la suscettibilità alle malattie. Il maiale è un alimento che contiene alte percentuali di contaminazione batterica.
POLLO. Contiene lectine tossiche. Il pollo è un alimento con alte percentuali di contaminazione batterica.
CAVALLO. Causa insufficienza secretoria e disbiosi.
TACCHINO. Ottima fonte di proteine, selenio e zinco.

PESCE E FRUTTI DI MARE

Per i soggetti appartenenti a questo gruppo sanguigno, pesci e frutti di mare dovrebbero costituire una delle principali fonti di proteine sia per la costruzione della massa dei tessuti attivi, sia per stimolare il funzionamento ottimale delle cellule Natural Killer (NK). In generale, molti dei pesci e dei frutti di mare da evitare, contengono lectine reattive verso il gruppo A o verso quello B, oppure poliammine. Evitate di mangiare prodotti surgelati, in quanto contengono più poliammine rispetto a quelli freschi. Poichè le persone appartenenti a questo gruppo sanguigno hanno più probabilità di sviluppare tumori (soprattutto al seno per la presenza dell'antigene A), dovrebbero mangiare regolarmente la chiocciola helix pomatia, che contiene una lectina benefica per il loro sistema immunitario. Infatti, le lumache contengono una lectina molto potente in grado di agglutinare le cellule degenerate che danno origine alle due più comuni forme di cancro al seno.

GRUPPO AB – SECRETORE (O PORTATORE DI ANTIGENI)

BENEFICI
Cernia
Coda di rospo (rana pescatrice)
Dentice
Lampuga
Luccio
Lumache di terra
Merluzzo
Salmone atlantico
Salmone reale
Salmone rosso
Sarago
Sardine
Sgombro
Storione
Tonnetto rosso (alalunga)
Tonno pinne gialle

INDIFFERENTI
Aringa
Calamari
Capesante
Carpa
Cavedano
Coregone (lavarello)
Corvina
Cozze
Orata
Pesce persico d'acqua dolce
Pesce persico di mare
Pesce serra
Pesce spada
Scorfano
Triglie

GRUPPO AB – NON SECRETORE (O NON PORTATORE DI ANTIGENI)

BENEFICI
Aringa
Cernia
Coda di rospo (rana pescatrice)
Dentice
Lampuga
Luccio
Lumache di terra
Merluzzo
Salmone atlantico
Salmone reale
Salmone rosso
Sarago
Sardine
Sgombro
Storione
Tonnetto rosso (alalunga)
Tonno pinne gialle
Triglie

INDIFFERENTI
Alici (acciughe)
Calamari
Capesante
Carpa
Cavedano
Caviale
Coregone (lavarello)
Corvina
Cozze
Orata
Pesce persico d'acqua dolce
Pesce persico di mare
Pesce rombo
Pesce serra

Pesce spada
Scorfano
Trota arcobaleno (o iridea)
Trota di mare

BRANZINO (SPIGOLA), POLPO. Causano flocculazione del siero o precipitazione delle proteine del siero.
GAMBERO. Aumenta l'effetto tossico di altri cibi. Incrementa le poliammine o i livelli di indacano. Contiene componenti che possono aumentare la suscettibilità alle malattie.
MERLUZZO, SALMONE FRESCO, SARDINE. Cibi altamente nutrienti. Contengono componenti benefici che possono evitare la suscettibilità alle malattie. Il merluzzo e il salmone sono ottime fonti di proteine, potassio e selenio. Le sardine sono ottime fonti di proteine, calcio, potassio, selenio e vitamina B_{12}.
TONNO. Ottima fonte di proteine, selenio, vitamina A e vitamina B_{12}.

LATTICINI E UOVA

Per quanto riguarda latte e formaggi, la componente B assume un leggero ruolo dominante sulla A. Via libera, dunque, al kefir e allo yogurt. Ma attenzione alla componente A, che si esprime con la tendenza a produrre un eccesso di muco, responsabili di disturbi respiratori, sinusiti e otiti. In presenza di questi problemi è consigliabile ridurre il consumo di questi prodotti. Le uova, una buona fonte di DHA (al pari del pesce), possono costituire fonti complementari di proteine, contribuendo a costruire la massa muscolare.

GRUPPO AB – SECRETORE (O PORTATORE DI ANTIGENI)

BENEFICI
Feta
Fiocchi di latte
Kefir
Latte di capra
Manchego
Mozzarella (tutti i tipi)
Pecorino (tutti i tipi)
Ricotta (tutti i tipi)
Urda

Yogurt

INDIFFERENTI
Burro chiarificato (ghee)
Cheddar
Edam
Emmenthal
Formaggio spalmabile (tipo Philadelphia)
Gouda
Gruyere (gruviera o groviera)
Jarlsberg
Latte vaccino
Monterey Jack
Paneer
Quark
Uova di gallina
Uova d'oca
Uova di quaglia

GRUPPO AB – NON SECRETORE (O NON PORTATORE DI ANTIGENI)

BENEFICI
Burro chiarificato (ghee)
Feta
Fiocchi di latte
Kefir
Latte di capra
Manchego
Mozzarella (tutti i tipi)
Ricotta (tutti i tipi)
Uova di gallina

INDIFFERENTI
Cheddar
Edam
Formaggio spalmabile (tipo Philadelphia)

Gouda
Gruyere (gruviera o groviera)
Jarlsberg
Latte vaccino
Monterey Jack
Paneer
Pecorino romano
Quark
Roquefort
Uova d'oca
Uova di quaglia
Yogurt

GORGONZOLA. Incrementa le poliammine o i livelli di indacano.
FETA. Ottima fonte di proteine, calcio e zinco.
GELATO. Causa flocculazione del siero o precipitazione delle proteine del siero.
YOGURT. Ottima fonte di calcio.

LEGUMI

Anche nei confronti dei legumi le reazioni delle persone di tipo AB sono contraddittorie, perchè a volte sono assimilabili a quelle dei soggetti A e altre volte a quelle dei tipi B. Tra le diverse varietà di lenticchie, quelle verdi risultano particolarmente benefiche per il tipo AB perchè ricche di sostanze antiossidanti che possono svolgere un'azione protettiva nei confronti dei tumori.

GRUPPO AB – SECRETORE (O PORTATORE DI ANTIGENI)

BENEFICI
Castagne
Fagioli pinto
Farina di soia
Germogli di soia
Natto
Tempeh
Tofu
Soia

INDIFFERENTI
Cannellini
Carrube
Fagioli bianchi
Fagiolino
Lenticchie (tutti i tipi)
Piselli
Semi di chia
Tamarindo

GRUPPO AB – NON SECRETORE (O NON PORTATORE DI ANTIGENI)

BENEFICI
Castagne
Fagioli pinto
Germogli di soia
Natto

INDIFFERENTI
Cannellini
Carrube
Fagioli bianchi
Fagioli di Lima
Fagioli tondini
Fagiolino
Fave
Lenticchie (tutti i tipi)
Piselli
Semi di chia
Tamarindo
Tofu
Soia

CECI, FAGIOLI AZUKI, FAGIOLI DI LIMA, FAGIOLI NERI. Contengono lectine tossiche.

SEMI E FRUTTA SECCA

Le persone di tipo AB hanno delle reazioni particolari nei riguardi di semi e frutta secca, dovute alle contraddittorie caratteristiche dei gruppi A e B. Anche se costituiscono un'ottima fonte di proteine, questi alimenti andrebbero consumati in quantità modeste, perchè tutti contengono lectine in grado di ridurre l'efficienza dell'insulina e quindi di creare gli stessi problemi che affliggono i soggetti di tipo B. Tra quelli considerati benefici, abbiamo sicuramente le noci, in grado di abbassare la concentrazione di poliammine grazie ad un'azione inibitoria nei confronti dell'enzima ornitina decarbossilasi. I semi di lino sono ricchi di lignine, che aiutano a ridurre il numero dei recettori del fattore di crescita dell'epidermide, un componente necessario alla proliferazione di numerosi e diffusi tipi di cancro, che può essere stimolato dall'antigene A. Anche le arachidi sono alimenti benefici in grado di stimolare il sistema immunitario e di combattere alcune forme di tumori.

I soggetti AB mostrano una certa tendenza a sviluppare alcuni disturbi della cistifellea, quindi, si consiglia a chi soffre di questi problemi di eliminare totalmente la frutta secca dalla loro alimentazione.

GRUPPO AB – SECRETORE (O PORTATORE DI ANTIGENI)

BENEFICI
Arachidi
Burro di arachidi
Noci

INDIFFERENTI
Anacardi
Burro di anacardi
Burro di mandorle
Formaggio di mandorle
Mandorle
Noci brasiliane
Noci di Macadamia
Noci Pecan
Pinoli
Pistacchi
Semi di cartamo

Semi di lino

GRUPPO AB – NON SECRETORE (O NON PORTATORE DI ANTIGENI)

BENEFICI
Noci

INDIFFERENTI
Arachidi
Burro di arachidi
Burro di mandorle
Formaggio di mandorle
Mandorle
Noci brasiliane
Noci di Macadamia
Noci Pecan
Pinoli
Semi di cartamo
Semi di lino

NOCI. Contengono componenti che possono bloccare la sintesi di poliammine o l'innalzamento dei livelli di indacano. Ottime fonti di proteine, potassio, zinco e folati.
NOCE DI MACADAMIA. Ottima fonte di potassio e grassi monoinsaturi.
SEMI DI GIRASOLE. Contengono lectine tossiche.

CEREALI E AMIDI

In genere, le persone di tipo AB tollerano bene i cereali. Gli unici che possono creare qualche problema sono il frumento (se consumato in eccesso) e il mais, le cui lectine esercitano un effetto che simula quello dell'insulina, con il risultato di far calare la massa dei tessuti attivi e stimolare l'accumulo di grasso. Inoltre, se il frumento viene consumato spesso ha la capacità di far aumentare in questi soggetti la produzione di muco. Quindi se soffrite di problemi respiratori, oppure di otiti e sinusiti ricorrenti, dovreste limitare il consumo di prodotti a base di frumento.

L'amaranto, un cereale già coltivato nell'antichità, dovrebbe essere sempre presente nell'alimentazione delle persone di gruppo AB perchè contiene una lectina che può aiutare a prevenire il cancro del colon.

GRUPPO AB – SECRETORE (O PORTATORE DI ANTIGENI)

BENEFICI
Amaranto
Avena
Farina d'avena
Farina di segale
Farro spelta integrale
Fiocchi d'avena
Gallette di riso
Miglio
Pangermoglio
Riso basmati
Riso integrale
Riso selvatico
Riso soffiato
Segale

INDIFFERENTI
Crusca e germe di grano
Farina di grano duro
Farina di riso
Farro dicocco integrale
Frumento integrale
Orzo
Quinoa
Riso brillato (o bianco)

GRUPPO AB – NON SECRETORE (O NON PORTATORE DI ANTIGENI)

BENEFICI
Amaranto
Avena

Farina d'avena
Fiocchi d'avena
Farina di riso
Farina di segale
Gallette di riso
Miglio
Pangermoglio
Riso basmati
Riso brillato (o bianco)
Riso integrale
Riso selvatico
Riso soffiato
Segale

INDIFFERENTI
Crusca e germe di grano
Farro spelta integrale
Orzo
Quinoa

GRANO SARACENO, MAIS, POPCORN. Contengono lectine tossiche.
FARINA D'AVENA. Contiene componenti benefici che possono modificare positivamente la suscettibilità alle malattie.

VERDURE

Le verdure forniscono fibre e antiossidanti in abbondanza e favoriscono il calo della produzione di poliammine nell'apparato digerente. Esse aiutano anche a combattere le malattie cardiovascolari e i tumori, disturbi che colpiscono le persone di tipo A e AB con una frequenza superiore a quella riscontrabile negli altri gruppi sanguigni.
Le cipolle sono estremamente benefiche per chi appartiene a questo gruppo, giacchè contengono rilevanti quantità di quercetina, un potente antiossidante con proprietà antitumorali. La pastinaca contiene molti polisaccaridi, che sono ottimi stimolatori del sistema immunitario. L'aglio può essere utilizzato con generosità: è un ottimo tonico e possiede una provata attività antibiotica.

GRUPPO AB – SECRETORE (O PORTATORE DI ANTIGENI)

BENEFICI
Aglio
Alga spirulina
Barbabietole rosse
Broccoli
Cavolfiore
Cavolfiore verde
Cavolo riccio (o nero)
Cetriolo
Cime di rapa
Funghi maitake
Melanzane
Pastinaca
Patate dolci (patate americane)
Prezzemolo
Sedano
Senape
Tarassaco

INDIFFERENTI
Alga dulse
Alga kelp
Alga wakame
Asparagi
Bietole
Carote
Cavoli (tutte le altre varietà)
Cavolini di Bruxelles
Cavolo cinese
Cavolo rapa
Cicoria
Cipolle (tutti i tipi)
Crauti
Finocchio
Funghi champignon

Funghi enoki
Funghi pleurotus
Funghi portobello
Indivia belga
Lattuga (tutte le varietà)
Olive verdi
Radicchio
Rape
Patate
Peperoni
Pomodoro
Porri
Rafano
Rucola
Scalogno
Scarola
Sedano rapa
Semi di canapa
Spinaci
Zenzero
Zucca
Zucchine

GRUPPO AB – NON SECRETORE (O NON PORTATORE DI ANTIGENI)

BENEFICI
Aglio
Alga spirulina
Broccoli
Cavolfiore
Cavolo riccio (o nero)
Cetriolo
Cime di rapa
Funghi maitake
Melanzane
Pastinaca

Patate dolci (patate americane)
Pomodoro
Prezzemolo
Sedano
Semi di canapa
Senape
Tarassaco
Zenzero

INDIFFERENTI
Alga dulse
Alga kelp
Alga wakame
Asparagi
Barbabietole rosse
Bietole
Carote
Cavoli (tutte le altre varietà)
Cavolini di Bruxelles
Cavolo cinese
Cavolo rapa
Cicoria
Cipolle (tutti i tipi)
Crauti
Finocchio
Funghi champignon
Funghi enoki
Funghi pleurotus
Funghi portobello
Indivia belga
Lattuga (tutte le varietà)
Olive verdi
Radicchio
Patate
Peperoni
Porri

Rafano
Rape
Rucola
Scalogno
Scarola
Sedano rapa
Spinaci
Zucca
Zucchine

CAVOLI. Contengono componenti che possono influenzare positivamente la suscettibilità alle malattie.
AGLIO, CETRIOLI, FUNGO MAITAKE, MELANZANE, PASTINACA. Contengono agglutinine che possono modificare positivamente la suscettibilità alle malattie.
OLIVE NERE. Incrementano le poliammine o i livelli di indacano.

FRUTTA

La frutta è ricca di antiossidanti e molti tipi, tra cui i mirtilli, more e ciliegie, contengono pigmenti che bloccano l'enzima epatico ornitina decarbossilasi, diminuendo la produzione di poliammine, sostanze chimiche che in concerto con l'insulina favoriscono l'aumento di peso e la probabilità di mutazioni cellulari. Altri frutti alcalini, come le susine, contribuiscono a bilanciare l'acidità muscolare indotta da certi cereali.
Un'alimentazione ricca di frutta e verdura oltre a farvi perdere qualche chilo neutralizza gli effetti dell'insulina. Tra tutte queste capacità, la frutta è anche in grado di spostare l'equilibrio dell'acqua corporea da alte concentrazioni extracellulari (negativa) ad alte concentrazioni intracellulari (positiva).
L'ananas, oltre ad essere un ottimo digestivo, contiene degli enzimi che sono in grado di combattere le infiammazioni e favorire l'instaurazione di un appropriato equilibrio dell'acqua presente nell'organismo. Tra i frutti più comuni, quelli da evitare sono sicuramente le arance perchè irritanti per lo stomaco e in grado di interferire con l'assorbimento di alcuni minerali indispensabili.
Sembra strano, ma un altro agrume, il pompelmo, pur possedendo un'acidità simile a quella dell'arancia, viene incluso tra i frutti benefici. In effetti, il pompelmo non solo non irrita lo stomaco, ma dopo la digestione sviluppa un certo grado di alcalinità.

Ottimi sono da considerarsi anche i limoni, che stimolano le funzioni dell'apparato digerente e contribuiscono ad eliminare l'eccesso di muco dalle vie respiratorie; senza contare che la vitamina C contenuta in questi agrumi svolge un'attività antiossidante di tutto rispetto molto utile per combattere lo sviluppo di potenziali tumori.

Nulla di positivo può essere detto sulla banana, che disturba notevolmente la digestione delle persone di tipo AB. Visto che essa rappresenta un'importante fonte di potassio, è bene procacciarsi questo minerale consumando albicocche e fichi.

GRUPPO AB – SECRETORE (O PORTATORE DI ANTIGENI)

BENEFICI
Ananas
Anguria
Ciliegie
Fichi
Kiwi
Limoni
Mirtilli rossi
Pompelmo
Susine
Uva
Uva spina

INDIFFERENTI
Albicocche
Datteri
Fragole
Gelsi
Kumquat
Lamponi
Limetta
Litchi
Mandarino
Mele
Mirtilli neri
More
Papaia

Pere
Pesca
Pescanoce
Platano
Prugne secche
Ribes nero e rosso
Sambuco
Uva passa

GRUPPO AB – NON SECRETORE (O NON PORTATORE DI ANTIGENI)

BENEFICI
Ananas
Anguria
Bacche di goji
Ciliegie
Fichi
Limetta
Limoni
Mirtilli neri
Mirtilli rossi
More
Papaia
Pompelmo
Sambuco
Susine
Uva
Uva spina

INDIFFERENTI
Albicocche
Datteri
Fragole
Gelsi
Kiwi
Kumquat

Lamponi
Litchi
Mele
Pere
Pesca
Pescanoce
Platano
Ribes nero e rosso
Uva passa

BANANA, CACHI, MELOGRANO. Contengono lectine tossiche.
CILIEGIE, FICHI, KIWI, MIRTILLO ROSSO, SUSINE. Contengono componenti che possono bloccare la sintesi di poliammine o l'innalzamento dei livelli di indacano.
ANANAS, LIMONE, POMPELMO. Contengono componenti benefici che possono modificare positivamente la suscettibilità alle malattie.
ARANCE, MANGO. Incrementano le poliammine o i livelli di indacano.

OLI E GRASSI

Anche per i soggetti di tipo AB gli oli migliori sono quelli monoinsaturi (come per esempio l'olio extra vergine d'oliva) e quelli ricchi di acidi grassi della serie omega (come quello di semi di lino). Questi oli sono benefici perchè contribuiscono a salvaguardare la salute di cuore e arterie.

GRUPPO AB – SECRETORE (O PORTATORE DI ANTIGENI)

BENEFICI
Olio di semi di canapa
Olio extra vergine d'oliva

INDIFFERENTI
Olio di germe di grano
Olio di semi di arachidi
Olio di semi di chia
Olio di semi di lino
Olio di semi di ribes nero
Olio di soia

GRUPPO AB – NON SECRETORE (O NON PORTATORE DI ANTIGENI)

BENEFICI
Olio di semi di arachidi
Olio di semi di canapa
Olio di semi di chia
Olio extra vergine d'oliva

INDIFFERENTI
Olio di germe di grano
Olio di semi di lino
Olio di semi di ribes nero
Olio di semi di zucca
Olio di soia

OLIO DI COCCO. Aumenta l'effetto tossico di altri alimenti.
OLIO DI CARTAMO, OLIO DI GIRASOLE, OLIO DI MAIS, OLIO DI SESAMO. Contengono lectine tossiche.
OLIO EXTRAVERGINE D'OLIVA. Contiene componenti benefici che possono modificare positivamente la suscettibilità alle malattie.

ERBE, SPEZIE ED ALTRI CONDIMENTI

Le persone di tipo AB devono limitare l'assunzione di sodio, pertanto, è preferibile insaporire i cibi con il sale marino integrale che ha un contenuto di sodio minore rispetto al sale raffinato. Anche la melassa e il curry vanno bene per questi soggetti. La melassa apporta all'organismo una buona percentuale di ferro, mentre il curry presenta tra i suoi componenti la curcumina, una potente sostanza fitochimica in grado di abbassare la quantità di tossine a livello intestinale. Da evitare, invece, molte delle gelatine più comuni, come il guar, perchè possono potenziare gli effetti di lectine provenienti da altri alimenti. Da eliminare sono anche tutte le varietà di peperoncino e di aceto di vino. Per condire le insalate quest'ultimo può essere sostituito con il succo di limone, accompagnato da erbe aromatiche o olio aromatizzato.

GRUPPO AB – SECRETORE (O PORTATORE DI ANTIGENI)

BENEFICI
Curry
Miso
Origano

INDIFFERENTI
Aceto di mele
Alloro
Aneto
Basilico
Bicarbonato di sodio
Cannella
Cardamomo
Cerfoglio
Chiodi di garofano
Cioccolato
Coriandolo
Cumino
Curcuma
Dragoncello
Erba cipollina
Fruttosio
Lecitina di soia
Lievito di birra
Maggiorana
Maionese
Maionese di soia
Melassa
Menta
Miele
Noce moscata
Paprika
Pectina della frutta
Peperoncino rosso in polvere
Rosmarino

Sale marino integrale
Salvia
Santoreggia
Sciroppo d'acero
Sciroppo d'agave
Sciroppo di riso
Senape con aceto e frumento
Senape in polvere
Senape senza aceto e frumento
Stevia
Tamari
Timo
Umeboshi
Vaniglia
Zafferano
Zucchero bianco o integrale

GRUPPO AB – NON SECRETORE (O NON PORTATORE DI ANTIGENI)

BENEFICI
Alloro
Curcuma
Curry
Lievito di birra
Origano

INDIFFERENTI
Aneto
Basilico
Bicarbonato di sodio
Cannella
Cardamomo
Cerfoglio
Chiodi di garofano
Cioccolato
Coriandolo
Cumino

Dragoncello
Erba cipollina
Lecitina di soia
Maggiorana
Maionese
Maionese di soia
Melassa
Menta
Miso
Noce moscata
Paprika
Pectina della frutta
Peperoncino rosso in polvere
Rosmarino
Sale marino integrale
Salvia
Santoreggia
Sciroppo d'agave
Senape in polvere
Senape senza aceto e frumento
Stevia
Tamari
Timo
Vaniglia
Zafferano

AMIDO DI MAIS. Contiene lectine tossiche.
CURRY, ORIGANO. Contengono componenti che possono bloccare la sintesi di poliammine o l'innalzamento dei livelli di indacano.
ACETO BALSAMICO, ACETO DI VINO, PEPE BIANCO, PEPE NERO, PEPE ROSSO. Irritanti gastrici. Inibiscono la corretta funzione digestiva o bloccano l'assimilazione.
ASPARTAME, GELATINA, GUAR, MALTODESTRINA, ZUCCHERO INVERTITO. Inibiscono il metabolismo.
DESTROSIO, GLUTAMMATO MONOSODICO, KETCHUP. Aumentano gli effetti tossici di altri alimenti.

MELASSA. Contiene componenti benefici che possono modificare positivamente la suscettibilità alle malattie.

BEVANDE

Ottimo il vino rosso per la sua attività su cuore e arterie: un bicchiere al giorno è in grado di ridurre il rischio cardiovascolare. Il tè verde contiene alcuni polifenoli che bloccano la produzione di poliammine pericolose.

GRUPPO AB – SECRETORE (O PORTATORE DI ANTIGENI)

BENEFICI
Acqua e limone
Bevanda di avena
Bevanda di miglio
Bevanda di riso
Camomilla
Succo d'ananas senza zucchero
Tè verde

INDIFFERENTI
Acqua frizzante
Bevanda di mandorle
Bevanda di quinoa
Bevanda di soia
Birra
Succo di mela
Succo di pompelmo senza zucchero
Vino bianco
Vino rosso

GRUPPO AB – NON SECRETORE (O NON PORTATORE DI ANTIGENI)

BENEFICI
Acqua e limone
Bevanda di avena
Bevanda di miglio

Bevanda di riso
Succo d'ananas senza zucchero
Tè verde
Vino bianco
Vino rosso

INDIFFERENTI
Acqua frizzante
Bevanda di mandorle
Bevanda di quinoa
Succo di mela
Succo di pompelmo senza zucchero

TÈ VERDE. Contiene componenti che possono bloccare la sintesi di poliammine o l'innalzamento dei livelli di indacano.
BIBITE GASSATE. Inibiscono il metabolismo.

CAPITOLO IV: GRUPPI SANGUIGNI E PERSONALITA'

TEORIE SULLA PERSONALITÀ

L'idea che certi tratti, modi di fare, caratteristiche emozionali e scelte di vita possano essere nascoste nel nostro codice genetico è in genere ben accetta, sebbene non ci siano i mezzi per misurare scientificamente questo tipo di ereditarietà. Non è stato infatti identificato (per ora) alcun gene della personalità. Qualcuno potrebbe pensare che il nostro comportamento è legato al modo in cui siamo stati allevati piuttosto che a fattori di tipo ereditario. Ma forse sono in gioco entrambi gli aspetti.

Ecco cosa racconta Peter D'Adamo a proposito della correlazione tra gruppi sanguigni e personalità: "Recentemente, Beverly, mia paziente da molto tempo, ha accompagnato in ambulatorio sua figlia. Prima di questa visita, mi aveva raccontato di aver avuto una figlia quando era nubile e molto giovane, e di essere stata pertanto costretta a darla in adozione. Per trent'anni Beverly non ne aveva più avuto notizie, fino al giorno in cui, andando ad aprire la porta, si trovò di fronte a una giovane donna il cui volto aveva qualcosa di familiare. Sua figlia era riuscita a trovarla. Appresi che era stata allevata sulla West Coast, in un ambiente molto diverso da quello in cui era vissuta la madre naturale. Tuttavia, osservando madre e figlia insieme, rimasi letteralmente di stucco. Non ci potevano essere dubbi: bastava un'occhiata per capire il rapporto di parentela che le legava. Avevano esattamente gli stessi atteggiamenti, lo stesso accento (anche se Beverly era di New York e la figlia veniva dalla California), e sembravano anche condividere il medesimo tipo di umorismo. Ma c'era di più: la figlia di Beverly aveva scelto la stessa professione della madre. Entrambe, infatti, erano manager aziendali e ricoprivano la carica di direttrici del personale. Se mai c'era una correlazione tra genetica e personalità, era proprio qui, davanti ai miei occhi".

Questo racconto è molto interessante, ma ovviamente, questa correlazione non è scientifica, come non lo sono neanche le ricerche condotte per stabilire un legame tra aspetti della personalità e gruppi sanguigni. Ma questa possibilità ci affascina perché è ragionevole supporre l'esistenza di una relazione causale tra ciò che succede a livello cellulare e le nostre tendenze fisiche, mentali ed emozionali, come espressione del nostro gruppo sanguigno.

L'impatto dell'evoluzione sul sistema immunitario e su quello digestivo ha portato allo sviluppo dei diversi gruppi sanguigni. Cambiamenti così profondi non potevano non interessare anche le funzioni mentali e l'emotività, favorendo la comparsa di modelli comportamentali e psicologici molto ben differenziati. Ciascun gruppo sanguigno ha dovuto intraprendere in tempi assai remoti un'aspra battaglia per poter sopravvivere.
Il solitario tipo 0, per esempio, sarebbe potuto scomparire nella società ordinata e cooperativa più consona al tipo A. Certo, si è adattato, ma non c'è da meravigliarsi se qualche tratto del comportamento primitivo si annida ancora oggi nel profondo della sua psiche.
L'esistenza di un legame tra personalità e gruppo sanguigno viene tenuta in grande considerazione dai giapponesi. Chiamata "ketsu-eki-gata", questo tipo di analisi viene utilizzata da manager aziendali per selezionare il personale, dai ricercatori di mercato per studiare gli orientamenti dei consumatori, dalla gente comune per scegliere gli amici, i fidanzati e il coniuge. Distributori automatici per l'analisi del gruppo sanguigno sono dislocati in stazioni, grandi magazzini, ristoranti e altri luoghi pubblici. E c'è anche una società molto considerata, la ABO, che coadiuva le singole persone o le grandi organizzazioni, aiutandole a compiere scelte giuste secondo i criteri che legano personalità e gruppo sanguigno.
Il massimo esponente della teoria che connette i tratti della personalità in base al tipo di sangue è Toshitaka Nomi, il cui padre fu un vero pioniere in questo campo.
Nel 1980, Nomi e Alexander Besher scrissero un libro intitolato "You Are Your Blood Type" che in Giappone ha venduto più di sei milioni di copie. Esso contiene profili della personalità e suggerimenti per i diversi gruppi sanguigni, con consigli sul tipo di vita da seguire, sul partner da scegliere e sulle conseguenze cui si potrebbe andare incontro ignorando queste indicazioni.
Catalogare le persone in questo modo, presenta aspetti inquietanti. Se si comincia a stabilire che il tipo A possiede certe caratteristiche e il tipo B altre, si potrebbe arrivare a dire che uno è superiore all'altro, oppure che un determinato incarico può essere svolto solo da una persona appartenente a uno specifico gruppo sanguigno. In definitiva, si correrebbe il rischio di sviluppare un sistema sociale basato su caste. Anche se molto sottotono, è un pò quello che succede in Giappone quando, per esempio, un'azienda cerca un dirigente specificando come requisito dell'assunzione il tipo di gruppo sanguigno. Ma allora, qual è il valore di queste teorie e perchè ho voluto parlarne?
Semplice. Nonostante io ritenga che il "ketsu-eki-gata" sia eccessivo, non posso negare la probabile esistenza di una correlazione tra biologia e personalità.

La ricerca scientifica ha acquisito prove inequivocabili dei legami che intercorrono tra mente e corpo, e come spiegheremo più avanti, anche le reazioni allo stress cambiano a seconda dei gruppi sanguigni. Pertanto, l'idea che questi possano associarsi a tratti diversi della personalità non è poi tanto strana. Infatti, ricerche serie e documentate dimostrano che i meccanismi di controllo del comportamento, del carattere e della salute mentale sono influenzati dal gruppo sanguigno, allora ampliare l'analisi al problema della personalità non è più solo un passatempo divertente, ma assume a pieno titolo i connotati di un'attività scientifica.

GRUPPI SANGUIGNI E PERSONALITÀ: LE TEORIE MODERNE

Il rapporto tra gruppo sanguigno e carattere è stato oggetto di ricerca sin dagli anni Venti, quando un professore di psicologia di nome Takeji Furukawa prese a studiare se il gruppo sanguigno potesse diventare in qualche modo un indicatore traducibile in caratteristiche psicologiche.

Furukawa pubblicò parte dei suoi lavori all'inizio degli anni Trenta nel "Journal of Applied Psychology" tedesco e spinse un buon numero di psicologi europei ad avviare anch'essi un esame delle correlazioni esistenti tra gruppo sanguigno e carattere.

Malgrado questi primi sforzi, il rapporto tra gruppo sanguigno e personalità non conquistò un'attenzione rilevante fino agli anni Settanta, quando un giornalista di nome Masahiko Nomi da solo si impegnò a diffondere l'idea che il sistema dei gruppi sanguigni ABO potesse rappresentare la chiave d'accesso al mistero della personalità. Il libro di Nomi, "Ketsueki de wakaru aisho" (Ciò che i gruppi sanguigni ci rivelano sulla compatibilità), conobbe in Giappone uno straordinario successo che dura ancora ai nostri giorni, essendo arrivato alla duecentoquarantesima ristampa.

Molte delle schematizzazioni di Nomi si basano semplicemente sull'osservazione di migliaia di individui, condotta spesso per periodi prolungati. Anche se il suo metodo probabilmente non soddisfaceva criteri scientifici rigorosi, i suoi risultati furono sicuramente significativi: quando sono coerenti, le osservazioni possono mettere in luce tendenze chiare e razionali.

Nel 1997, Peter Constantine pubblicò "What's Your Type?", un libro che affrontava il tema del rapporto tra gruppo sanguigno e personalità. Pur rendendo omaggio alle intuizioni di Nomi, la visione della personalità tratteggiata da Constantine sembra ispirarsi maggiormente ai lavori degli psicologi europei degli anni Trenta, Quaranta e Cinquanta. Tratti in gran parte dai lavori della psicologa francese Lèone Bourdel e dello specialista svizzero Fritz Schaer, i profili delle personalità legate ai gruppi sanguigni delineati da Constantine nella maggior parte dei casi sembrano in buona sintonia con quelli di Nomi. Ma ci sono anche casi in cui si differenziano nettamente.

Nomi descriveva il gruppo B come un pensatore non convenzionale e non troppo ambizioso, mentre Constantine classifica gli individui di gruppo B come razionali, equilibrati, pragmatici e accaniti organizzatori, con una forte spinta per il raggiungimento degli obiettivi. Sia Nomi, sia Constantine li definiscono "individualisti".

Nomi e Constantine concordano poi che il gruppo 0 è estroverso, specialmente riferendone entrambi la tendenza ad esprimere chiaramente il proprio parere.

Convengono anche che il gruppo A è più probabilmente introverso e fortemente sensibile all'opinione degli altri, quantunque Constantine lo consideri più riservato e calmo di quanto Nomi sembri suggerire.

Constantine descrive il gruppo AB come un equilibrio di introversione ed estroversione, in sostanza una positiva miscela di caratteristiche contrapposte. Nomi considera invece l'impasto un pò meno equilibrato, raffigurandolo capace di adattarsi bene ai rapporti umani ma in generale "interiormente emotivo", con pulsioni di distacco dalla società. Nel complesso, le caratterizzazioni di Nomi e Constantine sono in realtà abbastanza simili. Le peculiarità più convergenti annotate da entrambi sono la tendenza all'estroversione nel gruppo 0 e all'introversione nel gruppo A.

Le prime analisi veramente scientifiche del legame tra gruppi sanguigni e personalità furono il frutto del lavoro di due dei maggiori psicologi del ventesimo secolo, Raymond Cattell e Hans Eysenck. L'opera di Cattell si concentrò sull'esame delle differenze individuali nelle capacità razionali, nella personalità e nella motivazione. È soprattutto noto per i suoi 16 fattori della personalità (16PF), uno degli strumenti di valutazione della personalità più utilizzati e apprezzati in tutto il mondo.

Cattell condusse due studi sui gruppi sanguigni utilizzando i suoi 16PF nel 1964 e nel 1980: suddivise un campione di 323 australiani di razza bianca in diciassette sistemi genetici e ventuno variabili psicologiche, compresi i gruppi sanguigni.

Tra l'altro, Cattell trovò che i soggetti appartenenti al gruppo AB erano nettamente più autosufficienti e indipendenti di quelli dei gruppi 0, A o B, mentre le persone di gruppo A erano più portate a soffrire di gravi stati ansiosi rispetto a quelle di gruppo 0. Le sue scoperte erano perfettamente allineate con quelle di altri studi su stress e malattie mentali.

Eysenck, psicologo tedesco e professore di psicologia all'Università di Londra, fu tra i primi a sostenere che i fattori genetici svolgessero un ruolo importante nel determinare le differenze psicologiche tra gli individui.

Il suo contributo più rilevante è la sua teoria della personalità, nota come sistema PEN (Psicoticismo, Estroversione e Neuroticismo). Secondo Eysenck, queste variabili sono il risultato di preferenze fisiologiche e chimiche. Per esempio, gli introversi mostrano un'attività più intensa nell'anello cortico-reticolare del cervello e quindi sono cronicamente più eccitabili degli estroversi a livello della corteccia cerebrale. La conseguenza è che in questi individui l'affollamento e il rumore possono provocare rapidamente un sovrappeso sensoriale.

Eysenck effettuò anche uno studio comparativo delle caratteristiche della personalità in differenti nazionalità, riuscendo a tracciare distinzioni tra i gruppi sanguigni in certe popolazioni. Per farlo, utilizzò alcuni dei suoi studi precedenti, che mostravano l'esistenza di differenze significative nella frequenza di determinati gruppi sanguigni tra europei introversi ed estroversi e tra individui fortemente emotivi e persone tendenzialmente più rilassate. I suoi risultati dimostrarono che il comportamento emotivo era nettamente più comune nel gruppo B che nel gruppo A, mentre l'introversione era più diffusa nel gruppo AB che negli altri gruppi sanguigni.

Eysenck esaminò campioni di due popolazioni, una inglese e l'altra giapponese. Poichè studi precedenti avevano indicato che i giapponesi erano più introversi e più neurotici degli inglesi, egli previde che tra i giapponesi si sarebbero trovate percentuali maggiori di individui di gruppo sanguigno AB e minori percentuali dei gruppi A e B.

L'ipotesi fu confermata dalla semplice analisi dei dati disponibili sulle frequenze dei gruppi sanguigni nei due paesi.

PERSONALITÀ DEL TIPO 0

Ogni persona con sangue di gruppo 0 cela nella sua memoria genetica forza, resistenza, senso di autostima, temerarietà, intuizione e ottimismo. I primi uomini, tutti di tipo 0, erano infatti la quintessenza della passionalità, dell'energia e dell'istinto di conservazione. Credevano in loro stessi. E fu un bene, altrimenti oggi non saremmo qui.

Se appartenete al tipo 0, dovreste essere in grado di apprezzare quest'eredità perchè quello che vi mantiene in salute, vi ispira e vi regala energia, è del tutto identico a ciò che influenzava i nostri antenati.

Vi sentirete rivitalizzati solo seguendo un'alimentazione ricca di proteine animali e praticando un esercizio fisico intenso, mentre percorrendo altre strade aprirete la porta alla depressione, alla stanchezza e al sovrappeso. Siete nati per essere dei leader e lavorate costantemente per raggiungere i vostri obiettivi. Realizzazione e successo sono le vostre priorità.

PERSONALITÀ DEL TIPO A

Le persone di tipo A si sono originariamente ben adattate a vivere in comunità affollate, una condizione che potrebbe aver favorito lo sviluppo di caratteristiche psicologiche peculiari.

La qualità più importante che un individuo deve possedere per sopravvivere in queste condizioni è un forte spirito di collaborazione. I nostri antenati di tipo A, infatti, dovevano per forza essere socialmente accettabili, ordinati, rispettosi delle leggi e dotati di un buon autocontrollo. Nessuna società avrebbe potuto svilupparsi senza il rispetto nei confronti degli altri. Gli individualisti non riescono ad integrarsi bene nel gruppo.

Se l'originario tipo 0 non si fosse evoluto e adattato alle esigenze imposte dalla società contadina, sarebbe scoppiato il caos e sarebbe stata la fine dell'umanità.

Se oggi siamo qui, dunque, è grazie anche alla capacità di adattamento dei nostri antenati di tipo A. Essi dovevano essere intelligenti, sensibili, passionali e intuitivi per adattarsi ai cambiamenti imposti da uno stile di vita più complesso. Tutte queste qualità, però, erano incanalate in un alveo ben definito. Questa potrebbe essere la ragione che spiega come mai, anche oggi, le persone di tipo A sono quelle che tendono ad avere una struttura emotiva più forte. Riescono infatti a reprimere bene l'ansia e l'aggressività perchè è proprio questo che la vita sociale richiede. Ma attenzione: tutto ha un limite e le esplosioni possono avere effetti veramente dirompenti. Per contrastare quella che potrebbe rivelarsi una bomba ad orologeria, non c'è che un mezzo: le tecniche di rilassamento.

Potrebbe sembrare che le persone di tipo A siano inadatte ad occupare le posizioni di comando tanto congeniali a quelle di tipo 0, ma non è affatto vero. Il tipo A, però, rifiuta di aderire agli standard per emergere e mantenere una posizione preminente, basati su un'aggressività esasperata. Egli può portare nel suo lavoro tutta la passione e l'intelligenza di cui è naturalmente dotato, ma quando l'ansia diventa troppo pressante la risposta allo stress è tale da autoescluderlo dal proprio ruolo.

PERSONALITÀ DEL TIPO B

Per sopravvivere, i nostri progenitori di tipo B dovevano per forza essere flessibili e creativi. Anche in questo caso, quindi, gli aspetti della personalità sono una via di mezzo tra l'ordine e il conformismo del tipo A e la determinazione esasperata del tipo 0.

Dal punto di vista biologico il tipo B è dotato di una grande resistenza nei confronti delle malattie, soprattutto se conduce una vita all'insegna dell'equilibrio e segue l'alimentazione a lui più consona. Probabilmente la capacità di relazionarsi con gli altri è dovuta a una grande armonia genetica che lo rende meno incline ai cambiamenti e al confronto. Le persone di tipo B riescono ad esaminare ogni questione mettendosi anche nei panni degli altri e quindi vivono e agiscono all'insegna dell'empatia. Tra i cinesi, i giapponesi e le altre popolazioni asiatiche, il gruppo B è molto ben rappresentato. Quindi non è forse un caso che la medicina tradizionale cinese attribuisca un'importanza fondamentale all'equilibrio fisico, psichico ed emotivo. La gioia incontrollata, per esempio, non viene affatto ritenuta benefica, anzi, rompendo una situazione di equilibrio, essa può danneggiare il cuore. Anche tra gli ebrei il gruppo sanguigno B è molto diffuso e nella loro tradizione l'intelligenza, il senso della pace e la spiritualità si trovano a convivere con una struttura fisica forte e predisposta alla lotta.

A molti questa potrebbe sembrare una contraddizione. In realtà non è altro che l'espressione delle armoniose energie che si sprigionano quando il tipo B entra in azione.

PERSONALITÀ DEL TIPO AB

Le persone di tipo AB che credono nell'analisi della personalità effettuata in base al gruppo sanguigno, amano sottolineare che Gesù Cristo aveva probabilmente il loro stesso sangue. Questa affermazione scaturisce dalle analisi condotte sulla Sacra Sindone. L'idea è certo di quelle che affascinano, ma solleva in me qualche dubbio, poichè Gesù Cristo visse circa mille anni prima che il gruppo AB facesse la sua comparsa.

Nella personalità di tipo AB, l'ipersensibilità del tipo A si fonde con l'equilibrio del tipo B. Come risultato avremo persone a volte originali, nettamente orientate verso gli aspetti più spirituali dell'esistenza e con una scarsa propensione a valutare le conseguenze delle proprie e altrui azioni. Questi aspetti sono tanto radicati da poter essere osservati anche a livello biologico: il sistema immunitario di tipo AB, per esempio, ha un atteggiamento tanto tollerante da diventare quasi amichevole nei confronti di virus, batteri e altri parassiti. In pratica, mentre l'estremo opposto, cioè il tipo 0, ha dotato il proprio organismo di un sistema d'allarme sofisticato ed estremamente sensibile, il tipo AB, molto fiducioso, vive con la porta di casa perennemente aperta. Queste qualità naturalmente rendono il tipo AB molto popolare e ricercato: è facile fare amicizia con persone che vanno verso gli altri letteralmente a braccia aperte. Non meraviglia quindi che molti guaritori e maestri spirituali abbiano sangue di gruppo AB.

Tutte le medaglie, però, hanno un rovescio e questo atteggiamento di indiscriminato consenso nei confronti degli altri potrebbe impedire lo sviluppo del senso di appartenenza alla famiglia, a una società e anche a una nazione. Il carisma di queste persone può diventare un peso tanto gravoso da essere motivo di profonda tristezza e angoscia.

CAPITOLO V: GRUPPI SANGUIGNI E STRESS

IL RAPPORTO STRESS/ESERCIZIO FISICO

Il cibo non è l'unico responsabile del nostro stato di benessere. È importante anche il modo con cui il corpo utilizza le diverse sostanze nutritive. E a questo proposito, vale la pena parlare dello stress, un problema di grande attualità. Frasi come "Oggi sono veramente stressato", oppure "Il mio vero problema è lo stress", sono all'ordine del giorno. Certo, è vero che lo stress incontrollato può favorire la comparsa di molti disturbi, ma pochi sanno che in realtà ciò che indebolisce il sistema immunitario non è tanto lo stress in sè quanto la nostra reazione nei confronti di una situazione stressante. Questa reazione accompagna l'uomo sin dalla sua comparsa sulla terra. È un mezzo che il nostro organismo utilizza per rispondere ai pericoli.

Immaginate di essere un uomo primitivo. Giacete nella notte fonda accanto ai vostri compagni che dormono. Improvvisamente un'enorme belva balza in mezzo a voi. È vicinissima e potete sentire il suo fiato caldo sulla pelle. L'amico che dorme accanto a voi viene afferrato e dilaniato. Come vi comportate? Brandite un'arma e affrontate la belva? Oppure scattate in piedi e fuggite a gambe levate per salvare la vostra vita?

La risposta dell'organismo allo stress si è evoluta e raffinata nell'arco di millenni. Ma sostanzialmente, è un riflesso, un istinto animale, un meccanismo che ha consentito all'uomo di fronteggiare situazioni estremamente gravi. Quando avvertiamo un pericolo inneschiamo, senza saperlo, una serie di meccanismi biologici che culminano in una reazione di attacco o fuga. Essa ci consente di affrontare o evitare situazioni intollerabili, dal punto di vista sia fisico sia psichico.

Immaginate adesso un altro scenario. State dormendo tranquillamente nel vostro letto. Tutto è tranquillo e silenzioso. Improvvisamente la notte è squarciata da un boato. I muri, le finestre e perfino il vostro letto iniziano a tremare. Vi siete svegliati, non è vero? E come vi sentite? Probabilmente terrorizzati e con il cuore che batte all'impazzata. Messe in allarme, l'ipofisi e le ghiandole surrenali hanno rilasciato nel sangue il loro carico di ormoni ad azione eccitante. Le pulsazioni cardiache sono aumentate di frequenza. Il respiro diventa affannoso perchè i polmoni devono incamerare più ossigeno per rifornire i muscoli pronti a scattare. Il livello di zuccheri nel sangue si eleva per consentire all'organismo di attingere ad una fonte di energia prontamente disponibile. I processi digestivi rallentano. La sudorazione aumenta. All'organismo basta un istante per scatenare tutte queste risposte innescate dallo stress. Esse hanno come unico obiettivo quello di prepararvi a combattere o fuggire, proprio nello stesso modo dei vostri antenati.

Quando il momento cruciale è passato e il pericolo cessa, nel nostro corpo si realizzano altri cambiamenti. Nel secondo stadio dello stress, chiamato "di resistenza", la tempesta chimica si placa. Questo succede quando ciò che ha provocato la reazione d'allarme è stato identificato e accettato. In definitiva, quindi, se la causa dello stress viene risolta, l'organismo rientra subito in una condizione di normalità. Tuttavia, se il fattore che ha provocato lo stress si prolunga nel tempo, l'organismo non riesce a sostenere a lungo questo sforzo immane. E va in tilt.

A differenza dei nostri antenati costretti a fronteggiare situazioni di pericolo in modo intermittente, noi viviamo in una società in cui il tempo sembra non bastare mai, che ci obbliga a rincorrere i nostri numerosi impegni favorendo la comparsa di uno stato di stress cronico. Anche se la risposta a questo tipo di stress non è accentuata come quella dei nostri antenati, il fatto di verificarsi in continuazione provoca danni considerevoli.

Secondo gli esperti essa è responsabile, almeno in parte, di molti dei disturbi che affliggono le società economicamente più progredite dove si sono instaurati ritmi e stili di vita innaturali. Ci siamo lasciati sopraffare da stimoli e contesti artificiali, e a poco a poco ci siamo abituati a sopprimere e contrastare le nostre risposte più naturali. Ormai gli ormoni che lo stress libera nell'organismo sono più di quanti ne possiamo utilizzare. Che cosa succede allora? Ebbene, basti considerare che i disturbi correlati allo stress cronico entrano in gioco nel 50-80 per cento di tutte le malattie oggi note. Sappiamo bene quanto profondamente il cervello sia in grado di influenzare il corpo e quanto quest'ultimo, a sua volta, influenzi la mente. La vasta gamma di queste interazioni tuttavia deve essere ancora studiata.

Tra i disturbi che vengono esacerbati dallo stress, i più noti sono l'ulcera gastrica e duodenale, la pressione alta, le malattie cardiovascolari, l'emicrania e il mal di testa, l'artrite e altre malattie infiammatorie, l'asma e i problemi respiratori in genere, i disturbi del sonno, l'anoressia e altri problemi del comportamento alimentare, e infine, una grande varietà di disturbi cutanei che vanno dall'orticaria all'herpes, dall'eczema alla psoriasi.

Un certo tipo di stress, come quello legato all'attività fisica o creativa, produce però uno stato emozionale molto piacevole che il corpo recepisce in modo positivo, cioè come un accrescimento dell'esperienza, sia essa fisica o psichica. Sebbene ciascuno di noi reagisca allo stress in modo peculiare, nessuno è immune dai suoi effetti, specie se sono prolungati nel tempo. Ma non bisogna dimenticare che molte delle risposte biologiche allo stress sono come antiche melodie che vengono rispolverate e suonate dal nostro organismo: un ricordo dell'enorme pressione ambientale che ha condizionato l'evoluzione dei diversi gruppi sanguigni. Gli sconvolgimenti climatici e alimentari hanno impresso nella memoria genetica di ciascun gruppo sanguigno questi modelli di stress che ancora oggi ci influenzano.

James D'Adamo ha dedicato trentacinque anni di studio, elaborando programmi di esercizi fisici creati su misura per i profili biologici dei diversi gruppi sanguigni.

Lungo questo difficile cammino, egli ha avuto modo di seguire migliaia di pazienti, adulti e bambini, e anche grazie a loro, le sue osservazioni hanno acquistato una sempre maggiore consistenza.

L'aspetto più interessante di questo lavoro è la scoperta che ciascun gruppo sanguigno necessita, per far fronte allo stress, di una particolare forma di esercizio fisico. Il programma di attività fisica comprende pertanto una descrizione del vostro modello di stress e degli esercizi che vi consentiranno di trasformare la tensione psicofisica in energia positiva. Tutti questi aspetti rappresentano un complemento indispensabile alla vostra alimentazione.

IL RAPPORTO STRESS/ESERCIZIO FISICO NEL TIPO 0

Il segreto per volgere in positivo gli effetti dello stress è racchiuso nel nostro gruppo sanguigno. Come già accennato precedentemente, il problema non è lo stress in sè, quanto il nostro modo di rispondere alle situazioni stressanti: ciascun gruppo sanguigno è capace di dominarle utilizzando reazioni istintive geneticamente programmate.

Se siete di gruppo 0, avrete una risposta allo stress di tipo prevalentemente fisico, molto simile a quello dei vostri antenati cacciatori. Gli effetti dello stress si concentreranno pertanto sui muscoli. Il vostro gruppo sanguigno è infatti programmato per reagire alle situazioni allarmanti con una vera e propria esplosione di energia fisica che, se correttamente indirizzata, può trasformarsi in un'esperienza oltremodo positiva.

Praticando un'attività fisica regolare e intensa, il soggetto di tipo 0 in buone condizioni di salute potrà tenere sotto controllo il peso corporeo, equilibrare le reazioni emotive e rinforzare il senso di autostima. Chi desidera dimagrire deve optare per attività particolarmente onerose dal punto di vista fisico perchè sono proprio quest'ultime che aumentano l'acidità dei tessuti muscolari e incrementano la combustione dei grassi. Sappiamo che l'acidità muscolare è il risultato di una condizione chiamata chetosi, il segreto che consentì ai nostri antenati di sopravvivere. E sicuramente non ci furono mai uomini di Cro-Magnon in sovrappeso!

Se la persona di tipo 0 non riesce a rispondere allo stress nel modo che le è più congeniale, rischia di rimanere travolta durante quello che viene definito "stadio di esaurimento", quando cioè si esauriscono gli effetti della tempesta ormonale. Questa fase è caratterizzata dalla comparsa di manifestazioni psicologiche come depressione, affaticamento o insonnia, tutte legate al cospicuo rallentamento del metabolismo. A lungo andare, la cronica mancanza di uno sfogo fisico all'energia accumulata durante lo stress può rendervi più vulnerabili nei confronti di malattie infiammatorie e autoimmunitarie come l'artrite e l'asma, oppure di disturbi come il sovrappeso o addirittura l'obesità.

Gli esercizi riportati nella tabella che segue sono tutti ottimi per il gruppo sanguigno 0. Ma dovete rispettare la durata indicata per ciascun tipo di esercizio perchè per stimolare il metabolismo è necessario aumentare la frequenza cardiaca.

Potete scegliere, alternativamente, i diversi tipi di attività fisica inclusi nell'elenco, oppure decidere di dedicarvi a una sola; l'importante è praticarla per il tempo e la frequenza settimanale consigliata.

TIPO DI ESERCIZIO	DURATA	FREQUENZA SETTIMANALE
Aerobica	40-60 Min.	3-4 volte
Nuoto	30-45 Min.	3-4 volte
Jogging	30 Min.	3 volte
Sollevamento pesi	30 Min.	3 volte
Tapis-roulant	30 Min.	3 volte
Arti marziali	60 Min.	2-3 volte
Sport di contatto	60 Min.	2-3 volte
Ginnastica ritmica	30-45 Min.	3 volte
Bicicletta o cyclette	30 Min.	3 volte
Danza	40-60 Min.	3 volte
Pattinaggio sul ghiaccio	30 Min.	3-4 volte
Calcio	90 Min.	3 volte

IL RAPPORTO STRESS/ESERCIZIO FISICO NEL TIPO A

La reazione delle persone di tipo A al primo stadio dello stress (stadio di allarme), è di tipo intellettuale: l'adrenalina liberata nell'organismo stimola i centri nervosi producendo ansia, irritabilità e iperattività. A lungo andare, questa situazione mina l'efficienza del sistema immunitario lasciando la porta aperta alle infezioni, alle malattie cardiache e anche a varie forme di tumore. Per contrastare gli effetti dello stress cronico non c'è che una soluzione: adottare tecniche di rilassamento, come lo yoga o la meditazione, in modo da fuggire alla morsa della tensione.

Il Tai Chi Chuan – i movimenti lenti e solenni che costituiscono la componente rituale della boxe cinese – e l'Hata Yoga – il sistema di stiramento muscolare adottato dagli indiani – raggiungono in pieno l'obiettivo. Anche alcuni esercizi isotonici leggeri (esercizi che determinano l'accorciamento del muscolo), come le escursioni a piedi, il nuoto e la bicicletta, possono essere di grande aiuto.

Praticare attività ad azione rilassante non significa evitare qualsiasi tipo di sforzo fisico: il nocciolo della questione non è tanto la fatica in sè, quanto il coinvolgimento mentale nell'esercizio fisico. Gli sport molto competitivi, per esempio, esauriscono l'energia fisica, ma non quella mentale, che al contrario, è proprio quella che le persone di tipo A devono scaricare.

Gli esercizi riportati nella tabella che segue sono tutti ottimi, basta rispettare la durata indicata per ciascun tipo di attività fisica. Per raggiungere un buon grado di distensione è necessario praticare uno o più esercizi tre o quattro volte alla settimana.

TIPO DI ESERCIZIO	DURATA	FREQUENZA SETTIMANALE
Tai chi	30-45 Min.	3-5 volte
Hata yoga	30 Min.	3-5 volte
Arti marziali	60 Min.	2-3 volte
Golf	60 Min.	2-3 volte
Camminata veloce	20-40 Min.	2-3 volte
Nuoto	30 Min.	3-4 volte
Danza	30-45 Min.	2-3 volte
Sport aerobici (leggeri)	30-45 Min.	2-3 volte
Stretching	15 Min.	Ogni volta che fate un esercizio

IL RAPPORTO STRESS/ESERCIZIO FISICO NEL TIPO B

Le persone di tipo B mostrano la loro tendenza a ricercare sempre una condizione di equilibrio anche nella risposta allo stress che, infatti, consiste in una via di mezzo tra l'iperattività mentale del tipo A e l'aggressività fisica del tipo 0. I motivi di questo comportamento sono insiti, come al solito, nel materiale genetico ereditato dai nostri antenati, più precisamente nella necessità di adattarsi a una situazione ambientale estremamente variegata.

I primi uomini di gruppo B dovevano avere il coraggio e la resistenza fisica indispensabili per conquistare nuovi territori, ma anche pazienza e spirito di collaborazione per insediarsi stabilmente. Non a caso, il gruppo sanguigno di tipo B si è sviluppato nel contesto di due popolazioni molto diverse: i conquistatori nomadi, e i contadini stanziali. Oggi queste persone riescono a gestire molto bene lo stress proprio perchè abituate da secoli a fronteggiare situazioni insolite. Sono in definitiva, meno portate alla contrapposizione rispetto al tipo 0, ma anche più caricate fisicamente rispetto al tipo A. L'attività fisica deve pertanto soddisfare queste opposte esigenze, essere cioè non troppo impegnativa nè sul piano fisico nè su quello mentale. E possibilmente, deve coinvolgere anche altre persone.

Le escursioni a piedi o in bicicletta, le arti marziali meno violente, il tennis e gli esercizi aerobici rappresentano un ottimo sfogo allo stress. Da bandire, invece, gli sport troppo competitivi come il calcio o la pallacanestro.

Il programma settimanale più adatto al tipo B comprende tre giorni dedicati all'esercizio fisico più intenso e due dedicati ad attività rilassanti.

TIPO DI ESERCIZIO	DURATA	FREQUENZA SETTIMANALE
Aerobica	45-60 Min.	3 volte
Tennis	45-60 Min.	3 volte
Arti marziali	30-60 Min.	3 volte
Ginnastica ritmica	30-45 Min.	3 volte
Escursioni a piedi	30-60 Min.	3 volte
Escursioni in bicicletta	45-60 Min.	3 volte
Jogging	30-45 Min.	3 volte
Sollevamento pesi	30-45 Min.	3 volte
Golf	60 Min.	2 volte
Tai chi	45 Min.	2 volte
Hata yoga	45 Min.	2 volte

IL RAPPORTO STRESS/ESERCIZIO FISICO NEL TIPO AB

I soggetti di tipo AB hanno un rapporto stress/esercizio fisico del tutto simile ai soggetti appartenenti al gruppo sanguigno A.
Per conoscere l'attività fisica più consona per voi, occorre guardare il profilo di questi soggetti, che sono simili a voi per quanto riguarda le reazioni allo stress e il programma settimanale di esercizi fisici.

I MECCANISMI DELLO STRESS

Sotto l'effetto di circostanze stressanti, a livello sia fisiologico sia emotivo, il nostro corpo si difende invertendo le polarità, vale a dire, modificando l'equilibrio relativo del sistema nervoso autonomo (o automatico). Esso, in realtà, è formato dall'insieme di due sistemi distinti: il sistema nervoso simpatico è responsabile della risposta iniziale di "lotta o fuga", mentre quello parasimpatico ha il compito di rilassare il sistema nervoso una volta che l'evento che ha fatto scattare l'allarme si è esaurito.
Il funzionamento appropriato di entrambi i sistemi è uno dei fattori fondamentali per la salute dell'intero organismo. Insieme, i due rami del sistema nervoso comunicano con il sistema endocrino e gli organi interni per assicurare che tutto funzioni al meglio per rispondere adeguatamente a un'ampia gamma di potenziali pericoli.
La chiave per il funzionamento corretto del sistema nervoso è l'equilibrio: i problemi nascono quando una delle due componenti del sistema assume un ruolo predominante per periodi di tempo prolungati. Lo stress cronico ha un effetto paragonabile a quello di un peso posto su uno dei piatti della bilancia: fa pendere la bilancia in favore del sistema simpatico a spese di quello parasimpatico. Ma poichè molte delle attività del nostro organismo associate alla salute sono determinate dall'azione del sistema parasimpatico, se la bilancia resta squilibrata troppo a lungo l'organismo inevitabilmente si inceppa.
Il meccanismo normale di risposta allo stress coinvolge l'azione sincronizzata di tre ghiandole endocrine: ipotalamo, ipofisi e surrenali. Chiameremo questa azione congiunta con il nome di asse HPA. In condizioni normali, i controlli e gli equilibri incorporati in questo anello di feedback interrompono l'asse HPA non appena si conclude l'evento stressante. Purtroppo però, condizioni di stress prolungati impediscono il buon funzionamento dell'asse e dell'anello di feedback, sicchè l'ipotalamo diventa meno sensibile alle segnalazioni che lo avvertono che è arrivato il momento di interrompere la produzione dell'ormone messaggero.

INSORGE LO STRESS

- L'ipotalamo, una ghiandola posta nel cervello, rilascia un messaggero molecolare chiamato corticotropina, un ormone di rilascio.
- L'ormone messaggero avverte l'ipofisi di rilasciare l'ormone adrenocorticotropo (ACTH).
- L'ACTH segnala alle ghiandole surrenali di immettere in circolo gli ormoni dello stress, cioè l'adrenalina e il cortisolo.

TERMINA LO STRESS

- L'ipotalamo viene avvertito di cessare la produzione dell'ormone messaggero.
- Viene ristabilita l'omeostasi, cioè l'equilibrio.

GLI ORMONI DELLO STRESS

Il momento critico nella risposta allo stress si presenta quando le ghiandole surrenali iniziano a rilasciare gli ormoni dello stress. Ce ne sono di due tipi, le catecolammine e il cortisolo, entrambi strettamente legati al gruppo sanguigno.
Reagendo allo stress, le ghiandole surrenali immettono in circolo due catecolammine: l'epinefrina, più nota come adrenalina, e la norepinefrina, detta anche noradrenalina. Entrando nella circolazione sanguigna queste due potenti sostanze chimiche innescano immediatamente una catena di fenomeni fisiologici: aumenta il ritmo cardiaco, sale la pressione sanguigna, calano le capacità digestive e crescono eccitazione e attenzione, in conseguenza di uno spostamento complessivo delle risorse personali verso la lotta, la fuga, l'azione o qualche altra forma di attività fisica.
Il cortisolo è invece un ormone metabolico che ha il compito di demolire i tessuti muscolari per convertire rapidamente le proteine in energia. Le ghiandole surrenali di fronte a una situazione traumatica, immettono in circolo consistenti quantitativi di cortisolo: ciò succede, per esempio, per esposizione al freddo, alla fame, alle emorragie, alle operazioni chirurgiche, alle infezioni, alle ferite, al dolore e persino in seguito a un'attività fisica eccessivamente intensa.
L'aumento della concentrazione di quest'ormone nell'organismo è innescato anche dagli stress emotivi e psicologici. Senza cortisolo non potremmo sopravvivere, dal momento che è grazie a esso che siamo capaci di trovare la via per districarci da situazioni pericolose. Però è un'arma a doppio taglio: se ai giusti livelli riduce le infiammazioni, attenua le tendenze allergiche e aiuta a guarire danni a tessuti o ferite, a livelli eccessi-

vi provoca l'effetto contrario. Così ulcere, pressione sanguigna elevata, malattie cardiache, perdita di tono muscolare, invecchiamento della pelle, aumento del rischio di fratture ossee e insonnia sono solo alcune delle conseguenze più comuni di un'intossicazione da cortisolo.

Se poi la sovrapproduzione di cortisolo diventa cronica, allora viene gravemente danneggiato anche il sistema immunitario e l'organismo diventa estremamente vulnerabile alle infezioni virali. Alti livelli di cortisolo sono responsabili dell'annebbiamento mentale durante la giornata, conosciuto anche come disfunzione cognitiva diurna.

È noto d'altronde che i soggetti affetti da morbo di Alzheimer e demenza senile presentano livelli di cortisolo cronicamente elevati.

RISPOSTA ALLO STRESS

I parametri registrati dalla maggior parte degli studi che hanno analizzato differenze nella frequenza delle malattie, nei livelli ormonali o nei neurotrasmettitori in funzione del gruppo sanguigno dei pazienti, sono distribuiti in modo lineare, con il gruppo 0 a un'estremità e il gruppo A all'altra.

Di solito i gruppi B e AB si situano all'interno di questi due estremi: forse questo loro maggiore equilibrio è l'espressione di un bilanciamento tra forze contrarie, oppure una conseguenza del fatto che questi due gruppi sanguigni sono modelli più recenti che sono stati perfezionati nel tempo. Lo stesso si osserva analizzando la risposta allo stress.

Le persone di gruppo A tendono a presentare livelli di risposta molto elevati anche a stress di entità modesta, come si deduce dalla misurazione del loro livello di cortisolo.

Le persone di gruppo 0, all'estremità opposta dello spettro, sono invece quelle che in risposta allo stress producono i quantitativi più bassi di cortisolo e adrenalina.

In questo campo, le persone di gruppo B sono più simili al gruppo A, mentre quelle di gruppo AB sono più vicine al gruppo 0.

GRUPPO 0

Chi appartiene a questo gruppo sanguigno non viene facilmente colpito dalle conseguenze dello stress, ma una volta oltrepassata la soglia critica, impiega poi più tempo per riprendersi.

Sotto stress, le persone di gruppo 0 tendono a produrre livelli di noradrenalina e adrenalina più elevati, il che consente loro di reagire prontamente e con efficacia alle situazioni di pericolo. La ripresa però è più lenta, perchè per loro il processo di scissione delle molecole catecolammine è più difficoltoso. La scissione o l'inattivazione dell'adrenalina e della noradrenalina avviene per l'azione di un enzima, la monoammina ossidasi (MAO).

Alcuni ricercatori che hanno misurato l'attività della MAO nelle piastrine hanno scoperto che le persone di gruppo 0, anche se in perfetta salute, sono quelle dotate del livello più basso di attività di questo enzima. Questo fatto può spiegare le loro difficoltà nello scindere le catecolammine. Si è ipotizzato che la produzione di noradrenalina sia soprattutto correlata con lo stress originato da collera e aggressività, che in effetti sono atteggiamenti tipici del gruppo 0.

Le persone di gruppo 0 rappresentano il classico esempio del cosiddetto "comportamento di tipo A" (da non confondere con il gruppo sanguigno A), di cui parleremo più avanti.

GRUPPO A

Tutti i gruppi sanguigni rispondono allo stress aumentando la secrezione di cortisolo, ma il gruppo A ne presenta sempre un livello ematico di partenza, o basale, più elevato. Ciò significa che le persone di questo gruppo si trovano in una condizione fisiologica perennemente più stressata degli altri e di conseguenza traggono minori vantaggi dalla pratica degli esercizi destinati alla riduzione dello stress. In sostanza chi appartiene a questo gruppo deve impegnarsi molto di più per ricevere in cambio molto di meno. Questa scoperta, basata sulla chimica della fisiologia, conferma le osservazioni già effettuate sui pazienti di gruppo sanguigno A da James D'Adamo. La sua indicazione che costoro hanno bisogno di calmare il sistema nervoso, può assumere ora contorni più precisi, espressi cioè in termini di livelli fisiologici misurabili.

Alcuni degli effetti dell'attività fisica riscontrabili nel gruppo A e probabilmente anche la maggiore frequenza di tumori e malattie cardiache, cominciano ora a trovare una spiegazione razionale. In più chi appartiene a questo gruppo produce in risposta allo stress più adrenalina degli altri, ma è anche più capace degli altri di scindere ed eliminare le molecole dell'ormone surrenalico.

GRUPPO B

Per gli ormoni dello stress, il gruppo B rassomiglia al gruppo A, tendendo a produrre livelli di cortisolo un pò più alti della media. È un fatto alquanto anomalo, poichè per molti altri aspetti il gruppo B è più vicino al gruppo 0, ma comprensibile ove si consideri il tipo di stress che i primi soggetti con gruppo sanguigno B dovettero affrontare.

Il cortisolo è adibito a demolire le molecole del tessuto muscolare per convertire le proteine in energia. È ragionevole ipotizzare che il gruppo B abbia ereditato questo adattamento dal gruppo A, piuttosto che dai primi cacciatori-raccoglitori del gruppo 0. Ciò non significa che le persone di gruppo B presentino in generale analogie con quelle di gruppo A. L'equilibrio di forze sempre presenti nel gruppo B conferisce infatti a questi soggetti un profilo di stress del tutto particolare.

Peter D'Adamo, dopo aver applicato per molti anni il sistema dei gruppi sanguigni, ha ottenuto prove sufficientemente affidabili per dimostrare che il gruppo B tende ad essere emotivamente molto equilibrato e di conseguenza molto più sensibile agli squilibri indotti dallo stress; tuttavia la sua reazione alle tecniche di riduzione dello stress è generalmente positiva e veloce.

GRUPPO AB

Anche se non sappiamo ancora il perchè, esistono ricerche che indicano chiaramente che le persone di gruppo AB rispondono allo stress in modi analoghi a quelli di gruppo 0. Anche questa è un'anomalia in quanto per molti altri aspetti, anche importanti, essi presentano tratti simili a quelli di gruppo A.

INDICATORI DI SALUTE MENTALE

Peter D'Adamo nel suo lavoro sui gruppi sanguigni ha avuto spesso occasione di incontrare persone che anche se apparentemente in buona forma sentivano che mancava qualcosa, come se fossero bloccati, sbilanciati, non del tutto a posto.

L'idea che un programma alimentare basato sul gruppo sanguigno possa aiutare a suscitare un senso di benessere psichico, lascia molti alquanto perplessi: in fin dei conti non è un problema normalmente curato attraverso le scelte alimentari. Eppure l'ipotesi che un'alimentazione consona al proprio gruppo sanguigno possa avere un impatto positivo sullo stato della psiche è tutt'altro che illogica.

Infatti è ben noto che molti problemi di salute mentale sono provocati da meccanismi che coinvolgono squilibri chimici, in particolare nel campo degli ormoni e dei neurotrasmettitori, i cui controlli genetici sono situati in prossimità dei geni del gruppo sanguigno. In effetti, su Medline, il database online americano del National Institutes of Health, sono elencati più di novanta studi sui legami tra gruppo sanguigno e disfunzioni mentali. Molti di questi articoli sostengono che le differenze che si riscontrano tra i gruppi sanguigni nella frequenza dei disordini psicologici sono conseguenze dei legami genetici tra il gruppo sanguigno e i geni preposti al controllo della produzione dei neurotrasmettitori cerebrali o degli ormoni dello stress. Esaminiamo allora queste correlazioni per ciascuno dei quattro gruppi sanguigni.

GRUPPO 0: IL FATTORE DOPAMMINA

Le difficoltà tipicamente incontrate dalle persone di gruppo 0 ad eliminare le catecolammine adrenalina e noradrenalina sono direttamente correlate con alcuni disturbi mentali. Le ricerche più recenti mettono in rilievo che il problema è legato all'attività di un enzima chiamato dopammina betaidrossilasi (DBH), adibito a convertire la dopammina in noradrenalina. È significativo notare che il gene della DBH è localizzato nella posizione 9q34, situato letteralmente sopra il gene del gruppo sanguigno.

Qual è il ruolo di questo enzima? La dopammina, come la serotonina e la norepinefrina, è una delle tante sostanze neurochimiche coinvolte nell'elaborazione delle forme più elevate del pensiero e viene prodotta nel profondo del cervello in un'area chiamata "substantia nigra". A differenza di altre sostanze neurochimiche, la dopammina non si diffonde in tutte le aree cerebrali, ma solamente nei lobi frontali, dove si formano molte delle funzioni del pensiero più elevate e astratte. Essa contribuisce a creare la sensazione di gioia e controlla la percezione del dolore fisico.

Troppa dopammina nelle zone del cervello che controllano le sensazioni (i lobi limbici) e troppa poca in quelle che regolano il pensiero (la corteccia) possono produrre una personalità incline alla paranoia o al rifiuto dei rapporti sociali. Livelli normali o leggermente alti nella corteccia inducono un miglioramento delle capacità di concentrarsi e reagire ai problemi in modo logico.

Al contrario, quantità inferiori alla norma provocano scarsa capacità di mantenere l'attenzione, tendenza all'iperattività, agli scoppi d'ira, a irritarsi per futili motivi e in generale a rispondere ai problemi in modo più emotivo. A una sovrabbondanza di dopammina è associata invece la schizofrenia, che colpisce circa l'1 per cento della popolazione e viene trattata con farmaci che impediscono alla sostanza neurochimica di legarsi con i suoi recettori.

Si è scoperto che molte delle disfunzioni associate a livelli anormali di dopammina sono più comuni nei pazienti di gruppo sanguigno 0. Tra queste la schizofrenia, che si ritiene provocata da un'iperattività della dopammina. I sintomi più comuni di questa psicopatologia sono: comportamento incoerente, slegato e bizzarro, risata ingiustificata, posture strane, estrema irritabilità, eccessiva scrittura senza significato coerente, conversazione apparentemente profonda ma priva di logica, abulìa e stolidità nella condotta, affermazioni irrazionali e uso di parole o di strutture di linguaggio distorte.

La schizofrenia viene normalmente trattata con farmaci antagonisti alla dopammina.

Una serie di studi indipendenti hanno anche verificato un'interessante associazione tra il gruppo sanguigno 0 e le malattie psichiche bipolari, o disfunzioni maniaco-depressive. Ci sono due ricerche che hanno indicato un'incidenza maggiore nel gruppo 0, anche di malattie monopolari, come la depressione grave.

La maggior parte dei ricercatori sottolineano l'importanza dei neurotrasmettitori, come le catecolammine adrenalina e noradrenalina, nella patogenesi degli stati depressivi mono e bipolari. Secondo questa ipotesi, la depressione viene associata con un deficit di catecolammine nel cervello, mentre la mania con un loro eccesso.

CONCETTI CHIAVE

MANIA: Alti livelli di dopammina idrossilasi = maggiore attività dell'enzima = meno dopammina e più adrenalina.

DEPRESSIONE: Bassi livelli di dopammina idrossilasi = minore attività dell'enzima = più dopammina e meno adrenalina.

Da questi studi si viene quindi delineando un quadro coerente: il gruppo 0, come sappiamo, sotto stress non elimina le catecolammine con la medesima efficienza degli altri gruppi sanguigni, ed è anche quello che presenta la massima incidenza di patologie maniaco-depressive. Da queste osservazioni si deduce che nel gruppo 0 i livelli di attività della dopammina betaidrossilasi, che è geneticamente legata alla posizione del gene AB0, variano molto più dinamicamente che negli altri gruppi.

Questa conclusione è perfettamente coerente con il quadro antropologico: dal momento che procurarsi il cibo cacciando prede selvatiche comportava dare priorità agli impulsi aggressivi e a un istinto di lotta o fuga regolato con precisione, queste variazioni si configurano come un'efficace strategia di sopravvivenza in una popolazione di cacciatori-raccoglitori; poiché attraverso forti oscillazioni nella presenza di catecolammine sarebbe stato possibile determinare rapidamente condizioni fisiologiche di calma o di stress, la capacità di innescare o accelerare l'attività della dopammina betaidrossilasi, e poi di interromperla o rallentarla, sarebbe servita a rendere i primi uomini di gruppo 0 molto efficienti.

Le oscillazioni nella dopammina betaidrossilasi aiutano probabilmente anche a spiegare sia la predisposizione delle persone di gruppo 0 alle malattie bipolari, sia la maggiore presenza di comportamenti di tipo A. Poichè questi attributi sono in parte il risultato dell'azione della dopammina e delle catecolammine, incominciamo a capire che la loro espressione è parte di un insieme caratteriale legato a uno dei pochi geni che negli esseri umani sono sia variabili, sia polimorfici: il gene del gruppo sanguigno.

Queste correlazioni possono spiegare un'apparente stranezza che capita in alcuni soggetti. Molte persone di gruppo 0 provano un intenso desiderio per i prodotti a base di frumento o per le carni rosse. Queste due categorie di alimenti sono le fonti più importanti di L-tirosina, la molecola da cui si formano la dopammina e le catecolammine. Questi episodi mettono in luce l'esigenza non solo di capire l'origine delle voglie alimentari, ma anche di scegliere oculatamente tra quelle opportune e quelle inopportune ai fini della buona salute.

Se siete un vegetariano di gruppo 0 che si sente bene solo quando mangia molti prodotti contenenti frumento, dovete capire che ciò avviene perchè utilizzate la tirosina contenuta in quei cibi per sostenere i livelli della dopammina e delle catecolammine nel vostro organismo. Ma dato che il frumento non è una buona scelta per il sistema metabolico del gruppo 0, vi sentireste molto meglio soddisfacendo il vostro impulso con carni magre e di qualità, possibilmente di animali allevati in libertà. Un altro aspetto importante dell'azione delle catecolammine nel gruppo 0 è il ruolo dell'enzima monoammina ossidasi, o MAO, che è molto importante perchè influisce sulle caratteristiche emotive della personalità.

La MAO esiste in due forme, la MAO-A e la MAO-B. La MAO-A è presente in tutto l'organismo e in particolare nel tratto gastrointestinale, mentre la MAO-B si trova soprattutto nel cervello. Poichè entrambe le forme metabolizzano la dopammina trasformandola in una serie di altri composti, bloccando questo enzima è possibile aumentare la concentrazione della dopammina nell'organismo. Perciò l'effetto della MAO – la conversione della dopammina in altri metaboliti, con un pronunciato impatto sui quantitativi di dopammina a disposizione del cervello – è sostanzialmente opposto a quello della dopammina betaidrossilasi.

Come nel caso dei fattori esaminati in precedenza che influiscono sui livelli della dopammina, anche i livelli della MAO variano a seconda del gruppo sanguigno, e di nuovo le conseguenze sembrano essere più pronunciate per chi appartiene al gruppo 0.

Una ricerca condotta nel 1983 su un campione di settanta giovani maschi mostrò che l'attività della MAO delle piastrine dei soggetti di gruppo 0 era sostanzialmente più bassa rispetto ad altri gruppi sanguigni, con il risultato di rendere nel loro caso più difficoltoso il controllo delle catecolammine.

La MAO delle piastrine è considerato l'indicatore periferico del sistema centrale della serotonina. Basse concentrazioni di questo indicatore geneticamente determinato possono denunciare predisposizione alle psicopatologie e a certe disfunzioni caratteriali. Bassi livelli di MAO delle piastrine sono stati anche associati ai tratti caratteristici del comportamento di tipo A, tra cui ambizione, impazienza e competitività, tutti atteggiamenti osservati frequentemente nei pazienti di gruppo 0. Oscillazioni dei livelli di ambedue gli enzimi (MAO delle piastrine e dopammina betaidrossilasi) sono state poste in relazione con la malattia bipolare (maniaco-depressiva), un'altra tendenza tipica del gruppo 0.

Ulteriori caratteristiche della personalità associate a bassi livelli della MAO delle piastrine sono la mania patologica del gioco, gli atteggiamenti negativi, le aggressioni verbali, la ricerca di sensazioni forti, l'impulsività e il rifiuto della monotonia. I soggetti con bassa MAO delle piastrine tendono a far maggiore uso di tabacco e prodotti alcolici e sono più portati alla dipendenza da alcol e droghe.

GRUPPO A: IL FATTORE CORTISOLO

Sulla salute gli effetti di cortisolo alto possono essere devastanti. È provato infatti che questa sostanza è associata a molte malattie mortali, come il cancro, l'ipertensione, le cardiopatie e l'infarto. Il cortisolo alto è spesso un fattore critico anche nelle malattie mentali, in quelle senili e nel morbo di Alzheimer.

Negli ambienti scientifici è noto da lungo tempo che in molte malattie si riscontra un aumento del livello di cortisolo, ma fino a tempi relativamente recenti il fenomeno era considerato più una conseguenza che non la causa degli stati patologici osservati.

Questa visione fu infine smentita nel 1984, con la pubblicazione di un articolo che fece molta sensazione sulla rivista Medical Hypothesis. In quello studio, l'autore presentava prove inconfutabili che gli alti livelli di cortisolo erano la causa e non la conseguenza degli stati patologici. L'affermazione sembrava particolarmente convincente quando applicata a soggetti con "personalità di tipo C", che si riteneva fossero predisposti ai tumori. Questa osservazione ha conseguenze importanti soprattutto per le persone di gruppo A, che presentano livelli di cortisolo a riposo particolarmente elevati e picchi assai più alti degli altri in risposta allo stress.

Particolarmente brillante fu uno studio in cui i ricercatori, per analizzare i livelli di cortisolo prodotti dai diversi gruppi sanguigni in risposta allo stress, decisero di utilizzare come evento stressante il prelievo stesso del sangue. Dal momento che per molte persone il prelievo del sangue è un'operazione sgradevole, immaginarono di poter stressare i soggetti in esame e analizzarne il sangue con una singola operazione.

I risultati della ricerca indicarono che la concentrazione più alta di cortisolo si riscontrava nei soggetti di gruppo A (in media 445 nmol/l) e la più bassa in quelli di gruppo 0 (297 nmol/l). Come era prevedibile, i soggetti dei gruppi B e AB si piazzavano in posizioni intermedie: gruppo B (364 nmol/l), gruppo AB (325 nmol/l).

Come abbiamo visto in precedenza, il cortisolo è un componente importante della risposta di adattamento allo stress. L'alto livello di cortisolo a riposo potrebbe essere responsabile dell'incidenza di una disfunzione psicologica molto più diffusa tra i soggetti con gruppo sanguigno A: la nevrosi ossessiva, spesso indicata con la sigla OCD (Obsessive-Compulsive Disorder, Sindrome ossessivo-compulsiva).

La nevrosi ossessiva colpisce uomini, donne e bambini di tutte le razze, religioni e condizioni socioeconomiche. È un disordine psichico che presenta due ordini di sintomi, ossessivi e compulsivi. Quelli ossessivi comprendono pensieri, idee o immagini mentali ricorrenti e persistenti che involontariamente invadono la coscienza. Comuni pensieri ossessivi possono concentrarsi sulla violenza, la paura di contaminazioni o la preoccupazione per un possibile evento tragico.

Il sintomo compulsivo si esprime invece in forma di un'azione senza senso e ripetitiva adottata come reazione a un pensiero ossessivo. Se l'azione viene impedita, si genera uno stato ansioso particolarmente grave. Un esempio comune di sintomo compulsivo di una persona con l'ossessione della pulizia e della contaminazione è lavarsi continuamente le mani. Di solito l'azione compulsiva attenua temporaneamente lo stato ansioso, ma il sollievo è di breve durata e l'impulso torna ben presto a ripresentarsi.

Nell'esercizio della mia professione ho avuto modo di notare questi sintomi in alcuni soggetti di gruppo A, il più delle volte manifestati sotto forma di paura eccessiva di essere colpiti da malattie, soprattutto dal cancro.

Credo che la differenza tra chi ha una sana coscienza dei fattori di rischio e chi ne è ossessionato sia abbastanza evidente. Esistono persone che perdono il sonno, che smettono di mangiare o spendono un sacco di soldi in analisi, completamente distrutte dai timori che nutrono interiormente. L'OCD è molto difficile da curare e il più delle volte deve essere affrontata da diverse angolazioni, con la psicoanalisi, con farmaci antidepressivi e anche con l'ausilio delle tecniche della terapia comportamentale.

Sono convinto che gran parte delle ricerche mediche sull'OCD siano canalizzate nella direzione sbagliata. Le strategie attuali puntano a rimediare allo squilibrio della serotonina, impiegando farmaci che però non si sono rivelati molto efficaci. Ritengo che i ricercatori dovrebbero invece considerare con più attenzione il ruolo del cortisolo: i pazienti che soffrono di OCD presentano nel sangue livelli di cortisolo più alti della norma e livelli di melatonina più bassi, e nelle urine livelli di cortisolo libero anormalmente elevati.

In letteratura è possibile trovare numerosi studi indipendenti che documentano con chiarezza l'esistenza di una correlazione tra gruppo sanguigno A e OCD. Per esempio, una ricerca finlandese notò una prevalenza di pazienti di gruppo sanguigno A in un piccolo numero di soggetti affetti da nevrosi ossessiva. Analizzando i risultati di una ricerca condotta su un campione più consistente di soggetti normali impiegando uno strumento noto come Leyton Obsessional Inventory, si nota la totale assenza di persone di gruppo 0, fatto che ne conferma la minore predisposizione all'OCD rispetto al gruppo A, in accordo con quanto già rilevato in studi precedenti. È interessante notare che le catecolammine, che svolgono un ruolo di primo piano nella risposta allo stress dei soggetti con gruppo sanguigno 0, sono del tutto estranee all'insorgenza dell'OCD.

Infine uno studio condotto nel 1986 su due campioni di pazienti con gruppi sanguigni A e 0, affetti da problemi psichiatrici, a cui venne fatto compilare uno strumento di analisi chiamato Brief Symptom Inventory, documentò che in entrambi i campioni i soggetti di gruppo A ottenevano punteggi sensibilmente più elevati di quelli di gruppo 0 nei fattori "ossessivo-compulsivi" e "psicotici".

L'autore conclude che questi risultati non possono essere attribuiti a differenze di età, sesso o patologie diagnosticate in precedenza e sono inoltre in accordo con quanto scoperto in numerosi studi precedenti.

GRUPPO B E AB: IL FATTORE OSSIDO NITRICO

Abbiamo visto in precedenza che il gruppo B tende a presentare analogie neurochimiche con il gruppo A, mentre quello AB è più vicino al gruppo 0. Diventa sempre più evidente che queste somiglianze non offrono una descrizione completa del fenomeno e nuove ricerche indicano che i processi mentali di coloro che portano l'antigene B possono essere influenzati anche da una molecola chiamata ossido nitrico (NO).

Negli anni recenti è emersa l'importanza dell'ossido nitrico come sostanza in grado di influire su molti processi biologici, tra cui il sistema nervoso e le funzioni immunitarie. Scoperta solo recentemente nei mammiferi, questa importante sostanza è stata oggetto, solo nel 1998, di quasi 1.500 articoli scientifici e di un totale di quasi 18.000 negli ultimi cinque anni. Si è scoperto che svolge un ruolo critico in una serie impressionante di malattie e disturbi, dalle scottature solari all'anoressia, dal cancro alla tossicodipendenza, dal diabete all'ipertensione, dalle disfunzioni della memoria e dell'apprendimento alle setticemie, dall'impotenza maschile alla tubercolosi.

L'ossido nitrico (NO) è una molecola con una vita estremamente breve, dell'ordine di cinque secondi. Essendo prodotto e distrutto così rapidamente, l'NO può costituire un'importante via di comunicazione tra i vari sistemi dell'organismo, per esempio tra il sistema nervoso e quello immunitario o tra il sistema cardiovascolare e l'apparato riproduttivo. A causa della brevità della sua vita, deve essere sintetizzato continuamente e ciò avviene attraverso la conversione di un precursore, l'amminoacido arginina.

Alla fine degli anni Ottanta, alcuni scienziati della Johns Hopkins University School of Medicine dimostrarono che l'NO svolge la funzione di intermediario di certi tipi di neuroni del sistema nervoso centrale. A differenza di altri neurotrasmettitori, come la dopammina e la serotonina, l'NO non si lega a recettori specifici nelle cellule nervose, ma si diffonde all'interno della cellula e agisce direttamente a livello biochimico, e per questa caratteristica è un neurotrasmettitore a "risposta rapida". L'NO sembra essere coinvolto anche nel controllo degli oppiacei prodotti nel cervello (le endorfine).

Due note apparse recentemente sulla rivista medica The Lancet riferivano che i pazienti in possesso dell'antigene B (cioè appartenenti ai gruppi B e AB) sembravano eliminare l'ossido nitrico più rapidamente rispetto a quelli di altri gruppi sanguigni quando quella sostanza veniva loro somministrata per inalazione come terapia contro certe malattie polmonari. La capacità di eliminare rapidamente l'ossido nitrico può essere estremamente vantaggiosa per il sistema cardiovascolare, ma non è priva di risvolti positivi anche per l'attività dei neurotrasmettitori, giacchè consente una ripresa più pronta dallo stress.

Questa scoperta incomincia a gettare un pò di luce su un fenomeno notato per primo da James D'Adamo, e successivamente, da Peter D'Adamo, che ha avuto poi occasione di osservare con una certa frequenza. I soggetti di gruppo sanguigno B, in particolare, mostrano una notevole capacità di conseguire sollievo ed equilibrio fisiologico attraverso l'impiego di processi mentali come la meditazione. Inoltre sia le persone di gruppo B sia quelle di gruppo AB danno il meglio di sè quando si trovano in condizioni di equilibrio mentale.

Gli autori degli articoli apparsi su The Lancet non formulavano ipotesi sulle ragioni di un possibile rapporto tra l'antigene B e l'attività dell'ossido nitrico, benchè una delle possibili spiegazioni si annidi proprio nei pressi del gene AB0, nella posizione 9q34. Si tratta del gene dell'enzima arginin-succinico-sintetasi (ASS) che svolge un ruolo centrale nel riciclo dell'arginina. Perciò la capacità di modulare la conversione dell'arginina in ossido nitrico è influenzata da un gene situato nelle immediate vicinanze del gene del gruppo sanguigno AB0, e l'efficienza di questo gene è probabilmente condizionata dall'attività dell'allele del gruppo sanguigno B.

STRATEGIE DI COMPORTAMENTO PER IL GRUPPO 0

- Preparate piani chiari e dettagliati con obiettivi e azioni annuali, mensili, settimanali e giornalieri per evitare qualsiasi comportamento impulsivo.

- Modificate il vostro stile di vita con gradualità, senza cedere alla tentazione di imprimere una brusca svolta alla vostra esistenza.
- Consumate tutti i pasti, compresi gli spuntini, seduti a tavola.
- Masticate lentamente, posando la forchetta tra un boccone e l'altro.
- Evitate di prendere decisioni importanti o spendere soldi quando vi sentite stressati.
- Quando vi sentite in preda all'ansia, dedicatevi a qualche attività fisica.
- Almeno tre volte la settimana dedicate un'oretta a un esercizio fisico aerobico.
- Quando sentite il bisogno di ricorrere a una sostanza che dia piacere (alcol, tabacco, droghe, zucchero), tenetevi impegnato con qualche attività fisica.

Oltre a seguire il programma alimentare per il gruppo 0, prestate la massima attenzione alle seguenti linee guida, che vi consentiranno di mantenere lo stress a livelli accettabili:

- Evitate caffeina e alcol, specialmente quando vi trovate in situazioni stressanti. La caffeina può essere particolarmente pericolosa perchè tende a far salire l'adrenalina e la noradrenalina.
- Se vi viene voglia di prodotti a base di frumento, mangiate invece un pò di carne: di solito il desiderio scompare.
- Evitate di mangiare in modo insufficiente o di saltare i pasti, specialmente se consumate molta energia in esercizi fisici. Privarsi del cibo vuol dire sottoporsi a uno stress molto pesante.
- Portate sempre con voi un pò di cibo per gli spuntini, perchè è molto difficile trovare nei bar o nei fast food alimenti che non contengono frumento.

Le persone di gruppo 0 traggono enormi benefici da un'attività fisica intensa e regolare che metta alla frusta apparato cardiovascolare, muscoli e struttura ossea. Per queste persone, però, l'attività fisica produce vantaggi che vanno al di là dell'obiettivo di una buona forma fisica, in quanto promuove anche il potenziamento del sistema di rilascio delle sostanze biochimiche. In sostanza per loro l'esercizio fisico stimola l'attività dei neurotrasmettitori che agiscono da tonificanti per l'intero sistema. Perciò le persone di gruppo 0 che si dedicano con regolarità a qualche attività fisica migliorano anche la risposta emotiva, in quanto l'equilibrio emotivo deriva anche da un funzionamento regolare ed efficiente dei sistemi di trasporto delle sostanze biochimiche all'interno dell'organismo.

Come è ovvio, chiunque fumi dovrebbe cercare di smettere, quale che sia il suo gruppo sanguigno; chi appartiene al gruppo 0, tuttavia, ha spesso bisogno di un aiuto speciale. Sospetto che questa particolarità sia connessa a uno squilibrio dei livelli della dopammina, in quanto il fumo induce una risposta chimica che surroga sensazioni di piacere e gratificazione. Per facilitare l'arduo impegno di rinunciare a questa abitudine, è utile cercare di mantenere sotto controllo lo stress. Ecco altri consigli destinati in particolare alle persone di gruppo 0:

- Tenete un diario su cui annotare i progressi compiuti nel vostro programma per liberarvi dal vizio del fumo. Registrate i benefici che incominciate ad avvertire.
- Un'attività fisica intensa attenua la voglia di fumare.
- Evitate tutte le situazioni che di solito stimolano il desiderio di fumare.
- Se siete abituati a fumare dopo i pasti, alzatevi immediatamente appena terminato di mangiare e lavatevi i denti.
- Quando sentite l'esigenza di fumare, eseguite il seguente esercizio di respirazione:
- Inspirate profondamente dal naso;
- Espirate lentamente dalla bocca;
- Ripetete l'esercizio quattro volte.
- Quando sentite il bisogno di tirarvi su, cercate gratificazioni alternative.

Se in famiglia ci sono bambini di gruppo 0, adottate nei loro confronti le seguenti regole di comportamento, essenziali per farli crescere sereni, equilibrati e in buona salute.

- Incoraggiateli a mostrarsi indipendenti e flessibili nello svolgimento delle loro attività quotidiane.
- Date importanza all'interazione sociale con i coetanei. I bambini di gruppo 0 tendono ad assumere naturalmente il ruolo di leader e si trovano a loro agio all'asilo, nei giochi e in ogni altro ambiente che favorisca la socializzazione.
- Programmate un'ora di attività fisica al giorno e lasciateli liberi di correre, arrampicarsi, nuotare o andare in bicicletta.
- Fin dai primi anni di vita introducete nella loro alimentazione elementi del programma alimentare per il gruppo 0.
- Non mancate mai di lodarli quando ottengono qualche buon risultato.
- Stabilite regole rigorose per controllare gli scoppi d'ira e indicate loro modi più positivi per sfogare la rabbia. Se vostro figlio impara a gestire la collera fin da piccolo, in seguito avrà meno probabilità di sviluppare problemi legati allo stress.

Per quanto riguarda i ragazzi di gruppo 0, comportatevi nel seguente modo:

- Affidate loro qualche responsabilità nella gestione familiare.
- Favorite le loro doti naturali di leader, assecondando il lavoro di gruppo.
- Incoraggiate le attività sportive fisicamente intense e di gruppo.
- Istruiteli sui pericoli dell'alcol, del tabacco e delle droghe ed educateli con il vostro esempio positivo.
- L'insofferenza per la monotonia tipica di questo gruppo può portare a comportamenti pericolosi.

Strategie di comportamento per gli anziani di gruppo 0.

Uno dei principali problemi degli anziani è la limitazione della mobilità: è una condizione particolarmente penosa per quelli di gruppo 0, che più degli altri amano l'attività fisica. Per minimizzare le conseguenze, seguite con attenzione le seguenti indicazioni:

- Continuate ad osservare un regime alimentare ricco di proteine, utilizzando se necessario, integratori proteici omogeneizzati. Le proteine sono fondamentali per prevenire artriti e altre malattie infiammatorie, che tra gli anziani di gruppo 0 costituiscono spesso un problema diffuso. Inoltre le proteine sono importanti perchè aiutano a conservare la robustezza delle ossa e la forza della massa muscolare.
- Se accusate dolori causati da un'artrite reumatoide o da altre malattie infiammatorie, evitate comunque di assumere farmaci antinfiammatori non steroidei: è noto che nei pazienti di gruppo 0 possono provocare ulcere peptiche.
- Rimanete attivi. È fondamentale continuare a seguire un programma regolare di attività fisica, anche se ridotto a una semplice passeggiata quotidiana.
- Si è scoperto che la stomatite da dentiera, un'infiammazione del cavo orale che colpisce chi porta questa protesi, è più frequente e grave tra gli anziani di gruppo 0. Una delle cause più comuni è un'infezione del parassita Candida albicans. Se portate la dentiera, seguite con attenzione l'alimentazione per il vostro gruppo sanguigno.

Integrate la vostra alimentazione con i seguenti integratori:

- Acido folico, 400 microgrammi per prevenire le malattie gengivali;
- Calcio, da 1.000 a 1.200 mg per la salute delle ossa;

- Valeriana, 400 mg oppure come tisana per attenuare le infiammazioni intestinali.

Altre chiavi di comportamento utili per i soggetti di gruppo 0, riguardano gli stabilizzatori emotivi, atti a contrastare le situazioni di stress e le sue conseguenze:

- Praticate le tecniche di gestione della collera (che troverete qui di seguito).
- Spezzate il ritmo delle vostre giornate lavorative intervallandole con qualche esercizio fisico, specialmente se svolgete un'attività sedentaria. Farete un pieno di energia.
- Concedetevi piccole gratificazioni ogni volta che raggiungete qualche traguardo.
- Evitate gli antidepressivi che inibiscono le MAO.

Ci sono studi che dimostrano come il cosiddetto "comportamento di tipo A" sia molto più frequente nelle persone di gruppo 0 che in quelle appartenenti agli altri gruppi sanguigni. Una di queste ricerche si è dedicata in particolare all'analisi del rapporto tra i gruppi sanguigni e svariati indicatori di modelli di comportamento in pazienti di giovane età che erano stati colpiti da attacchi cardiaci precoci.

Lo studio ha indicato che i pazienti di gruppo 0 ottenevano punteggi molto più alti di quelli di gruppo A sia nel grado di "comportamento di tipo A", sia nei relativi indicatori di atteggiamenti collerici. I pazienti dei gruppi B e AB si classificavano in posizione intermedia tra questi due estremi.

I ricercatori hanno descritto le persone con "comportamento di tipo A" come individui caratterizzati da un desiderio intenso e competitivo di prevalere, da un'esagerata sensazione di urgenza e da un'ossessione per il trascorrere del tempo; sempre di fretta, esibiscono frequentemente impulsi aggressivi e ostili nei confronti degli altri. Queste persone spesso cercano di fare due cose contemporaneamente e sono convinti che l'unico modo per ottenere un lavoro ben fatto sia farlo personalmente. Spesso parlano e pensano velocemente e hanno modi bruschi.

Esaminatevi e giudicate se vi ritrovate in qualche caratteristica della personalità che i ricercatori indicano essere tipica delle persone di gruppo 0, in particolare il "comportamento di tipo A", che tra gli appartenenti a questo gruppo sembra essere piuttosto diffuso.

Non è comunque mia intenzione etichettarvi! La personalità è sicuramente una caratteristica individuale e le predisposizioni genetiche formano solo una piccola parte di un quadro assai più complesso; tuttavia vale la pena cercare di capire quale sia il senso, nel vostro caso, di questi dati oggettivi: per mia esperienza, questi modelli di comportamento tendono ad emergere in modo più evidente quando si abbassa la guardia e lo stress è elevato. Se vi riconoscete nel "comportamento di tipo A", provate ad adottare le seguenti strategie che potranno aiutarvi a controllare meglio gli eccessi di collera.

- Quando vi accorgete che in una certa situazione state per uscire dai gangheri, prendetevi una pausa: andate a fare il giro dell'isolato, bevete un bicchier d'acqua, fate un pò di esercizi aerobici. Aspettate che l'ira sbollisca e poi tornate ad affrontare la questione con più serenità.
- Esprimete le vostre sensazioni per iscritto. Se ce l'avete con qualcuno, non correte subito ad affrontarlo a muso duro: sedetevi invece, e scrivete una lettera spiegando quello che provate. Vi accorgerete che è impossibile continuare ad essere arrabbiati mentre si sta scrivendo.
- Individuate le cause che hanno scatenato la vostra ira. Determinate se provengono da attese non realistiche, da atteggiamenti infantili o da incapacità di comprendere le ragioni degli altri.
- Concentratevi su quello che state provando voi, non sul comportamento del vostro avversario. Per esempio, invece che: "Hai rovinato tutto", provate a dire: "Sono molto deluso". È un atteggiamento che vi attribuisce maggiore potere di modificare i termini di quella determinata situazione.
- Trovate un'attività che per voi equivalga al classico contar fino a dieci.
- Quando vi sentite frustrato o arrabbiato, fate in modo di avere qualcuno con cui poter parlare. Le persone di gruppo 0 sono generalmente estroverse e le loro tensioni si attenuano quando possono discutere apertamente il problema che li angustia.

Per migliorare la reazione allo stress ricorrete agli adattogeni. Il termine "adattogeno" è stato coniato per classificare una serie di piante che si sono dimostrate capaci di migliorare la reazione complessiva allo stress. Molte di esse presentano un effetto fisiologico bidirezionale, o normalizzante: se qualche fattore è troppo basso lo innalzano; se è troppo alto lo abbassano. Gli adattogeni più efficaci per le persone di gruppo 0 sono:

- **Rhodiola rosea**. Oltre ad essere attiva contro lo stress, la Rhodiola possiede una buona capacità di prevenire l'attività delle catecolammine stimolata dallo stress e di promuovere la stabilizzazione della contrattilità cardiaca. La Rhodio-

la è anche in grado di prevenire le disfunzioni cardiopolmonari che possono insorgere in caso di permanenze a quote elevate.
- **Steroli e steroline vegetali**. Gli steroli e le steroline vegetali sono generalmente definiti dal punto di vista fitochimico come "grassi vegetali", chimicamente parenti prossimi del colesterolo, ma dotati di un'attività biologica adattogena. Sono in grado di prevenire gli squilibri del sistema immunitario che si innescano durante gli stress, favorendone così l'attenuazione.
- **Vitamine B**. Per indurre una reazione equilibrata allo stress, le persone di gruppo 0 hanno particolare bisogno di massicce somministrazioni di vitamine del complesso B, in particolare la B_1, la pantetina e la B_6.
- **Acido lipoico**. Poichè svolge un ruolo importante nel metabolismo delle catecolammine, l'acido lipoico ha un effetto positivo sulla risposta allo stress delle persone di gruppo 0.

La strategia migliore per combattere gli stati depressivi o maniaco-depressivi è adottare l'alimentazione e seguire i programmi degli esercizi fisici e dei comportamenti personalizzati per il gruppo 0, con l'obiettivo di trovare il giusto equilibrio degli ormoni dello stress, specialmente delle catecolammine.

ATTENZIONE: Molte persone di gruppo 0 che assumono iperico (la cosiddetta erba di San Giovanni) si lamentano che dopo una o due settimane di assunzione diventano sonnolenti e spesso riferiscono di fare sogni strani. Esiste in letteratura una superficiale ricerca su questo argomento, in cui si mette in evidenza il ruolo dell'iperico come inibitore delle MAO. Se è vero che il principio antidepressivo contenuto nella pianta probabilmente non inibisce le MAO, è assodato però che le inibiscono altri suoi componenti, soprattutto i flavonoidi e gli xantoni. Poichè il livello basale di questi enzimi nei soggetti di gruppo 0 è già basso, l'iperico rischia di peggiorare ancor più la situazione. Inoltre, gli effetti anti-MAO delle preparazioni della pianta non raffinate possono far calare la MAO delle piastrine fino al punto da aggravare i sintomi della "personalità di tipo A", come l'impulsività e la ricerca di sensazioni forti.
Con l'iperico esiste poi un problema supplementare, meno noto: esso può inibire anche la dopammina betaidrossilasi. Per chi appartiene al gruppo 0 e si trova in un picco del ciclo della dopammina, questa inibizione può avere effetti disastrosi, perchè in quel caso c'è il pericolo reale che la dopammina cresca fino a livelli che possono indurre reazioni psicotiche (non dimenticate che ad alti livelli di dopammina viene associata la schizofrenia). Favorite l'equilibrio neurochimico con gli integratori più adatti.

- **L-tirosina**. Sostenere i livelli dell'amminoacido L-tirosina contribuisce ad incrementare la concentrazione della dopammina cerebrale. In una ricerca condotta tra gli allievi di una scuola militare, i cadetti a cui durante un corso di addestramento particolarmente impegnativo veniva somministrata una bevanda ricca di L-tirosina fornivano prestazioni migliori in termini di capacità di memorizzare e di seguire le tracce, rispetto a un gruppo di controllo che beveva liquidi contenenti solamente carboidrati. Questi risultati indicano quindi che la tirosina è capace, in circostanze contraddistinte da stress psicosociale e fisico, di ridurne l'impatto sulle capacità cognitive. Secondo alcuni ricercatori, la L-tirosina può essere utile anche alle persone di gruppo 0 che soffrono di depressione.
- **5-HTP**. Questo precursore della serotonina sembra funzionare con particolare efficacia sui soggetti di gruppo 0 ed è inoltre in grado di elevare i livelli della dopammina. Se vi sentite depressi, avete voglia di carboidrati o di altri alimenti, avete problemi di sonno o vi sentite genericamente fiacchi, il 5-HTP vi può dare una scossa, da solo o in combinazione con la L-tirosina.
- **Glutammina**. La glutammina è un amminoacido che si trasforma in una classe di neurotrasmettitori detti GABA. Può giovare in particolare alle persone di gruppo 0 con un'inclinazione per i cibi dolci. Quando sentite voglia di carboidrati scioglietene 500 mg in un bicchiere d'acqua o prendete l'equivalente in capsule.
- **Acido folico**. Molti pazienti carenti di questa vitamina non reagiscono bene ai farmaci antidepressivi. Le persone di gruppo 0 soggette a frequenti cambiamenti d'umore dovrebbero sempre integrare la loro alimentazione con un supplemento di acido folico, insieme con altre vitamine del complesso B.
- **Metilcobalammina**. La metilcobalammina è la forma neurologicamente attiva della vitamina B_{12}. Protegge i neuroni dall'eccitotossicità indotta dalla presenza eccessiva di glutammato, che è una causa corrente di turbe neurologiche. La metilcobalammina può dunque essere consigliata per prevenire e rallentare la progressione della malattia di Parkinson, poiché i neuroni dopaminergici sono particolarmente vulnerabili all'eccitotossicità. Diversi studi condotti sugli animali mostrano che la somministrazione quotidiana prolungata di metilcobalammina permette di proteggere la guaina mielinica che avvolge i nervi e forse anche di accrescere la sintesi proteica nei nervi stessi. Una rivista di letteratura scientifica mostra che quasi 350 studi sono stati pubblicati e che dimostrano gli effetti neuroprotettori della metilcobalammina. Il dosaggio consigliato è di 500 mg al giorno.

L'iperattività è stata spesso associata con livelli troppo elevati delle catecolammine e squilibri della dopammina. Peter D'Adamo nella sua clinica ha curato frequentemente bambini di gruppo 0 a cui era stato diagnosticato un disturbo da deficit dell'attenzione (ADD) o da deficit dell'attenzione e iperattività (ADHD). Sebbene questi stati patologici non siano facilmente diagnosticabili con certezza, le manifestazioni comprendono tipicamente eccessiva eccitabilità, incapacità di concentrazione, sbalzi d'umore, comportamento aggressivo, impulsività e alternanza di momenti di euforia e di abulìa.

L'iperattività di solito viene trattata con farmaci come il Ritalin, che oltre a causare danni al cervello, hanno anche il difetto (come tutti i farmaci) di trattare solo i sintomi e non di curare il problema, trascurando del tutto le ben note cause scatenanti, tra le quali l'eccesso di ormoni dello stress, le sindromi autoimmuni e lo stile alimentare.

Se vostro figlio di gruppo 0 presenta i sintomi di un comportamento iperattivo, provate ad applicare le seguenti strategie:

- Alimentatelo seguendo l'alimentazione per il gruppo 0, con particolare attenzione a privilegiare le proteine di alta qualità rispetto ai carboidrati. Limitate il più possibile il consumo di zucchero e siate molto rigorosi nell'eliminare i cibi che non sono presenti nella lista, come i prodotti a base di frumento e mais.
- Garantite a vostro figlio la possibilità di sviluppare le sue capacità fisico-atletiche. Se gli sport di squadra non gli si addicono, incoraggiatelo ad intraprendere attività individuali, come il nuoto, la corsa o il salto della corda.
- Le ricerche indicano che molti bambini affetti da ADHD presentano anche problemi di ipersensibilità e allergie, cioè di patologie autoimmuni. Molto spesso i bambini di gruppo 0 che presentano sintomi allergici seguono un'alimentazione basata su prodotti contenenti frumento: non appena questi vengono sostituiti con alternative proteiche, sia le allergie sia l'iperattività migliorano nettamente.
- Somministrate a vostro figlio un'integrazione di acido folico e vitamina B_{12} (400 microgrammi al giorno). Con queste integrazioni, unite all'alimentazione per il gruppo 0 e al programma degli esercizi fisici, Peter D'Adamo è riuscito a curare con successo l'iperattività in molti pazienti giovani. Perciò date a vostro figlio i seguenti alimenti ricchi di queste vitamine: acido folico (fegato, verdure a foglia verde, piselli, fagioli azuki e noci); vitamina B_{12} (carni rosse, fegato, agnello, pollame, pesce).
- Insegnategli le tecniche per gestire la collera, in modo da evitare gli scoppi d'ira incontrollati.

- Offritegli numerosi incentivi, utilizzandoli come riconoscimenti sociali e sostegni per aumentare la sua autostima.
- Fissategli obiettivi ragionevoli e a breve termine, in modo da offrirgli l'opportunità di assaporare frequentemente il gusto del successo.

STRATEGIE DI COMPORTAMENTO PER IL GRUPPO A

- Coltivate le vostre doti naturali di creatività dando piena espressione alla vostra personalità.
- Tracciate un piano razionale delle vostre attività quotidiane.
- Coricatevi al più tardi alle 11 di sera, e dormite almeno otto ore per notte. Quando vi svegliate, non indugiate nel letto a sonnecchiare: datevi una mossa!
- Durante la giornata lavorativa, prendetevi almeno due pause di venti minuti ciascuna e consideratele come brevi vacanze.
- Non saltate mai i pasti.
- Mangiate più proteine all'inizio della giornata e meno alla fine.
- Evitate di mangiare quando vi sentite nervosi.
- Pianificate pasti più frequenti e meno abbondanti della norma, per esempio sei invece di tre.
- Almeno tre volte la settimana dedicate una buona mezz'ora a una serie di esercizi fisici rilassanti.
- Pianificate controlli regolari per le malattie cardiache e il cancro.
- Masticate sempre a lungo il cibo per facilitare la digestione, che la vostra bassa acidità gastrica rende più problematica.

Adottate le seguenti linee guida per mantenervi in ottima salute:

- **Regolate il vostro orologio biologico.** Dato che il cortisolo, la rigenerazione delle ossa, il sistema immunitario e molte delle altre funzioni biologiche fondamentali funzionano seguendo un ritmo circadiano regolato sulle ventiquattro ore, dovete cercare di mantenere una vita ordinata, evitando per esempio di dormire in modo irregolare. Potrete registrare il vostro orologio biologico esponendovi a una luce intensa o alla luce del sole tra le sei e le otto di mattina, oppure variando la luminosità nella vostra camera da letto. Per regolare i ritmi spesso vengono impiegati anche due integratori, la melatonina e una forma meno conosciuta di vitamina B_{12}, chiamata metilcobalammina. Il modo meno brusco e insieme più efficace per mettere a punto il ritmo circadiano del vostro organismo è combinare gli effetti dell'esposizione a una luce intensa con quelli della metilcobalammina, che in sostanza aiuta la luce a svolgere la sua funzione. La metilcobalammina migliorerà anche la qualità del sonno, sicchè al risveglio vi sentirete freschi e ben riposati.

- **Metilcobalammina**: da 1 a 3 mg al giorno, ogni mattina.
- **Melatonina**: Dalle sue osservazioni, Peter D'Adamo, ha scoperto che la melatonina offre ai soggetti di gruppo A anche altri benefici: per esempio, è in grado di alleviare i problemi causati da un'eccessiva espressione dei recettori del fattore di crescita dell'epidermide (EGF) e dalle funzioni immunitarie.

RITMO CIRCADIANO: PERCHÈ È IMPORTANTE?

Il rilascio di cortisolo si sviluppa con regolarità lungo un ciclo di ventiquattro ore, che viene detto ritmo circadiano. Forse vi stupirà scoprire che il nostro organismo è governato da più di cento ritmi circadiani, ciascuno dei quali influisce su un particolare aspetto delle nostre funzioni fisiologiche, come per esempio la temperatura corporea, i livelli degli ormoni, il ritmo cardiaco, la pressione sanguigna e persino la soglia del dolore: praticamente non c'è quasi nessuna parte del corpo che non sia in qualche modo coinvolta nei ritmi circadiani. La scienza non è ancora in grado di spiegare come faccia il cervello a seguire il corso di questa complessa e varia programmazione giornaliera, quantunque sia noto che per mantenere la giusta regolazione si avvalga di avvenimenti esterni, come l'alternanza di luce e buio. In condizioni ideali, il rilascio di cortisolo raggiunge il picco tra le 6 e le 8 di mattina, per poi calare progressivamente durante il resto della giornata.

I ricercatori suppongono che la secrezione circadiana di cortisolo funga da segnale per molti degli altri cicli fisiologici. Mentre quest'ultima ipotesi è ancora oggetto di dibattito, è sicuro invece che se i livelli di cortisolo restano elevati durante il periodo del sonno, molti altri orologi biologici dell'organismo tenderanno a sregolarsi. E il circolo si fa vizioso, in quanto se il cortisolo è alto il sonno diventa difficile, e se non si riesce a dormire il cortisolo cresce ancora di più. E non stupisce, dal momento che non riuscire a chiudere occhio è uno stress molto pesante. Se vi obbligassero a rimanere svegli nei periodi in cui siete abituati a dormire, a un certo punto ovviamente vi verrebbe sonno perchè la vostra temperatura corporea calerebbe e i livelli di cortisolo salirebbero rapidamente. In quelle condizioni saresti sempre più insonnoliti e vi sentireste gelati, perchè la vostra temperatura corporea tenderebbe a crollare, e lo stesso accadrebbe al contenuto di zuccheri nel sangue. Se il livello di cortisolo si mantenesse alto, questi medesimi sintomi si manifesterebbero anche durante la giornata, fino a farvi perdere le forze e farvi cadere in uno stato di continuo annebbiamento cerebrale.

Alimentatevi in modo corretto per favorire forza ed equilibrio. Oltre a seguire l'alimentazione per il vostro gruppo sanguigno, date il giusto peso alle seguenti linee guida, che vi aiuteranno a controllare i livelli dello stress:

- Limitate il consumo di zucchero, caffeina e alcol. Sono sostanze che offrono un sollievo momentaneo, ma alla lunga aumentano lo stress e rallentano il metabolismo. Le persone di gruppo A possono concedersi al massimo una tazza di caffè ogni sei ore, cioè una dose di caffeina che non stimola una vera risposta allo stress, perchè produce effetti soprattutto sulle catecolammine, che voi siete in grado di eliminare senza troppe difficoltà. Se proprio non riuscite a fare a meno del caffè, cercate di limitare il consumo di altri cibi contenenti caffeina, perchè troppa caffeina scatenerebbe la risposta cortisolica.
- Mangiate a sufficienza e non saltate mai i pasti. Evitate del tutto le diete ipocaloriche: privarsi del cibo provoca uno stress enorme che fa impennare i livelli di cortisolo, rallenta il metabolismo, favorisce la formazione di depositi di grasso e consuma preziosa massa muscolare.
- Fate una colazione equilibrata con cibi più proteici. Per voi la colazione dovrebbe essere il "re dei pasti", in particolare se state cercando di dimagrire. È il pasto più importante per bilanciare le esigenze metaboliche e la reazione agli stress. Mangiate come un re la mattina e come un povero la sera.
- Per controbilanciare la bassa acidità nello stomaco tipica del vostro gruppo, è una buona idea consumare pasti più piccoli e più frequenti. Non mangiate quando siete nervosi o perchè siete nervosi. Lo stomaco avvia il processo digestivo attivando una combinazione di secrezioni digestive e contrazioni muscolari che servono a mescolarle con il cibo. Se l'acidità gastrica è bassa, il cibo tende a rimanere nello stomaco più a lungo. State attenti anche a come combinate i cibi tra loro: se evitate di mangiare amidi e proteine nel medesimo pasto sarete in grado di digerire e metabolizzare gli alimenti con maggiore efficienza.

Fate dell'esercizio fisico la vostra valvola di sfogo. Avendo livelli di cortisolo più alti degli altri, avrete anche più difficoltà a ripristinare il giusto equilibrio dopo gli stress. Alcune ricerche hanno dimostrato che i livelli complessivi di cortisolo possono essere abbassati attraverso un programma di attività fisica regolare che favorisca concentrazione e rilassamento. Impegnatevi allora a far sì che le seguenti salutari attività diventino una componente permanente del vostro stile di vita:

- **Praticate l'Hatha yoga**. Negli ultimi tempi, l'hatha yoga è diventato sempre più conosciuto e praticato nei paesi occidentali come strategia per combattere lo stress. L'esperienza di molti professionisti conferma che si tratta di un esercizio eccellente per le persone di gruppo A.
- **Praticate l'arte marziale, il Tai Chi**. Il Tai Chi, un genere di arte marziale che è in sostanza una forma di meditazione in movimento, è stato studiato anche per la sua efficacia di antidoto contro lo stress: si è scoperto che è in grado di offrire benefici simili a quelli di una camminata a velocità sostenuta.
- **Praticate la meditazione e la respirazione profonda**. Anche la meditazione è stata studiata per i suoi effetti sugli ormoni dello stress, e la respirazione è una componente importante sia della meditazione sia dello yoga. Un potente strumento per attenuare lo stress è la tecnica nota come "respirazione a narici alterne". Respirare attraverso la narice sinistra produce un effetto più di rilassamento o di moderazione dell'attività del sistema simpatico, mentre respirare attraverso la narice destra produce risultati opposti. Alternare le due respirazioni, cioè respirare a narici alterne, tende a favorire l'equilibrio relativo tra i sistemi nervosi simpatico e parasimpatico ed è quindi una misura estremamente efficace contro lo stress.

Anche se per le persone di gruppo A in buona salute è comunque positivo impegnarsi in attività fisiche intense, è bene sapere che queste forme di esercizio fisico per voi non possono costituire valide valvole di sfogo contro lo stress. Pur avendo verificato che alcuni soggetti eccellono nel sollevamento pesi e in altri esercizi aerobici, consiglio di stare attenti a non esagerare.

Se in famiglia ci sono bambini di gruppo A adottate nei loro confronti le seguenti regole di comportamento, essenziali per farli crescere sereni, equilibrati e in buona salute.

- Limitate la visione della TV, evitando con cura programmi o film che facciano leva sulla violenza, sul terrore, sul pericolo o sulla guerra. Queste emozioni provocano un'impennata del livello di cortisolo. Favorite invece l'ascolto della musica, la lettura e le espressioni artistiche.

- A partire dall'età di uno o due anni, i bambini possono già partecipare alle vostre sessioni di respirazione profonda e stretching.
- Servite loro sei piccoli pasti invece che tre più consistenti.
- Instillate ai bambini amore per la natura e interesse per la scienza.
- Programmate uno o due periodi di riposo al giorno.
- Fissate loro un orario rigoroso per andare a letto e assicuratevi che dormano da otto a dieci ore per notte, in modo da preservare i ritmi circadiani ed evitare squilibri nei livelli di cortisolo.
- Nella loro camera fate suonare musica rilassante e utilizzate l'aromaterapia.
- Nei bambini di gruppo A, l'inclinazione a interiorizzare le emozioni è particolarmente marcata. Siate quindi molto attenti a cogliere i segnali di turbamento o preoccupazione e incoraggiateli ad aprirsi con voi.

Se in famiglia ci sono dei ragazzi di gruppo A, adottate nei loro confronti le seguenti regole di comportamento.

- Limitate la visione di film o telefilm violenti, preferendo invece le pellicole comiche o le commedie. Ridere è un potente antidoto contro lo stress, mentre la violenza stimola il rilascio di cortisolo.
- Limitate a una o al massimo due le loro attività extrascolastiche.
- Incoraggiate vostro figlio a scegliere attività sportive che non facciano aumentare i livelli di stress come, per esempio, le arti marziali e la danza.
- Pianificate i pasti ogni giorno alla stessa ora.
- Instillate loro il piacere della natura con attività come lunghe passeggiate e camping.
- Parlate spesso con loro, incoraggiandoli ad aprirsi senza timore di essere malgiudicati o rimproverati.

Strategie di comportamento per gli anziani di gruppo A.

- La secrezione degli acidi gastrici negli anziani di solito cala ulteriormente, spesso di un buon 20%. Per ovviare, integrate l'alimentazione con due somministrazioni al giorno di L-istidina e prima dei pasti bevete un tè leggero o un infuso di erbe amare ed evitate di bere acqua gassata.
- Per gli anziani non è semplice conservare inalterato il ritmo circadiano, perchè con l'età i disturbi del sonno tendono ad aggravarsi. Potrà essere allora neces-

sario aumentare l'assunzione di vitamina B$_{12}$ o integrare l'alimentazione con melatonina.
- Le conseguenze dello stress tendono a diventare persistenti, specialmente l'innalzamento dei livelli cortisolici, che favorisce la disgregazione del tessuto osseo. Per prevenire l'osteoporosi è utile eseguire quotidianamente esercizi di stretching e di rilassamento. A livelli elevati di cortisolo sono stati associati anche il morbo di Alzheimer e la demenza senile.

Altre chiavi di comportamento utili riguardano gli stabilizzatori emotivi, atti a contrastare le situazioni di stress e le sue conseguenze.

- Esprimete liberamente le vostre ansie e preoccupazioni: evitate di reprimerle o ignorarle.
- Prima di avviare una nuova iniziativa o assumere una nuova responsabilità, abbandonate una di quelle che già vi siete addossate.
- Prendete le decisioni senza esitare troppo. In caso contrario si rischia di far aumentare i livelli di cortisolo.
- Una volta al mese concedetevi una giornata di solitudine e silenzio.
- Quando svolgete attività fisica, interrompetela prima di raggiungere i vostri limiti.
- Suddividete in piccoli passi i vostri impegni mentali e fisici.
- Per ridurre lo stress, integrate l'alimentazione con adattogeni.

I risultati di molte ricerche confermano l'esistenza di un legame tra cortisolo alto e i tratti caratteristici del cosiddetto "comportamento di tipo C". Questo tipo di personalità è predisposta ai tumori, in sintonia del resto con la maggiore incidenza riscontrata tra le persone di gruppo sanguigno A di quasi tutte le comuni forme di cancro. Inoltre alcuni degli attributi più comuni del "comportamento di tipo C" sembrano correlarsi direttamente con gli effetti provocati da alti livelli di cortisolo. Per esempio, le persone che presentano questo tipo di comportamento tendono a reprimere e nascondere le proprie ansie, sono emotivamente bloccate e non riescono ad instaurare rapporti stretti con altre persone; spesso questi soggetti si considerano indegni di essere amati; nei rapporti tendono a dare più di quanto ricevono, assecondando i desideri degli altri a spese delle proprie esigenze, per venire poi sopraffatti da sentimenti di autocommiserazione; infine, si preoccupano esageratamente per problemi irrilevanti.

I bambini con alti livelli di cortisolo sono spesso timidi e timorosi o iperattivi e introversi, oppure soffrono di balbuzìe e altri disturbi ansiosi della comunicazione.

Esaminatevi senza pregiudizi e giudicate se corrispondete in qualche misura a qualcuna delle caratteristiche della personalità che i ricercatori indicano come più comuni nel vostro gruppo sanguigno, in particolare la tendenza all'introversione, all'eccessiva preoccupazione per i dettagli o addirittura all'ossessione maniacale. Non è comunque mia intenzione etichettarvi! La personalità è sicuramente una caratteristica individuale e le predisposizioni genetiche formano solo una piccola parte di un quadro assai più complesso. Se siete di gruppo A e vi identificate nelle caratteristiche di introversione e nei tratti della "personalità di tipo C", analizzate la vostra tendenza a interiorizzare idee ed emozioni. Vi sentite condizionati dal lavoro o dai rapporti con il prossimo? Avete qualcuno con cui poter condividere i vostri sentimenti? Vi sentite sufficientemente stimolati dal vostro lavoro o dai vostri hobby? Avete l'impressione di esprimervi pienamente?

Nelle sue ricerche, Peter D'Adamo, ha individuato che le caratteristiche di introversione e la propensione all'analisi dettagliata sono particolarmente spiccate negli adulti di gruppo A di sesso maschile. Altri studi hanno dimostrato che nei bambini il cortisolo alto è frequentemente associato con timidezza e balbuzìe e nelle puerpere con ansia e depressione postparto.

Chi appartiene a questo gruppo riesce a raggiungere più agevolmente un buon equilibrio psichico quando ha a disposizione ampie opportunità di manifestare la propria personalità attraverso una qualunque espressione artistica, letteraria, verbale o fisica. Un aiuto può venire anche da alcune piante che possiedono la proprietà di equilibrare umore e stato d'animo, come l'erba di San Giovanni (iperico), o piante calmanti, come la camomilla, la valeriana e la passiflora.

Quando siete impegnati in attività che richiedono molta concentrazione, non dimenticatevi di concedervi ogni tanto qualche pausa. È consigliabile, per esempio, passare da attività mentali a quelle fisiche e viceversa più volte al giorno, con il risultato di ottenere una maggiore creatività e formulare giudizi più obiettivi. Questa strategia vi permette anche di tenere a freno la naturale tendenza a perdervi nei dettagli, che spesso mette in pericolo il successo complessivo del progetto che state perseguendo.

Utilizzate adattogeni per migliorare la reazione allo stress.

- **<u>Ginseng coreano</u>**. È il più adatto per i soggetti di sesso maschile. Numerose ricerche hanno dimostrato che migliora la risposta agli stress fisici e chimici, oltre ad offrire effetti benefici sui sistemi nervoso centrale, cardiovascolare ed endocrino.

- **Ginseng siberiano (eleuterococco)**. È adatto sia ai maschi che alle femmine e si è dimostrato utile anche per aiutare l'organismo a sostenere l'impatto di avvenimenti stressanti.
- **Withania somnifera (Ashwagandha)**. Detto anche ginseng indiano, è considerato il principale adattogeno della medicina ayurvedica. Le sue proprietà antistress e anabolizzanti sono analoghe a quelle del ginseng coreano.
- **Ocimum sanctum o Basilico santo**. È una pianta sacra nella tradizione della religione indiana. Per il gruppo A può essere classificato come un blando adattogeno.
- **Boerrhaavia**. Tradizionalmente considerata una pianta utile per migliorare la funzionalità epatica, per il gruppo A risulta efficace anche per attenuare gli effetti dello stress. Può essere notevolmente efficace per tamponare la salita del cortisolo nel plasma in risposta a condizioni di stress acuto, e in corso d'opera è anche in grado di prevenire il contemporaneo calo delle difese immunitarie.
- **Terminalia Arjuna**. Questo tradizionale tonico cardiaco dell'antica medicina indiana si è dimostrato utile per curare i pazienti di gruppo A particolarmente esposti alle cardiopatie. Il suo benefico effetto antistress è dovuto alla capacità di favorire il calo di cortisolo.
- **Inula racemosa**. È un'altra pianta di origine asiatica particolarmente indicata per la salute del sistema cardiovascolare, con effetti antistress simili a quelli della terminalia.
- **Ginkgo Biloba**. Di solito considerato un ausilio per la memoria, in realtà presenta anche una rilevante attività antistress (effetto tampone sul cortisolo) e per il gruppo A è una pianta medicinale eccellente e ben equilibrata.

Quando vi trovate in condizioni di pesante stress mentale, emotivo o fisico, tenete presente che avete a disposizione un buon numero di integratori che possono rivelarsi particolarmente efficaci per il vostro gruppo sanguigno.

- **Vitamina C**. È provato che la vitamina C, in dosi superiori a 500 mg al giorno, agisce da tampone contro l'eccesso di cortisolo che si genera in seguito a un evento stressante.
- **Vitamine B**. Per una risposta adeguata allo stress, le persone di gruppo A devono integrare l'alimentazione con quantitativi più consistenti di vitamine B_1, B_5,

e B6 (e se seguite un'alimentazione strettamente vegetariana anche di vitamina B12). Le vitamine B1 e B6 migliorano la funzione cortisolica delle ghiandole surrenali e insieme ne regolano il ritmo dell'attività. Praticamente tutte le forme di stress aumentano il fabbisogno di vitamina B5, che se non soddisfatto provoca un eccesso di reazione e un rapido esaurimento delle energie.

- **Zinco**. 15-25 mg di zinco aiutano a ridurre il cortisolo.
- **Tirosina**. La tirosina è un amminoacido adatto in condizioni di stress acuto. Esistono prove che dimostrano con certezza che assumendo da 3 a 7 g di tirosina prima di affrontare circostanze stressanti è possibile attenuare sensibilmente gli effetti più intensi dello stress e dell'affaticamento sulle performance individuali.
- **Fosfatidilserina**. La fosfatidilserina, presente in tracce nella lecitina, aiuta a regolare l'attivazione dell'asse HPA indotta dallo stress.
- **Steroli e steroline vegetali**. Sono fitochimici generalmente indicati come grassi vegetali, chimicamente parenti prossimi del colesterolo, ma dotati di attività biologica adattogena.

Altri accorgimenti per creare un ambiente sereno e armonioso.

- **Musica**. La musica può essere un potente modulatore dello stress. Se utilizzate in modo appropriato, alcune musiche sono in grado di attenuare o tamponare la reazione allo stress. Ma poichè altri generi tendono invece ad amplificare la risposta interiore allo stress, occorre un pò di cautela perchè la musica può rivelarsi un'arma a doppio taglio.
- **Aromaterapia**. Aromi con proprietà calmanti sono quelli della camomilla e del limone. Fatene un uso abbondante.

Se siete in cura per stati ansiosi o avete problemi di OCD (nevrosi ossessiva):

- Le cure dell'OCD spesso si concentrano sugli squilibri della serotonina, utilizzando farmaci come il Luvox. Peter D'Adamo ritiene invece che l'OCD sia da mettere in relazione non con la serotonina ma con il cortisolo, e quindi, consiglia di trattarla puntando a ridurre lo stress.
- È noto che i pazienti affetti da OCD presentano bassi livelli di melatonina. Chiedete al vostro Naturopata o Medico Olistico se è il caso di adottare un'integrazione a base di questa sostanza.

Assumete il controllo della situazione. Tenete sotto controllo tutti i fattori che avete il potere di influenzare. Forse non siete in grado di dare un taglio netto a un lavoro stressante, un rapporto insoddisfacente o una situazione familiare difficile, ma sicuramente ci sono cose che potete fare per alleviare lo stress che deriva da queste situazioni: per esempio, potete trovare nuovi modi di reagire, in grado di attenuare collera e conflitti; potete imparare a gestire meglio il vostro tempo; potete semplicemente rifiutarvi di addossarvi altre responsabilità; potete prendere decisioni. Quest'ultimo punto è particolarmente importante, perchè una questione irrisolta si trasforma in un fattore di stress permanente.

Gli stati emotivi fuori controllo compromettono la qualità della vita e la salute, appannano la mente e abbassano la produttività e la capacità di sopportare lo stress. La migliore difesa contro lo stress sono gli atteggiamenti mentali positivi: ecco perché per le persone di gruppo A gli esercizi rilassanti sono assolutamente fondamentali.

STRATEGIE DI COMPORTAMENTO PER IL GRUPPO B

- La visualizzazione è una tecnica molto potente per il gruppo B. Praticatela durante le soste per rilassarvi.
- Cercate vie positive per esprimere il lato anticonformista del vostro carattere.
- Dedicate almeno venti minuti al giorno ad attività creative che esigono tutta la vostra attenzione.
- Coricatevi al più tardi alle 11 di sera e dormite almeno otto ore per notte.
- Impegnatevi in qualche attività collettiva, nell'ambito della comunità, del quartiere o di altri gruppi sociali, che vi permetta di sviluppare un senso di appartenenza.
- Siate spontanei.

Per ottenere buona salute e longevità, le persone di gruppo B devono strutturare la propria vita adattando nel modo seguente i propri comportamenti:

<u>**Alimentatevi in modo corretto per favorire forza ed equilibrio**</u>. Le persone di gruppo B condividono parte della tendenza dei soggetti di gruppo A a presentare livelli di cortisolo particolarmente elevati. Per questa ragione, oltre a seguire le prescrizioni alimentari per il gruppo B, prestate particolare attenzione alle seguenti linee guida, che vi aiuteranno a tenere sotto controllo la produzione di cortisolo:

- Attenuate la voglia di carboidrati consumando sei piccoli pasti invece di tre più consistenti.
- Quando vi sentite affaticati, mangiate cibi proteici.
- Evitate di mangiare in modo insufficiente o saltare i pasti, specialmente se state spendendo molte energie in attività fisiche. La rinuncia al cibo comporta uno stress molto pesante.
- Non dimenticate di portare sempre con voi un pò di cibo per gli spuntini veloci. Questo accorgimento è specialmente importante se durante la giornata siete fuori casa: è molto difficile trovare nei bar o nei ristoranti alimenti non troppo ricchi di zuccheri o frumento.

Rispettate il vostro ritmo circadiano. Per i soggetti di gruppo B il modo migliore per ridurre lo stress è pianificare e organizzare la propria vita. Tra l'altro ha senso anche da un punto di vista biochimico, in quanto, una delle chiavi per controllare la secrezione di cortisolo è salvaguardare la regolarità del ritmo circadiano nell'arco delle ventiquattro ore giornaliere. Ognuno di noi ha la possibilità di regolare il proprio orologio biologico tutte le mattine, tra le 6 e le 8, esponendosi a una luce intensa e a spettro completo, o meglio ancora a quella solare, oppure variando la luce nell'ambiente in cui dormiamo. Esistono poi due integratori che si sono dimostrati efficaci per regolare i ritmi: la ben nota melatonina e una forma meno conosciuta di vitamina B_{12}, chiamata metilcobalammina. Il modo meno brusco e insieme più efficace per mettere a punto il ritmo circadiano nell'uomo è combinare l'esposizione a una luce intensa con l'assunzione di metilcobalammina. Quest'ultima migliora anche la qualità del sonno, sicchè al risveglio vi sentirete freschi e ben riposati.

- **Metilcobalammina**. Da 1 a 3 mg al giorno, ogni mattina.
- **Melatonina**. 1 capsula la sera prima di andare a letto.

Scegliete un esercizio fisico che impegni non solo il corpo, ma anche la mente. Le persone di gruppo B hanno bisogno di trovare il giusto equilibrio tra le attività mentali e quelle fisiche. Forme eccellenti di esercizio fisico per questo gruppo sanguigno sono il tennis, le arti marziali, il ciclismo, l'escursionismo e il golf.

Se in famiglia ci sono bambini di gruppo B, adottate nei loro confronti le seguenti regole di comportamento, essenziali per farli crescere sereni, equilibrati e in buona salute.

- Create un'atmosfera di libertà. Per esempio, lasciate che scelgano i vestiti da indossare, anche se la combinazione dei colori non è tra quelle canoniche o lo stile prescelto non vi piace.
- Quando è possibile, applicate le regole con un pò di flessibilità, per esempio, per gli orari dei pasti o del sonno.
- Cercate di soddisfare le loro tendenze anticonformiste.
- Trovate modo di stimolare i lati del loro carattere inclini alla pianificazione.
- Già a partire dall'età di due o tre anni, i bambini possono unirsi a voi negli esercizi quotidiani di respirazione profonda, stretching e meditazione.
- Stimolate la loro innata creatività con giochi di fantasia.
- Instillate loro il rispetto delle culture diverse dalla vostra.
- Limitate zuccheri e dolcificanti artificiali, ritenuti fattori principali nello sviluppo dei disturbi dell'attenzione.

Se in famiglia ci sono ragazzi di gruppo sanguigno B, eseguite le seguenti regole di comportamento:

- Accettate il loro bisogno di contestare le consuetudini sociali in modi per lo più inoffensivi (taglio di capelli, modo di vestirsi, orecchini) e nel contempo incoraggiate il loro dinamismo orientandolo verso attività positive.
- Insegnate loro la pratica della visualizzazione. Incoraggiateli a scegliere attività sportive che occupino oltre che il fisico anche la mente, oppure cercate di controbilanciare attività fisiche intense con attività mentali altrettanto impegnative, come per esempio il gioco degli scacchi.

Strategie di comportamento per gli anziani di gruppo sanguigno B.

- Con l'età le persone di gruppo B tendono a perdere la memoria e la lucidità mentale. Tenete in esercizio la mente impegnandovi in attività che richiedano concentrazione, come le parole crociate.
- Programmate ogni giorno una seduta di stretching, yoga e meditazione, tutte pratiche utili per ridurre i livelli di cortisolo e conservare lucidità mentale.
- Curate in modo particolare l'igiene e scegliete e preparate i cibi facendo attenzione a non contaminarli: le persone di gruppo B sono particolarmente vulnerabili alle infezioni batteriche.

- Per gli anziani non è semplice conservare inalterato il ritmo circadiano, perchè con l'età i disturbi del sonno tendono ad aggravarsi. Potrà essere allora necessario aumentare l'assunzione di vitamina B_{12}, o integrare l'alimentazione con la melatonina.
- Ritagliatevi un pò di tempo per rilassarvi e praticare meditazione e visualizzazione.

La complessità delle connessioni psicofisiche espresse dal gruppo B è per molti studiosi fonte di continue sorprese. Quando vi trovate in uno stato di equilibrio, siete in grado di neutralizzare stress, ansia e depressione facendo ricorso alle vostre notevoli attitudini al rilassamento e alla visualizzazione. Di queste qualità, ora anche la ricerca genetica e biochimica comincia ad offrire qualche spiegazione razionale, con le recenti scoperte sui legami con l'ossido nitrico e con una migliore comprensione del particolare meccanismo attraverso il quale questo gruppo sanguigno utilizza gli ormoni dello stress. L'insieme delle ricerche condotte sulle caratteristiche della personalità prevalenti in questo gruppo sanguigno sembra confermare queste qualità neurochimiche.
Infatti, in condizioni di stabilità siete flessibili, creativi, ricettivi e mentalmente pronti, grazie a notevoli doti di intuizione. Ma quando smarrite l'equilibrio cadete vittime delle conseguenze negative degli alti livelli di cortisolo: diventate vulnerabili alle infezioni e siete particolarmente esposti a tutta una serie di disturbi e malesseri, tra cui affaticamento cronico, annebbiamento mentale e svariate malattie autoimmuni. Abbassare i livelli di cortisolo e accrescere la lucidità mentale dovranno costituire quindi i cardini della vostra strategia per la conquista della migliore salute fisica e mentale.

Identificate le vostre tendenze.

Alcune ricerche indicano che i soggetti di gruppo B tendono a esibire i tratti del cosiddetto "comportamento di tipo B". Le persone che presentano questo modello di comportamento sono generalmente calme e rilassate: riescono a superare più facilmente le arrabbiature, a conservare chiare priorità e ad accettare serenamente i propri limiti. Sono meno ambiziose degli altri e trovano sempre tempo e modo per rilassarsi.
Le persone appartenenti a questo gruppo sembrano possedere notevoli capacità di ridurre lo stress praticando tecniche di visualizzazione e rilassamento. Nel loro caso queste semplici pratiche sono quasi sempre più efficaci per ristabilire l'equilibrio complessivo dei loro sistemi biologici, persino dell'impiego di farmaci o dell'adozione di altri provvedimenti terapeutici ancora più drastici. Forse la loro superiore abilità nell'uti-

lizzo di questi strumenti è da mettere in relazione con una particolare capacità di modulare in modo efficiente gli effetti delle comunicazioni intersistemiche dell'organismo gestite dall'ossido nitrico. Quando non riescono a conservare questo fondamentale equilibrio chimico, le persone di gruppo B subiscono in pieno tutte le conseguenze di un cortisolo geneticamente alto e allora possono sentirsi estremamente affaticati, depressi e demotivati. Non a caso molte persone che soffrono della sindrome da affaticamento cronico sono di gruppo B (specialmente quelli tendenti ad ingrassare).

Anche la loro vita emotiva è generalmente più complessa di quella degli altri. Spesso sono spiriti anticonformisti che mal sopportano le regole rigide.

Valutate senza pregiudizi se corrispondete in qualche misura a qualcuna delle caratteristiche della personalità che i ricercatori indicano come più comuni del vostro gruppo sanguigno, in particolare la tendenza a comportamenti anticonformisti, all'intolleranza delle regole e all'insofferenza verso le schematizzazioni. Domandatevi se siete inclini a sentirvi facilmente avviliti e a diventare abulici e demotivati quando le cose si complicano più del previsto.

Praticate la meditazione e visualizzazione. Di tutte le tecniche di meditazione, la TM, o meditazione trascendentale, è quella studiata più a fondo per la sua efficacia nel combattere lo stress. È provato che durante la meditazione il cortisolo tende a calare, specialmente nei soggetti che la praticano da lungo tempo, e si mantiene per qualche tempo a livelli più bassi anche dopo il termine della seduta.

La respirazione è una componente essenziale della meditazione. Non sorprende allora che una tecnica nota come "respirazione a narici alterne" si riveli un potente strumento per regolare i fenomeni fisiologici. Respirare attraverso la narice sinistra produce un particolare effetto di rilassamento o di moderazione dell'attività del sistema simpatico, mentre respirare attraverso la narice destra determina l'effetto opposto. Alternare le due respirazioni, cioè respirare a narici alterne, tende a favorire l'equilibrio relativo tra i sistemi nervosi simpatico e parasimpatico, ed è quindi una misura estremamente efficace contro lo stress.

- **Praticate l'arte marziale, il Thai Chi**. Il Thai Chi è ideale per le persone di gruppo B, in quanto richiede attenzione e concentrazione. Quest'arte marziale è stata studiata anche per i suoi effetti contro lo stress: si è scoperto che fa calare nettamente i livelli di cortisolo nella saliva, abbassa la pressione sanguigna e migliora lo stato d'animo dopo un evento stressante.
- **Unite musica e immaginazione guidata**. La combinazione di musica e immaginazione guidata è stata oggetto di studio per i suoi effetti sullo stress e sullo stato d'animo in adulti in buone condizioni di salute. Tra le musiche più adatte

ad attenuare gli effetti dello stress, consiglio una combinazione formata da un valzer di J. Strauss e un pezzo di musica classica moderna di H.W. Henze.

Utilizzate adattogeni per migliorare la reazione allo stress. I migliori adattogeni per i soggetti di gruppo B sono:

- <u>**Ginseng coreano**</u>. Si ritiene che il ginseng renda l'asse HPA (ipotalamo-ipofisi-surrenali) più sensibile o più ricettivo, forse consentendo così di produrre più cortisolo in caso di necessità, ma anche favorendo un ritorno più rapido alla normalità una volta esauritosi l'evento stressante. Benchè venga generalmente riconosciuto che il ginseng coreano sia privo di controindicazioni per tutti i gruppi sanguigni, storicamente è sempre stato riservato ai soggetti di sesso maschile. In effetti alcuni studiosi hanno verificato che qualche donna reagisce meno bene a questa pianta che al ginseng siberiano.
- <u>**Ginseng siberiano o eleuterococco**</u>. L'eleuterococco è più noto come ginseng siberiano ma, a dispetto del nome, dal punto di vista tecnico non è affatto un ginseng. Negli Anni Quaranta e Cinquanta alcuni ricercatori russi condussero numerosi studi su piante considerate adattogene, scoprendo che l'eleuterococco era quella che presentava costantemente proprietà più spiccate: aumentava la capacità di adattamento in condizioni fisiche avverse, sviluppava la performance mentale e migliorava la qualità del lavoro in situazioni stressanti. In più è anche una delle piante medicinali più efficaci per abbassare la pressione sanguigna.
- <u>**Withania somnifera**</u>. Detta ginseng indiano, questa pianta è considerata il principale adattogeno del sistema di cura ayurvedico. Ha dimostrato di possedere attività antistress e anabolizzanti simili a quelle del ginseng coreano. La withania combatte molte delle alterazioni biologiche indotte da stress molto pesanti, come fluttuazioni della glicemia e dei livelli di cortisolo. Ha anche una certa efficacia per attenuare i problemi alla tiroide provocati dallo stress.
- <u>**Estratto di foglie di Bacopa monniera (al 25% in bacosidi)**</u>. Apporta antiossidanti a difesa dell'attività cerebrale e del sistema nervoso e, inoltre, aiuta a stabilizzare l'umore e ad assicurare lucidità mentale.
- <u>**Estratto di foglie di Ocimum sanctum (al 2% in acido ursolico)**</u>. Abbassa il cortisolo e riduce i danni provocati dallo stress alle funzionalità fisiologiche. Migliora inoltre la resistenza fisica ed emotiva e abbassa l'eccesso di glucosio nel sangue potenziandone il metabolismo.

- **Radice di liquirizia**. La radice della liquirizia naturale rafforza le ghiandole surrenali, favorendo una buona funzionalità del sistema endocrino, e stimola la risposta del sistema immunitario alle infezioni virali. Va però utilizzata con moderazione perchè può provocare ipertensione.
- **Tribulus terrestris**. È una pianta adattogena che aiuta a reagire allo stress con più equilibrio.

Combattete lo stress con gli integratori più adatti.

Il programma alimentare predisposto per il gruppo B è in grado di apportare all'organismo di tali soggetti l'ampio assortimento di vitamine e minerali di cui esso ha bisogno. Tuttavia quando vi trovate in situazioni che comportino un forte stress psicologico o mentale/emotivo è possibile che necessiti un piccolo aiuto supplementare: vi consiglio allora di fare ricorso a una serie di integratori particolarmente adatti al vostro gruppo sanguigno:

- **Vitamina C**. È provato che la vitamina C, in quantitativi superiori alla normale dose giornaliera raccomandata, sostiene l'azione delle ghiandole surrenali e agisce da tampone contro l'eccesso di cortisolo generato da esposizione a stress.
- **Vitamine B**. Le vitamine B_1 e B_6 sono utili per migliorare la funzione cortisolica delle ghiandole surrenali e insieme regolare il ritmo della loro attività. La carenza di vitamina B_5 compromette gravemente la funzionalità della corteccia surrenale (dove viene prodotto il cortisolo) e praticamente tutte le forme di stress aumentano il fabbisogno di questa vitamina che permette sia di assicurare la reazione più appropriata allo stress da parte della corteccia surrenale, evitando un rapido esaurimento delle energie, sia ad attenuarne la tendenza a produrre troppo cortisolo.
- **Zinco**. 15-25 mg di zinco combattono efficacemente l'eccesso di cortisolo.
- **Tirosina**. La tirosina è l'amminoacido più efficace in condizioni di stress acuto. Esistono prove che dimostrano chiaramente che attenua sensibilmente le conseguenze più pesanti dello stress e dell'affaticamento sulle prestazioni individuali.
- **Fosfatidilserina**. La fosfatidilserina, presente in tracce nelle lecitine, può essere utilizzata per regolare l'attivazione, indotta dallo stress, dell'asse HPA.
- **Steroli e steroline vegetali**. Sono fitochimici dotati di attività biologica adattogena.

- **Arginina**. La molecola di questo amminoacido è uno dei mattoni utilizzati nella sintesi dell'ossido nitrico.
- **Citrullina**. Questo amminoacido è coinvolto nel ciclo energetico e nella sintesi dell'ossido nitrico. Una buona fonte di citrullina è il cocomero.

Quantunque non siano disponibili studi precisi sul rapporto tra gruppi sanguigni e disturbi dell'attenzione, in anni di osservazioni, Peter D'Adamo ha notato che molti bambini di gruppo sanguigno B presentavano grandi difficoltà di concentrazione e di memorizzazione, spesso in combinazione con una storia passata di infezioni ricorrenti. Il dato è coerente con il quadro generale, ove si consideri che quando gli individui di gruppo B si ammalano (o sono fuori equilibrio) la prima manifestazione del loro stato anormale è la perdita della lucidità mentale. Con i suoi metodi è riuscito a curare con grande successo bambini di gruppo B affetti dai sintomi dell'ADD.

- Il programma alimentare per il gruppo B è l'asse portante della terapia, e vi accorgerete che aiuterà anche a prevenire le infezioni croniche che spesso accompagnano l'ADD. Siate particolarmente rigorosi nell'escludere qualsiasi cibo contenente lectine specificamente reattive verso il gruppo B: perciò eliminate completamente dall'alimentazione pollo, mais e arachidi, cercate di sostituire il frumento con il farro e il riso e verificate i risultati.
- Fissate al bambino un orario preciso per coricarsi la sera, in modo da favorire la regolarizzazione del suo ritmo circadiano. Assicuratevi poi che dorma almeno da otto a dieci ore per notte.
- Scegliete per lui attività che richiedano calma e concentrazione. Riservate un pò di tempo della vostra giornata, anche solo una ventina di minuti, per sedervi con vostro figlio e lavorare con lui a un puzzle, a costruire un modellino, a disegnare o a giocare a scacchi.
- Distoglietelo da attività sportive troppo intense o competitive, privilegiando un'attività fisica più moderata, come andare in bicicletta, camminare o nuotare. Molto adatte sono anche le arti marziali, come il Tae Kwon Do.
- Limitate gli zuccheri, che favoriscono la resistenza all'insulina. Alcune ricerche hanno messo in luce l'esistenza di una connessione tra un eccessivo consumo di zuccheri e l'ADD.

STRATEGIE DI COMPORTAMENTO PER IL GRUPPO AB

- Coltivate le vostre tendenze a socializzare in ambienti in cui regni armonia e concordia. Evitate le situazioni eccessivamente competitive.

- Evitate di fissarvi ossessivamente su certi problemi, specialmente se sfuggono al vostro controllo e non avete il potere di influenzarli.
- Preparate un piano chiaro e dettagliato con obiettivi e azioni annuali, mensili, settimanali e giornalieri.
- Modificate il vostro stile di vita con gradualità, senza cedere alla tentazione di imprimere una svolta brusca alla vostra esistenza.
- Impegnatevi in un'oretta di esercizio aerobico almeno due volte la settimana, bilanciandolo tutti i giorni con un pò di stretching, meditazione o yoga.
- Impegnatevi in qualche attività collettiva, nell'ambito della comunità, del quartiere o di qualche altro gruppo sociale, che vi permetta di sviluppare un senso di appartenenza.
- Eseguite tutti i giorni alcuni esercizi di visualizzazione.
- Ritagliatevi anche un pò di tempo per restare soli con voi stessi. Scegliete quindi almeno uno sport, un hobby o qualunque altra attività che possiate svolgere singolarmente.

Alimentatevi nel modo corretto per sentirvi in forma.

Chi appartiene al gruppo AB può seguire questa semplice regola pratica: la maggior parte degli alimenti che devono essere evitati dal gruppo A e dal gruppo B sono anche da evitare per il gruppo AB. Ecco alcuni punti di particolare importanza:

- Evitate caffeina e alcol, specialmente quando vi trovate in situazioni stressanti. La caffeina è particolarmente pericolosa, perchè tende a far aumentare l'adrenalina e la noradrenalina, che nel gruppo AB sono già presenti a livelli più alti della norma.
- Soddisfate il vostro fabbisogno di proteine soprattutto con fonti diverse dalle carni rosse. Preferite il pesce.
- Evitate di mangiare in modo insufficiente o saltare i pasti. Tenetevi lontani dalle diete ipocaloriche: ricordatevi che rinunciare al cibo è uno stress molto pesante.
- Fate una colazione equilibrata, con cibi più proteici. Per le persone di gruppo AB, la colazione dovrebbe essere considerata il "re dei pasti", in particolare se state cercando di dimagrire. È il pasto più importante della giornata per bilanciare le esigenze metaboliche e la risposta allo stress.
- Pasti più piccoli e più frequenti attenueranno i problemi provocati dai bassi livelli di acidità gastrica. Prestate inoltre attenzione alle combinazioni degli ali-

menti sulla vostra tavola: infatti, digerirete meglio e metabolizzerete i cibi in modo più efficiente se eviterete di assumere amidi e proteine nel medesimo pasto. L'uso di erbe amare mezz'ora prima dei pasti può aiutare a stimolare il processo digestivo.

Combinate attività fisiche intense e pratiche rilassanti.

Le persone di gruppo AB hanno bisogno sia di attività rilassanti, sia di un esercizio fisico piuttosto intenso. Adottate quindi un programma misto, che comprenda le seguenti attività, scegliendole due giorni tra quelle rilassanti e tre giorni tra quelle aerobiche. Fra gli esercizi rilassanti segnalo l'hatha yoga, che ha acquistato una certa notorietà in Occidente come metodo per ridurre lo stress: secondo Peter D'Adamo si adatta particolarmente bene alle caratteristiche del gruppo AB.

Se in famiglia ci sono bambini di gruppo AB, adottate nei loro confronti le seguenti regole di comportamento, essenziali per farli crescere sereni, equilibrati e in buona salute.

- Create un'atmosfera di libertà. Per esempio, lasciate che scelgano liberamente i vestiti da indossare, anche se la combinazione dei colori non è tra quelle canoniche o lo stile non vi piace.
- Quando è possibile, applicate le regole con un pò di flessibilità, per esempio per gli orari dei pasti o del sonno.
- Assicuratevi che passino molto tempo all'aperto. L'aria fresca e l'esposizione ai raggi solari contribuiscono a sostenere l'attività delle cellule NK.
- A partire dall'età di uno o due anni, il bambino può già partecipare alle vostre sessioni di respirazione profonda, stretching e meditazione.
- Favorite i rapporti sociali in un ambiente non competitivo. I bambini di gruppo AB hanno una marcata tendenza a socializzare, ma si estraniano facilmente se il gruppo impone troppe pressioni.
- I soggetti di gruppo AB tendono ad interiorizzare le loro emozioni. Siate quindi particolarmente attenti a coglierne i segnali di turbamento o preoccupazione.

Se in famiglia ci sono ragazzi di gruppo AB, adottate nei loro confronti le seguenti regole di comportamento.

- Istruiteli sui pericoli dell'alcol, del tabacco e delle droghe ed educateli con il vostro esempio positivo. Come quelli di gruppo 0, anche i ragazzi di gruppo AB tendono a sviluppare tossicodipendenze, micidiali per l'attività delle cellule NK.
- Favorite attività sportive non troppo competitive e che consentano di esprimere il loro talento artistico, come la danza.
- Assecondate il loro bisogno di indipendenza e di fiducia nei propri mezzi consentendo un'attività part-time esterna o un programma di studio personalizzato.

Strategie per gli anziani di gruppo AB.

- Negli anziani la produzione di acidi nello stomaco tende a scendere di più, con un calo ulteriore di circa il 20%. Integrate l'alimentazione con due somministrazioni al giorno di L-istidina, e prima dei pasti bevete un thè leggero o un infuso di erbe amare ed evitate le bevande gassate.
- Dopo i sessant'anni, il senso dell'odorato inizia a calare, talvolta anche sensibilmente. L'odorato svolge un ruolo importante anche nella percezione dei gusti e quindi nella stimolazione della secrezione dei succhi gastrici. Può allora succedere che chi subisce un calo dell'odorato tenda anche a mangiare di meno, con conseguenze che per gli anziani di gruppo AB possono risultare particolarmente gravi. Inoltre la particolare delicatezza del sistema immunitario rende i soggetti di questo gruppo più sensibili alle infezioni batteriche. Se avete l'impressione che il vostro odorato stia calando, prendete in considerazione l'opportunità di assumere un integratore di minerali in tracce.

Altre chiavi di comportamento utili per i soggetti di gruppo AB, riguardano gli stabilizzatori emotivi atti a contrastare le situazioni di stress e le sue conseguenze.

- Pianificate le vostre giornate e settimane in modo da minimizzare le sorprese ed evitare di dover agire di fretta.
- Interrompete la vostra giornata lavorativa con pause dedicate a qualche attività fisica, specialmente se svolgete un lavoro sedentario. Vi sentirete rinvigoriti.
- Stabilite alcune piccole "gratificazioni" che vi assegnerete tutte le volte che avrete completato un compito o raggiunto un obiettivo.

- Se fumate, smettete di farlo ed evitate qualunque altro genere di sostanze stimolanti.
- Impegnatevi a restituire una parte di ciò che avete ricevuto. Le persone di gruppo AB sono generose per natura e hanno tendenze filantropiche. Fate donazioni in denaro o in altre forme per aiutare il prossimo.

Identificate le vostre tendenze.

Da un lato esiste in voi la chiara inclinazione a socializzare e ad accordare al prossimo la vostra amicizia e fiducia, ma dall'altro emerge talvolta anche una certa tendenza a sentirvi estraniati dalla comunità a cui appartenete. Quando potete esprimervi al meglio siete intuitivi e spirituali, capaci di guardare al di là dei rigidi confini della società. Siete inclini a sostenere con passione le vostre idee ma desiderate anche piacere al prossimo, e questa antinomia può dare origine a qualche conflitto emotivo.
Per quanto riguarda gli ormoni dello stress, come il gruppo 0, anche i soggetti di gruppo AB tendono a produrre troppe catecolammine. Però il vostro quadro emotivo è complicato dalla contemporanea predisposizione, simile in questo caso al gruppo B, ad eliminare rapidamente l'ossido nitrico, che vi espone maggiormente alle conseguenze fisiologiche delle emozioni forti. Il pericolo maggiore è la vostra propensione ad interiorizzare i sentimenti, specialmente collera e ostilità, un'attitudine assai più dannosa per la salute della tendenza a dare libera stura a rabbia e aggressività.
Esaminatevi senza pregiudizi e giudicate se corrispondete in qualche misura a qualcuna di queste caratteristiche della personalità.

Utilizzate adattogeni per migliorare la reazione allo stress. Gli adattogeni più efficaci per regolare lo stress sono:

- **Rhodiola Rosea**. Oltre ad essere attiva contro lo stress, la specie Rhodiola mostra una buona capacità di prevenire l'azione delle catecolammine indotta dallo stress e di promuovere la stabilizzazione della contrattilità cardiaca. La Rhodiola è anche in grado di prevenire le disfunzioni cardiopolmonari che possono insorgere in caso di permanenze a quote elevate.
- **Vitamine del complesso B**. Per favorire una reazione equilibrata allo stress, le persone di gruppo AB hanno bisogno di un consistente apporto di vitamine B, in particolare B_1, pantetina e B_6.
- **Acido lipoico**. L'acido lipoico, che svolge un ruolo importante nel metabolismo delle catecolammine, ha un effetto positivo anche sulla reazione allo stress.

Favorite l'equilibrio neurochimico con gli integratori più adatti.

- **L-Tirosina**. Sostenere i livelli dell'amminoacido L-tirosina contribuisce ad incrementare la concentrazione della dopammina cerebrale.
- **Citrullina**. Amminoacido coinvolto nel ciclo energetico e nella sintesi dell'ossido nitrico. I cocomeri sono una buona fonte di citrullina.
- **Radice di danshen**. In dosi di 50 mg questa pianta della medicina tradizionale cinese contribuisce alla regolazione dell'ossido nitrico nell'organismo, un'azione svolta anche da altre piante di origine cinese, il Cordyceps sinensis (100 mg) e il Gynostemma Pentaphyllum (50 mg).
- **Sangre de grado**. E' una pianta amazzonica utile per regolare l'ossido nitrico (50 mg).
- **Glutammina**. La glutammina è un amminoacido che si trasforma in una classe di neurotrasmettitori detti GABA. Può giovare in particolare alle persone di gruppo AB con una inclinazione verso i dolci. Quando sentite voglia di carboidrati scioglietene 500 mg in un bicchiere d'acqua o prendetene l'equivalente in capsule.
- **Acido folico**. Molti pazienti carenti di questa sostanza non reagiscono bene ai farmaci antidepressivi (Prozac, Zoloft). Le persone di gruppo AB soggette a frequenti cambiamenti d'umore dovrebbero integrare la loro alimentazione con un supplemento di acido folico, insieme con altre vitamine del complesso B. L'acido folico fa calare anche i livelli dell'omocisteina, che possono influire sulla suscettibilità dell'organismo alle malattie cardiovascolari.

CAPITOLO VI: RELAZIONI, PROFESSIONI E COMPORTAMENTI DEI GRUPPI SANGUIGNI

LE RELAZIONI BIOLOGICHE

Prima di iniziare è bene fare delle considerazioni generali: questo argomento non vuole creare modelli sociali basati su caste o catalogare taluni soggetti come superiori o migliori di altri. Ma si limita ad esporre una serie di dati che corrispondono ad anni di ricerche psicogenetiche basate sui diversi gruppi sanguigni. Evitate, pertanto, di incorrere nell'errore di sentirsi migliori o superiori ad altri o di rompere rapporti che durano parecchi anni solo perché le statistiche qui riportate dicono il contrario. I risultati si basano su eventi che accadono più frequentemente, ma non per questo corrispondono ad una regola fissa ed immutabile!

Secondo queste statistiche i soggetti appartenenti al gruppo 0 vengono considerati "estroversi", quelli di gruppo A "introversi", quelli di gruppo B "empatici", infine i soggetti di gruppo AB "intuitivi".

In genere il tipo A si accorderà meglio con il tipo 0 che non con un altro temperamento. Il tipo 0, infatti, consentirà un miglior adattamento della coppia A-0 nella società, nell'ambiente professionale e nel contesto affettivo e umano in genere.

La coppia formata da due tipi A, caratterizzati da grande sensibilità e da difficoltà di adattamento al contesto umano in cui sono inseriti, rischia di arenarsi nell'incomprensione che potrebbe sorgere con l'andar degli anni fra coniugi tanto sensibili e introversi. Ma, se ci si sforza di superare questo svantaggio di partenza, una visione simile della vita, un ideale condiviso, una sensibilità incanalata verso una realizzazione in comune possono fare del matrimonio fra due tipi A un'esperienza appassionante (e appassionata). L'unione di un tipo A e di un tipo B appare la più problematica. Il tipo B finisce, presto o tardi, per rinfacciare al tipo A la sua ipersensibilità, i suoi problemi di adattamento nel campo dell'azione e l'imprevedibilità dei suoi comportamenti. Il tipo A, a sua volta, accuserà il tipo B di durezza, di assenza di considerazione per il resto dell'umanità, di freddezza e di eccessiva tendenza all'autoritarismo e alla disciplina.

Nel campo delle relazioni di coppia, il binomio uomo A – donna B si rivela sovente a rischio. Molto spesso è la donna a portare i pantaloni. L'immagine di sé che ha l'uomo può essere tormentata e diventare insopportabile per la donna.

La coppia A- AB, incontra spesso numerose difficoltà. Il tipo A rimprovera al tipo AB la mancanza di stabilità, i continui cambiamenti di umore e di ritmo, che accentuano i problemi stessi del tipo A e le sue difficoltà di integrazione.

Il temperamento del tipo 0 è quello che si accorda meglio con tutti gli altri, il che non deve stupire, visto che biologicamente questo gruppo sanguigno è un "donatore universale".

Questo temperamento permetterà una migliore integrazione sociale della coppia A-0, perché il tipo 0 si adatterà all'estrema sensibilità del suo coniuge A. Il tipo B formerà in genere un'unione stabile con il tipo 0, perché quest'ultimo non risentirà dell'autoritarismo ne dell'apparente durezza propri del soggetto B. Il tipo 0, inoltre, saprà sfruttare nel modo migliore le differenti tendenze del tipo AB e mettere a frutto le sue molteplici qualità, una dopo l'altra. Quanto all'unione fra due 0, essa conduce spesso a un legame molto duraturo, perché il rinnovamento continuo dei loro scambi agevola un'evoluzione comune.

La coppia costituita da due tipi B rischia di essere resa problematica dall'effetto dei modelli educativi, sociali e mediatici. L'immagine dell'uomo "ideale", infatti, si adatta bene con il temperamento del tipo B: apparente solidità, indipendenza nei confronti dell'ambiente, disprezzo per la sensibilità. L'immagine della donna "ideale", invece, è esattamente l'opposto del tipo B. È fatta di sensibilità, di delicatezza e di emotività.

Così, quando, dopo i primi teneri anni, la giovane donna del gruppo B si rivela diversa rispetto al "modello" proiettato su di lei, apparendo di conseguenza autoritaria e rigida, il marito può esserne così stupito da soffrirne. Nonostante la sua repulsione per il cambiamento, può allora allontanarsi da quella donna, che, come si sente dire spesso, è "molto cambiata".

Sovente il tipo B integra con successo la sua struttura temperamentale rigida ma rassicurante con il temperamento complesso del tipo AB. Quest'ultimo tenderà a svilupparsi nel migliore dei modi soprattutto se si unirà a un tipo B.

Le coppie formate da due tipi AB, invece, soffrono spesso di un'incomprensione totale. I cambiamenti continui che caratterizzano questo temperamento danno origine raramente a rapporti di sintonia: potrà capitare, per esempio, che uno dei coniugi si trovi ad affrontare un periodo di intensa attività mentre l'altro attraversa una fase depressiva o contemplativa, o viceversa. Sono unioni sulle quali purtroppo incombe il rischio di una rapida separazione. Comunque sia, è chiaro che la vita chiede a tutti noi di sforzarci di superare i nostri dati fisiologici di base e che il matrimonio o la convivenza esiste proprio per permettere a due persone inevitabilmente dissimili di imparare a conoscersi e di trovare il loro "punto di fusione" comune, a partire dal quale si potranno poi sviluppare di concerto. Un amore sincero che leghi due persone di sangue apparentemente incompatibile dovrebbe essere forte a sufficienza perché agli sforzi che la coppia dovrà compiere per trasformare le contraddizioni in complementarità appassionanti e fruttuose corrisponda altrettanta felicità. Il fatto di sapere in anticipo, grazie alla conoscenza dei gruppi sanguigni, quali potrebbero essere i problemi, può aiutare la coppia a prepararsi ad affrontarli con efficacia.

ATTIVITÀ PROFESSIONALI E GRUPPI SANGUIGNI

Nell'opera Groupes sanguins et tempèraments, pubblicata nel 1960, Lèone Bourdel riporta un quadro statistico che riguarda 2.745 persone. L'autrice ne trae diverse indicazioni. Nelle professioni che comportano attività di ricerca e di creazione, il gruppo A è maggioritario. Esso rappresenta infatti il 56,4% degli individui. In questa categoria rientrano quattro tipi di attività:

- ricerca e creazioni artistiche: architetto, archeologo, pittore, ceramista, decoratore ecc.;
- ricerca e creazioni letterarie: giornalista, uomo politico, filosofo, scrittore ecc.;
- ricerca scientifica: biologia, chimica farmaceutica, elettronica ecc.;
- ricerca tecnologica: ingegnere progettista, consulente tecnico ecc.

Nelle professioni che comportano relazioni interpersonali sono maggioritari i rappresentanti dei gruppi sanguigni 0 e AB. Fra queste attività, Lèone Bourdel classificava:

- le professioni socioculturali;
- servizi sociali: uffici personale, orientamento professionale, attività sociali varie;
- insegnanti ed educatori: maestro, istruttore, professore;
- attività giuridiche: consulente giuridico, ufficiale giudiziario, magistrato, impiegato del tribunale;
- professioni legate alla salute: medico, dentista, ostetrica, farmacista, veterinario, infermiere, fisioterapista, naturopata;
- gli impiegati e i funzionari: segretario, capoufficio, funzionario dirigente, impiegato di ogni livello;
- le attività commerciali: negoziante, rappresentante, capo del settore vendite, direttore del servizio acquisti, gestore di hotel ecc.;

- i collaboratori domestici.

Infine, nelle occupazioni di azione e di esecuzione sono in maggioranza relativa i soggetti di gruppo B. Esse sono:
- le carriere militari;
- la polizia;
- i quadri direttivi delle imprese industriali: lavori pubblici, cemento, chimica, tessili;
- gli ingegneri: aeronautica, elettronica, chimica ecc.;
- i capi dei servizi tecnici;
- le attività manuali;
- le attività a immobilità parziale in officina o in laboratorio: brunitore, incisore, orologiaio ecc.;
- le attività miste interno-esterno: artigiano, minatore, magazziniere ecc.;
- le attività all'aria aperta: pescatore marittimo, tassista, coltivatore, bracciante agricolo ecc.

Quanto alle attività manuali, ci sia concesso aprire una parentesi: non possiamo che rifiutare il discredito gettato su di esse dalla cultura della società occidentale. Se i paesi dell'Occidente industrializzato soffrono di gravi carenze di lavoratori come elettricisti, idraulici e capomastri, mentre abbondano i sociologi e i professori di storia, la ragione sta nel fatto che ormai nella nostra cultura i genitori preferiscono per i loro figli le professioni dei "colletti bianchi" invece di quelle delle "tute blu". Inoltre i governi, già dagli anni Trenta, hanno favorito questa tendenza: le scuole tecniche sono diventate tradizionalmente il rifugio degli alunni meno dotati o meno motivati, e anche, molto spesso, degli insegnanti meno qualificati. Questa svalutazione delle attività manuali si rivela oggi quanto mai nociva per il mondo occidentale e per il suo apparato industriale.

All'inizio della carriera, ad incontrare maggiori difficoltà sono i soggetti di gruppo A, a causa del fatto che spesso devono sobbarcarsi un duplice apprendistato: essi devono infatti da un lato adattarsi al piccolo gruppo umano che costituisce l'impresa, dall'altro imparare l'attività professionale vera e propria. Il comportamento di questi individui muterà con l'andar del tempo, a seconda che riescano a svilupparsi pienamente nell'ambiente professionale o, al contrario, finiscano per ripiegarsi su sè stessi. L'esito di questa alternativa dipende dallo stato delle relazioni affettive che allacceranno o meno con i colleghi, nonché dall'interesse o dal disinteresse che proveranno per le mansioni loro affidate. Se questi due fattori sono positivi, i tipi A giungeranno lentamente "a regime". Tuttavia l'individuo A, per varie ragioni (senso del dovere e delle responsabilità, routine, timore di un nuovo adattamento), può rimanere a lungo in un ambiente e in una professione che in realtà non gli piacciono più. In questo caso il suo rendimento declinerà lentamente, fino a giungere all'avversione totale.

Il tipo 0, il cui motto è "tutto ciò che è nuovo è bello", sarà stimolato, come sempre, dalle nuove interazioni propostegli dal contesto umano in cui va ad inserirsi. Comincerà magnificando le novità, salvo poi, magari, stancarsene e denigrarle. Raggiungerà rapidamente la sua massima efficacia, ma in seguito potrà incorrere in un calo di produttività per logorìo e desiderio di cambiamento.

Quanto al gruppo B, il suo motto potrebbe essere: "o la va o la spacca!". Le sue difficoltà di adattamento lo spingono a seguire la sua strada, lasciando agli altri il problema di sopportarlo o di rifiutarlo. Se l'ambiente gli è favorevole, diverrà uno specialista di alto livello nella sua professione.

Il tipo AB, con il suo temperamento ansioso, con le difficoltà che incontra nel trovare il giusto approccio al lavoro e la giusta concentrazione, con la sua mancanza di senso di responsabilità, non si inserisce facilmente in un gruppo di lavoro e gli è difficile mantenere un posto fisso. Dovrà essere inquadrato e organizzato il più possibile, per far sì che le sue molteplici capacità sboccino con efficacia.

I RAPPORTI CON L'AUTORITÀ

I rapporti a volte difficili che intratteniamo con l'autorità sono direttamente legati alla nostra storia personale. Le relazioni stabilite nell'infanzia con i genitori, in particolare con il padre, e i rapporti avuti in passato con gli insegnanti hanno segnato profondamente il nostro personale approccio rispetto all'autorità e rappresentano una nostra componente acquisita. Il nostro comportamento di fronte all'autorità, tuttavia, dipende anche da fattori innati, e in particolare dal gruppo sanguigno di appartenenza.

Quando l'autorità si esercita su un soggetto di tipo A, si deve evitare ad ogni costo di assillarlo e di essere bruschi, perché così si rischierebbe di compromettere il suo difficile adattamento. Il tipo 0, invece, si adegua senza difficoltà a tutte le consegne e a tutti gli ordini, anche nelle occasioni in cui questi possano apparire incoerenti. Al tipo B, che ha bisogno di continuità e di stabilità, si debbono impartire disposizioni perfettamente coerenti. Per il tipo AB, infine, è necessario che le direttive siano impartite in sequenza, in modo da riuscire a stimolare l'una dopo l'altra le sue molteplici capacità.

Per molti giovani che possiedono un titolo di studio di buon livello, una volta inseriti nel mondo del lavoro si pone ben presto il problema della leadership, vale a dire dell'attitudine a dirigere il personale. La natura e gli sviluppi di questo rapporto gerarchico dipendono in larga misura dall'immagine che il dipendente si costruisce del proprio capo.

Per il tipo A, l'autorità deve essere incarnata da un personaggio che irradi un carisma grazie al quale nel subalterno possa nascere e radicarsi una sorta di fede: il capo, dunque, deve apparire quasi onnisciente e, soprattutto, degno di essere amato.

Per il tipo 0, chi prende le decisioni è paragonabile in qualche modo a un direttore d'orchestra, che coordina e sintetizza le possibilità di ciascuno a vantaggio del gruppo nel suo insieme.

Per il tipo B, il dirigente rappresenta l'autorità suprema. In realtà, l'autoritarismo non lo disturba; i popoli con forte proporzione di sangue del gruppo B si consegnano talvolta a capi dispotici come Stalin, Ceausescu, Mao ecc.

Per il tipo AB, l'autorità è rappresentata in modo prioritario da colui che comprende e accetta le sue pulsioni contraddittorie. Anche un carattere rigido e tutto d'un pezzo (gruppo B) potrà impersonare l'autorità.

Non è detto che il dirigente ideale agli occhi di un gruppo sanguigno debba piacere agli altri temperamenti psicogenetici. Così un dirigente di tipo A, che può contare sulla dedizione dei suoi subalterni appartenenti allo stesso gruppo sanguigno, rischia di passare per debole e ingenuo agli occhi dei soggetti di tipo B: quest'ultimi non riescono a capire perché quel dirigente abbia fiducia nei suoi collaboratori, perché li tratti con tanta dolcezza e indulgenza. Il dirigente di tipo 0 è certamente quello che dimostra il maggior realismo. Si adatta facilmente al temperamento del subalterno e sa impartire le consegne con il tono più adatto. Il capo di tipo B è invece più efficace con soggetti dello stesso temperamento (B) e ottiene anche buoni risultati con i tipi AB, ai quali apporta la stabilità e la continuità che a loro mancano e che cercano per potersi realizzare. Invece i tipi A lo troveranno spesso troppo autoritario e rischieranno di essere scoraggiati e paralizzati dalla sua freddezza e dai suoi modi bruschi e imperiosi. Per un certo lasso di tempo incasseranno i colpi, poi un bel giorno, di colpo, finiranno per ribellarsi e rifiutarlo. Il dirigente AB è apprezzato in quanto dinamico e infaticabile. I suoi bruschi mutamenti di rotta e le sue posticipazioni, però, possono disorientare collaboratori e subalterni, mentre la sua intelligenza e la sua cortesia potranno rassicurarli.

LE GRANDI TENDENZE CRIMINOSE DEI QUATTRO GRUPPI SANGUIGNI

Nel tipo A, i delitti derivano in genere dalla difficoltà di adattamento sociale di questo gruppo sanguigno. Il problema si può manifestare in una certa mancanza di senso del-

la realtà accompagnata da un'eccessiva soggettività. In questo caso gli atti criminosi sono:
- delitti passionali (rari);
- manifestazioni di vendetta;
- atti vandalici non a fini di profitto, ma per compiere sedicenti "atti di giustizia";
- atti di ribellione contro oppressori spesso immaginari;
- incendi dolosi;
- lettere anonime destinate a "fare giustizia";
- fughe (spesso compiute da adolescenti per affermare la loro autonomia).

I soggetti di tipo A delinquono generalmente più con l'immaginazione che mediante atti concreti, in parte per timore dell'autorità, ma anche a causa della loro propensione al senso di colpa. D'altronde, avendo spesso un carattere passionale, sono capaci di abbandonarsi, sotto l'impeto della passione, ad azioni completamente irrazionali.
Nelle associazioni a delinquere, il tipo A funge spesso da ispiratore del gruppo.
Il tipo 0 rappresenta il temperamento meglio adatto alla vita in società. Quando i tabù educativi non sono sufficientemente forti, può delinquere sotto forma di eccesso di disinvoltura sociale, di adattabilità deviante. Egli allora commetterà:
- usurpazioni di titoli e di funzioni;
- abusi di fiducia;
- menzogne e inganni vari;
- truffe di ogni genere;
- furti di ogni tipo.

Inoltre, nell'ambiente criminale, il tipo 0 sembra più recidivo di tutti gli altri gruppi sanguigni.
Il tipo B pecca sovente per la sua scarsa comprensione nei confronti degli altri. Inoltre, è spesso egocentrico e violento. Soltanto in presenza di certe condizioni è capace di passare all'atto omicida, ma anche ad altre azioni criminose, come danneggiare i beni altrui o provocare incendi dolosi.
Anche il tipo AB può perpetrare atti violenti con percosse e lesioni. Poiché è di gran lunga il più avido di tutti i gruppi sanguigni, può commettere altri atti delittuosi: si tratterà di truffe, di furti e ricettazioni, di abusi di fiducia.

L'OMICIDIO VOLONTARIO

La maggior parte delle società animali e umane, del presente e del passato, si sostiene su due principi fondamentali: la salvaguardia della specie e la protezione dell'individuo. Questi due imperativi costituiscono la base di ogni morale sociale. Tutte le comunità che se ne sono allontanate sono andate in rovina e, alla fine, o sono scomparse o hanno cambiato sistema. Fu questo il caso, per esempio, di Sodoma e Gomorra, di Babilonia, di Bisanzio, di Roma e, in tempi più vicini a noi, del terzo Reich e del mondo comunista.

La salvaguardia della specie passa necessariamente attraverso la morale sessuale, in assenza della quale non può esistere la famiglia. Poiché ogni società si fonda sulla cellula familiare, così come ogni organismo è composto di cellule animali o vegetali, se si diffonde l'omosessualità e si banalizza l'atto amoroso, la società procrea meno bambini, degenera, si indebolisce e finisce per essere distrutta, come l'organismo che non produce più cellule per esaurimento o arresto del programma genetico.

La salvaguardia della specie si regge sulla protezione dell'individuo. L'omicidio rappresenta la trasgressione più grande dei divieti che la società ha posto come barriera difensiva. Esso esige il passaggio dall'idea all'atto o attuazione, nei quali il soggetto passa da una rappresentazione mentale all'atto concreto.

Diversi fattori determinano l'atto criminoso:
- l'aggressività;
- l'egocentrismo;
- l'instabilità psichica;
- l'indifferenza affettiva.

Il contesto sociale in cui vive l'individuo favorisce, a volte, l'una o tutte le componenti di questo modello. La personalità, le azioni e l'ambiente formano un insieme funzionale, e quando questo si incrina può prodursi l'atto criminoso, volto a compensare con un aumento dell'avere una carenza in termini di essere.

I risultati di studi condotti in diverse carceri su una popolazione di adulti condannati per reati penali e classificati di elevata pericolosità sociale, hanno mostrato una certa relazione per quanto riguarda la presenza di un determinato gruppo sanguigno. In alcune carceri francesi, la maggior parte dei condannati erano internati in sezioni di massima sicurezza e all'epoca in cui avevano commesso i loro delitti, la stampa li aveva definiti "pericoli pubblici". In queste carceri la maggioranza dei condannati, soprattutto i più violenti, appartenevano al gruppo sanguigno B.

Attenzione agli equivoci: non intendiamo stabilire una correlazione diretta fra temperamento criminale e gruppo B. Questi studi ci hanno semplicemente indotto a riflettere sull'importanza relativa della percentuale di sangue B fra i criminali, tenendo anche conto della proporzione minoritaria che il gruppo B ha nell'insieme della popolazione mondiale.

CAPITOLO VII: GRUPPI SANGUIGNI E VITAMINE

Attualmente le vitamine più studiate da un punto di vista biologico sono tredici, ciascuna con una sua particolare funzione. In realtà, le vitamine sarebbero molte di più, ma in questo testo ci soffermeremo soltanto alle tredici vitamine più utilizzate nell'ambito della Naturopatia.

Le vitamine vengono classificate in due gruppi: liposolubili (A, D, E e K), e idrosolubili (le vitamine del gruppo B e la vitamina C).

Le vitamine sono essenziali per la salute: senza di loro alcuni processi fondamentali dell'organismo non potrebbero esistere. Un basso livello di vitamine nell'organismo è un ostacolo per una salute sana e priva di malattie. Le vitamine lavorano insieme con gli enzimi nelle reazioni chimiche necessarie per le funzioni organiche, fra cui la produzione di energia. Insieme, vitamine ed enzimi fanno da catalizzatori, accelerando la formazione o la rottura dei legami chimici che uniscono le molecole.

LE VITAMINE LIPOSOLUBILI

VITAMINA A:

È stata la prima vitamina liposolubile ad essere individuata. La scoperta di questa vitamina avvenne nel 1913 da due gruppi di ricercatori: Mc Collum e Davis dell'Università del Wisconsin, e Osborn e Mendel della Yale University. Questi ricercatori hanno scoperto che la salute degli animali giovani nutriti con una dieta carente di grassi naturali declinava gravemente: gli animali non crescevano e le loro difese immunitarie erano molto scarse. Inoltre gli occhi degli animali sottoposti ad alimentazione ristretta diventavano gravemente infiammati e infetti. Questi disturbi guarivano rapidamente se all'alimentazione veniva aggiunto burro e olio di fegato di merluzzo.

Una volta la vitamina A era conosciuta come "agente antinfettivo", mentre recentemente le è stato riconosciuto un ruolo fondamentale nella funzione immunitaria dell'organismo.

La funzione più nota della vitamina A è il suo effetto sul sistema visivo. La retina umana utilizza quattro composti di vitamina A, coinvolti nel processo della visione. La cecità crepuscolare o la difficoltà di adattamento all'oscurità sono fra i primi segni di carenza di vitamina A.

La vitamina A è necessaria anche per la crescita e lo sviluppo, ed è particolarmente importante per la salute e la struttura della pelle. Molti problemi cutanei, fra cui l'acne e la psoriasi, sono sensibili alla vitamina A.

Altre funzioni di questa vitamina riguardano la riproduzione, la produzione e l'attività degli ormoni surrenali e tiroidei, la riparazione della struttura e della funzionalità delle cellule nervose, l'immunità generale dell'organismo e la crescita cellulare.

Le fonti più concentrate di vitamina A sono il fegato, le verdure a foglia verde scuro (cavolo verde e spinaci) e le verdure giallo-arancio (carote, patate dolci, melone, zucca). In quest'ultima classe di alimenti, la vitamina A si trova sotto forma di beta-carotene, che successivamente andrà trasformato nel fegato in vitamina A.

E' stata segnalata tossicità da vitamina A in soggetti che integrano il consumo naturale con dosi eccessive. Questo accade, a differenza del beta-carotene, perché la vitamina A è liposolubile, e un eccesso andrà a depositarsi nel nostro organismo. Mentre il beta-carotene viene convertito in vitamina A solo se vi è la necessità, in caso contrario verrà tranquillamente eliminato dal nostro organismo.

VITAMINA D:

La vitamina D può essere prodotta nel nostro organismo dall'azione della luce solare sulla pelle, quindi molti esperti pensano che sia più esatto considerarla un ormone invece che una vitamina. La vitamina D è conosciuta soprattutto per la sua capacità di stimolare l'assorbimento del calcio. Nella pelle, la luce del sole cambia il precursore della vitamina D, il 7-deidrocolesterolo, in vitamina D_3 (colecalciferolo).

Questo composto viene trasportato al fegato e convertito da un enzima in 25-idrossicolecalciferolo (25-OHD_3), che è cinque volte più potente del colecalciferolo (D_3).

Il 25-OHD_3 viene trasformato da un enzima renale in 1,25-diidrossicolecalciferolo [1,25-$(OH)_2D_3$], che è dieci volte più potente del colecalciferolo ed è la forma più potente di vitamina D_3.

I disturbi del fegato o dei reni limitano la conversione del calciferolo in questi composti vitaminici più potenti. Molte persone che soffrono di osteoporosi hanno livelli elevati di 25-OHD_3 ma livelli scarsi di 1,25-$(OH)_2D_3$. Questo segnala che nell'osteoporosi la conversione del 25-OHD_3 in 1,25-$(OH)_2D_3$ è limitata.

Per spiegare questa ridotta conversione sono state proposte molte teorie, fra cui un rapporto fra estrogeni e carenza di magnesio. Di recente è stato ipotizzato che in questa conversione sia coinvolto il boro, un minerale traccia.

La carenza di vitamina D provoca rachitismo nei bambini e osteomalacia negli adulti. Il rachitismo è caratterizzato da un'incapacità di calcificare la matrice ossea, il che provoca il rammollimento delle ossa del cranio, l'incurvarsi delle gambe e della spina dorsale e l'aumento di dimensione delle giunture.

Le fonti naturali di vitamina D comprendono olio di fegato di merluzzo, pesce dei mari freddi (sgombro, salmone, aringa ecc.), burro e tuorlo d'uovo.

In genere le verdure sono scarse di vitamina D, ma le fonti migliori sono le verdure in foglia di colore verde scuro.

VITAMINA E:

La vitamina E è necessaria per molte specie animali, fra cui l'uomo. È stata scoperta nel 1922, quando si è visto che topi nutriti con un'alimentazione priva di vitamina E erano incapaci di riprodursi. L'olio di germe di grano aggiunto all'alimentazione ha ripristinato la fertilità. In seguito la vitamina E è stata isolata, ed è stata chiamata "la vitamina antisterilità".

Il nome chimico della forma più attiva di vitamina E è alfa-tocoferolo. Il termine "tocoferolo" viene dal greco tokos (che significa figlio) e fero, che significa portare. Quindi "tocoferolo" significa, letteralmente, "portatore di figli".

La vitamina E agisce fondamentalmente come antiossidante, proteggendo la membrana cellulare dai danni ossidativi. Senza la vitamina E le cellule dell'organismo sarebbero completamente vulnerabili, e le cellule nervose sono le più esposte di tutte.

Una grave carenza di vitamina E è molto rara, ma bassi livelli di vitamina E sono stati associati con varie patologie fra cui l'acne, l'anemia, alcuni tumori, calcoli alla cistifellea, malattia di Lou Gehrig, distrofia muscolare, morbo di Parkinson e la sindrome di Alzheimer.

È stato dimostrato che un'alimentazione ricca di vitamina E esercita un effetto protettivo nei confronti di molte patologie comuni, fra cui le malattie cardiache, il cancro, l'ictus, le mastopatie fibrocistiche e le infezioni virali. La quantità di vitamina E realmente necessaria dipende in larga misura dalla quantità di grassi polinsaturi presenti nell'alimentazione. Più grassi polinsaturi vengono consumati più è necessario proteggerli dall'ossidazione. La vitamina E previene il danno ossidativo, quindi il consumo di acidi grassi polinsaturi cresce di pari passo col fabbisogno di vitamina E.

Fortunatamente, in natura, dove ci sono alti livelli di acidi grassi polinsaturi, ci sono anche alti livelli di vitamina E. Le fonti migliori sono gli oli polinsaturi, semi, noci e cereali integrali. Buone fonti sono anche asparagi, avocado, frutti di bosco, verdure a foglia verde e pomodori.

VITAMINA K:

È una vitamina che viene spesso trascurata. La vitamina K che proviene naturalmente dai vegetali è detta vitamina K_1, o fillochinone. La vitamina K_2, o menachinone, proviene dai batteri intestinali, e la vitamina K_3 o menadione è un derivato sintetico. Queste tre vitamine K agiscono in modo analogo quando aiutano a stimolare la coagulazione del sangue, ma in altre importanti funzioni la vitamina K_1 si rivela sostanzialmente superiore. Per esempio, la vitamina K_1 è fondamentale per la salute delle ossa, perché è responsabile della conversione di una proteina ossea dalla forma inattiva alla forma attiva. L'osteocalcina è (dopo il collagene) la principale proteina delle nostre ossa. La vitamina K è necessaria per consentire alla molecola di osteocalcina di unirsi al calcio e di mantenerlo al suo posto nell'osso. Una carenza di vitamina K_1 provoca una diminuzione della calcificazione ossea, dovuta ai livelli inadeguati di osteocalcina. Nelle persone con fratture da osteoporosi sono stati trovati livelli bassissimi di vitamina K_1. In ognuno dei casi la gravità della frattura era strettamente correlata al livello di vitamina K_1 in circolazione.

La vitamina K_1 si trova nelle verdure a foglia verde scuro e probabilmente è uno dei principali fattori dell'alimentazione vegetariana che proteggono dall'osteoporosi.

Fonti abbondanti di vitamina K comprendono broccoli, lattuga, cavoli, spinaci e tè verde; buone fonti sono anche asparagi, avena, fagiolini e piselli freschi.

LE VITAMINE IDROSOLUBILI

TIAMINA:

La tiamina, o vitamina B_1, è stata la prima vitamina del gruppo B ad essere scoperta. La tiamina fa parte di un enzima (il pirofosfato di tiamina o TPP) che è fondamentale per la produzione di energia, il metabolismo dei carboidrati e la funzionalità delle cellule nervose. In genere, una mancanza iniziale di tiamina si manifesta con stanchezza, depressione, sensazione di formicolio o di torpore alle gambe e costipazione. Una grave mancanza di tiamina si manifesta con una sindrome da carenza detta "beriberi"; i sintomi sono confusione mentale, riduzione della massa muscolare (beriberi secco), ritenzione idrica (beriberi edematoso), ipertensione, difficoltà di deambulazione e disturbi cardiaci.

La carenza grave di tiamina è poco comune (salvo che negli alcolisti). Questa vitamina è presente in tutti gli alimenti, anche se solo in piccola quantità. Il lievito ne è la sola fonte veramente ricca. Fonti vegetali abbondanti di tiamina sono soia, riso integrale, semi di girasole e arachidi; buone fonti sono anche le noci.

La tiamina è sensibilissima all'alcol e ai solfiti; in presenza dell'uno o degli altri viene distrutta o resa inutilizzabile. La tiamina è sensibile anche a un fattore presente nel pesce crudo, nei molluschi d'acqua dolce e nel tè. Non sono noti effetti tossici dovuti alla tiamina.

RIBOFLAVINA:

Inizialmente la riboflavina, o vitamina B_2, è stata identificata nel 1879 come un colorante giallo-verde del latte. Un eccesso di riboflavina nell'alimentazione provoca un graduale aumento della riboflavina contenuta nelle urine, il che può conferire loro una luminescenza fluorescente giallo-verde.

La riboflavina agisce in due importanti enzimi (mono-flavin-nucleotide o FMN e le flavin-adenin-dinucleotide o FAD) che sono coinvolti nella produzione dell'energia. La carenza iniziale di riboflavina è caratterizzata da screpolature delle labbra e degli angoli della bocca, lingua infiammata, disturbi visivi, come sensibilità alla luce e perdita di acuità visiva, forme di cataratte, senso di bruciore e prurito agli occhi, alla bocca e alla lingua e altri segni di disturbi delle mucose.

Il lievito è una fonte molto ricca, ma fonti abbondanti di riboflavina sono anche le frattaglie (fegato, reni, cuore); buone fonti vegetali sono mandorle, funghi, cereali integrali, soia e verdure a foglia verde. La riboflavina viene distrutta dalla luce, ma non dalla cottura.

NIACINA:

La niacina, o vitamina B_3, può essere prodotta nell'organismo dalla conversione del triptofano, quindi molti nutrizionisti non la considerano un elemento nutritivo essenziale finchè esiste un rifornimento adeguato di triptofano.

La niacina è attiva nell'organismo come componente dei coenzimi NAD e NADP, che sono coinvolti in più di 50 diverse reazioni chimiche organiche. Gli enzimi che contengono niacina hanno un'importante funzione nella produzione di energia, nel metabolismo dei grassi, dei carboidrati e del colesterolo, e nella produzione di molti composti organici, fra cui gli ormoni sessuali e surrenali.

La niacina è stata individuata durante la ricerca delle cause della pellagra, una malattia molto diffusa in Spagna e Italia nel XVIII secolo. In italiano "pellagra" significa "pelle ruvida". Oggi si sa che la pellagra è dovuta a una grave carenza di niacina e di triptofa-

no. La pellagra è caratterizzata da dermatite, demenza e diarrea. La pelle sviluppa una dermatite scagliosa; il cervello funziona a fatica, provocando confusione e demenza; la diarrea è provocata da un'imperfetta produzione della mucosa gastrointestinale.
Un'integrazione di niacina ha dimostrato effetti positivi su molte patologie.
La niacina è disponibile sia come acido nicotinico sia come niacinammide. Ognuna di queste forme ha differenti applicazioni. In forma di acido nicotinico la niacina è efficace nell'abbassare il colesterolo ematico, mentre come niacinammide è utile per combattere l'artrite. Nel settore della psichiatria ortomolecolare vengono spesso prescritte forti dosi di niacina nel trattamento della schizofrenia. Una dose di niacina che superi i 50 mg (in forma di acido nicotinico) può produrre un arrossamento passeggero della pelle. In alcuni casi si verificano piccoli fastidi come prurito e formicolio.
Fonti alimentari abbondanti di niacina comprendono lievito, fegato e altre frattaglie, pesce e arachidi. Tutti questi alimenti sono anche fonti abbondanti di triptofano.
Buone fonti di niacina sono anche le leguminose e i cereali integrali, a parte il mais.

ACIDO PANTOTENICO:

L'acido pantotenico, o vitamina B5, è un componente del coenzima A che ha una funzione essenziale nell'utilizzo dei grassi e dei carboidrati per la produzione dell'energia, e nella produzione di ormoni surrenali e globuli rossi.
L'acido pantotenico è particolarmente importante per il buon funzionamento delle surrenali, ed è stato a lungo considerato come "vitamina antistress" per il suo ruolo centrale nell'attività surrenale e nel metabolismo cellulare. Si pensa che una carenza di acido pantotenico sia molto rara negli esseri umani, perchè questa vitamina si trova in molti alimenti. Infatti, il nome deriva dal greco "pantos" che significa "dappertutto". Un'integrazione di acido pantotenico viene spesso usata per stimolare l'attività delle surrenali; la pantetina, la più attiva delle forme stabili dell'acido pantotenico, viene usata per abbassare il colesterolo ematico e i trigliceridi.
L'acido pantotenico si trova in forte concentrazione in lieviti, fegato e altre frattaglie. Buone fonti vegetali sono i cereali integrali, le leguminose, i broccoli, i cavolfiori e le arachidi.

PIRIDOSSINA:

La piridossina, o vitamina B6, è una vitamina B estremamente importante. È coinvolta nella formazione delle proteine organiche e dei composti strutturali, dei trasmettitori chimici del sistema nervoso, dei globuli rossi e delle prostaglandine. Inoltre è fondamentale per mantenere l'equilibrio ormonale e la funzione immunitaria.

La carenza di vitamina B_6 è caratterizzata da depressione, convulsioni (specialmente nei bambini), intolleranza al glucosio e calo della funzionalità nervosa. La deficienza grave di vitamina B_6 è considerata rarissima, ma numerosi studi clinici ne hanno dimostrato l'importanza in una serie di patologie che rispondono all'integrazione con vitamina B_6, fra cui asma, la sindrome premestruale, la sindrome del tunnel carpale, la depressione, la nausea della gravidanza e i calcoli renali. Interessante notare, che l'incidenza crescente di queste patologie a partire dagli anni Cinquanta va di pari passo con il graduale aumento degli antagonisti della vitamina B_6, nell'alimentazione o nell'uso farmacologico, in questo stesso periodo. Gli antagonisti della vitamina B_6 comprendono i colori all'idrazina (FD&C giallo n.5), alcuni medicinali (isoniazide, idralazina, dopammina e penicillamina), gli anticoncezionali orali, l'alcol e l'eccesso di proteine.

Sembra inoltre che il livello della vitamina B_6 nelle cellule sia legato, in modo complesso, alla quantità di magnesio contenuto nell'alimentazione.

Buone fonti vegetali di vitamina B_6 sono cereali integrali, leguminose, banane, noci e semi, patate, cavolini di Bruxelles e cavolfiori.

ACIDO FOLICO:

L'acido folico (chiamato anche folato, folacina e pterilmonoglutammato), o vitamina B_9, agisce in sinergia con la vitamina B_{12} in molti processi corporei ed è fondamentale nella divisione cellulare perché è necessario per la sintesi del DNA. Senza acido folico le cellule non si dividono correttamente.

L'acido folico è vitale per lo sviluppo del sistema nervoso del feto. Una carenza di acido folico durante la gravidanza è stata collegata a numerosi difetti congeniti, fra cui i difetti del tubo neurale come la spina bifida. Una carenza di acido folico interessa tutte le cellule dell'organismo, ma quelle che si dividono rapidamente, come i globuli rossi e le cellule del tratto gastrointestinale e genitale, sono le più danneggiate. La mancanza di acido folico è caratterizzata da scarsa crescita, diarrea, anemia, gengivite e da un Pap test anormale.

Nonostante l'acido folico sia ampiamente presente negli alimenti, la sua mancanza è la più comune delle deficienze vitaminiche nel mondo. La causa è legata alle scelte alimentari: gli alimenti di origine animale, a parte il fegato, sono cattive fonti di acido folico, mentre le fonti vegetali sono abbondanti ma non vengono consumate con frequenza. Inoltre l'alcol e molti medicinali (fra cui gli estrogeni, la sulfasalazina e i barbiturici) danneggiano il metabolismo dell'acido folico.

L'acido folico è sensibilissimo e viene distrutto facilmente dalla luce e dal calore.
Il nome dell'acido folico deriva dal termine latino "folium" (che significa foglia), perchè si trova in alte concentrazioni nelle verdure a foglia verde come cavoli, spinaci e bietole. Altre buone fonti di acido folico sono i lieviti, le leguminose, gli asparagi, i broccoli e i cereali integrali.

COBALAMINA:

La vitamina B_{12}, o cobalamina, è stata isolata da un estratto di fegato nel 1948 e successivamente identificata come il fattore nutrizionale del fegato che previene l'anemia perniciosa. La vitamina B_{12} è un composto cristallino rosso intenso, con un elevato contenuto di cobalto. La cobalammina agisce in sinergia con l'acido folico in molti processi organici, fra cui la sintesi del DNA. La vitamina B_{12} riattiva l'acido folico, quindi una sua carenza darà luogo a una carenza di acido folico se i livelli di quest'ultimo sono marginali. La mancanza di questa vitamina porta a una diminuzione della funzionalità nervosa, che provoca torpore nei piedi, sensazioni di formicolio (spilli) o un senso di bruciore; inoltre danneggia la funzionalità mentale (e questo negli anziani può simulare la sindrome di Alzheimer). I sintomi comprendono depressione o confusione mentale, anemia, lingua rossa e liscia e diarrea.
La cobalammina è necessaria in piccole quantità. Gli alimenti più ricchi di questa vitamina sono quelli di origine animale come fegato e reni, seguite da pesce, uova, formaggio e carne.
Ai vegetariani di stretta osservanza (vegani) si dice spesso che gli alimenti di soia fermentati (come il tempeh e il miso) sono fonti eccellenti di vitamina B_{12}. Tuttavia, a parte l'enorme variabilità del contenuto di vitamina B_{12} nei cibi fermentati, sembra che la forma di vitamina B_{12} presente in questi cibi non sia esattamente quella richiesta dall'organismo. Anche se alcune alghe cotte contengono vitamina B_{12} a un livello analogo a quello della carne di manzo, non si sa se questa forma venga utilizzata nello stesso modo. Quindi per ora è estremamente opportuno che i vegetariani integrino la loro alimentazione con vitamina B_{12}.

BIOTINA:

La biotina è una vitamina B attiva nella produzione e nell'utilizzazione dei grassi e degli amminoacidi. La mancanza di biotina danneggia gravemente il metabolismo.
La biotina è prodotta nell'intestino dai batteri intestinali. La carenza di biotina nell'adulto è caratterizzata da pelle secca e a scaglie, nausea, anoressia e seborrea. Nei neo-

nati sotto i sei mesi i sintomi sono dermatite seborroica (crosta lattea) e alopecia (perdita dei capelli). Infatti il fattore sottostante alla crosta lattea infantile (una condizione molto diffusa che può essere associata con seborrea e forfora) è in genere una carenza di biotina, dovuta all'assenza di una flora intestinale normale. Molti studi hanno dimostrato che la crosta lattea viene curata con successo somministrando supplementi di biotina alla madre che allatta e al neonato.

Le migliori fonti sono il lievito di birra, le frattaglie e la soia. Altre buone fonti sono cavolfiore, funghi, noci e arachidi. L'albume dell'uovo crudo contiene avidina, una proteina che si lega alla biotina e ne previene l'assimilazione.

VITAMINA C:

La vitamina C è sicuramente la più celebre delle vitamine. Il suo compito fondamentale è la produzione del collagene, la principale sostanza proteica dell'organismo. In particolare la vitamina C stimola la formazione di idrossiprolina a partire dall'amminoacido prolina. Il risultato è una struttura di collagene molto stabile. Il collagene è una proteina importantissima nelle strutture organiche di contenimento (tessuto connettivo, cartilagine, tendini e così via), quindi la vitamina C è fondamentale per la guarigione delle ferite, la salute delle gengive e la prevenzione dei lividi.

In caso di scorbuto, o deficienza grave di vitamina C, i sintomi classici sono gengive sanguinanti, ferite lente a guarire e lividi estesi. Oltre a questi sintomi compaiono anche suscettibilità alle infezioni, isteria e depressione.

Oltre alla sua funzione nel metabolismo del collagene la vitamina C è vitale anche per la funzionalità immunitaria, la produzione di alcuni neurotrasmettitori e di alcuni ormoni, e l'assorbimento e l'utilizzazione di altri fattori nutrizionali. Inoltre la vitamina C è un importantissimo antiossidante alimentare.

Numerosi studi sperimentali, clinici ed epidemiologici hanno dimostrato che un aumento nel consumo di vitamina C produce molti effetti positivi, fra cui la riduzione del numero dei tumori, il potenziamento dell'immunità, la difesa dall'inquinamento e dal fumo di sigaretta, l'accelerazione della guarigione delle ferite, una maggiore longevità e la riduzione del rischio di cataratta.

Si è parlato molto anche del ruolo della vitamina C nel rafforzamento del sistema immunitario, soprattutto per quanto riguarda la prevenzione e la cura del comune raffreddore. Tuttavia, nonostante molti studi positivi a livello clinico e sperimentale, questo aspetto rimane ampiamente discusso. Da un punto di vista biochimico l'evidenza indica che la vitamina C ha un ruolo importantissimo in molti meccanismi immunitari. L'alta concentrazione di vitamina C nei leucociti, e in particolare nei linfociti, diminuisce rapidamente durante le infezioni, e se le scorte organiche di vitamina C non vengono reintegrate regolarmente può derivarne una relativa carenza.

È stato dimostrato che la vitamina C migliora diverse funzioni immunitarie, fra cui la funzionalità e l'attività dei leucociti, e aumenta i livelli dell'interferone, le risposte anticorpali, la secrezione degli ormoni timici e l'integrità della sostanza fondamentale del connettivo. Inoltre ha effetti biochimici molto simili a quelli dell'interferone, il composto organico naturale antivirale e anticancro.

Durante i periodi di stress (chimico, emotivo, psicologico o fisiologico) la secrezione urinaria di vitamina C aumenta, segnalando un maggior fabbisogno di vitamina C.

Esempi di agenti chimici stressanti sono il fumo di sigaretta, gli inquinanti e gli allergeni. Spesso si consiglia di assumere una quantità extra di vitamina C, sotto forma di integrazione o aumentando il consumo di alimenti ricchi di vitamina C, per mantenere in forma il sistema immunitario durante i periodi di stress. In alcuni casi l'integrazione con vitamina C è l'unico sistema che permette di fornire le concentrazioni necessarie per alcune patologie. Per esempio, per chi soffre di cancro è una buona idea integrare l'alimentazione con vitamina C extra, oltre a consumare alimenti ricchi di vitamina C, specialmente succhi vegetali, che sono anche fonti abbondanti di carotenoidi.

La vitamina C viene spesso consigliata anche per infezioni, allergie, cataratte, colesterolo elevato, pressione alta, diabete ed epatite. È importante che contemporaneamente vengano assunti flavonoidi.

Il dibattito sulla quantità di vitamina C necessaria per gli esseri umani è accesissimo.

A un estremo ci sono le teorie di Linus Pauling (1901-94, chimico statunitense, due volte premio Nobel) e dei suoi seguaci, che raccomandano un consumo quotidiano di 2-9 g in buona salute e dosi anche più alte in periodi di stress o di malattia. All'altro estremo, la dose quotidiana raccomandata ufficialmente è di 45 mg per gli adulti. Personalmente tendo dalla parte di Linus Pauling.

In genere si pensa che la fonte migliore di vitamina C siano gli agrumi, ma anche le verdure ne contengono in grandi quantità, soprattutto broccoli, peperoni, patate e cavolini di Bruxelles.

La vitamina C viene distrutta dall'esposizione all'aria, quindi la cosa migliore è mangiare alimenti freschi raccolti e preparati da poco tempo. Per esempio, i cetrioli appena affettati, se lasciati in attesa, perdono il 41-49% della loro vitamina C nelle prime tre ore. Un melone affettato, se lasciato scoperto in frigo, perde il 35% della sua vitamina C in meno di 24 ore.

VITAMINE PER IL TIPO 0

L'alimentazione ottimale per il tipo 0 contempla alimenti particolarmente ricchi di ferro e vitamina C, quindi non c'è bisogno di assumere dosi extra di queste sostanze. Più che soddisfacente risulta anche l'apporto di vitamina D la cui migliore fonte, tra l'altro, è la luce del sole.

Ma James D'Adamo scoprì che le persone di tipo 0-raccoglitore rispondono bene alla somministrazione di un complesso vitaminico B. E questo per un ottimo motivo.

Questi soggetti tendono ad avere un metabolismo pigro, un'eredità dei suoi antenati che dovevano accumulare riserve energetiche per poter affrontare senza gravi conseguenze gli inevitabili periodi di digiuno. Pur trovandosi in un contesto ambientale e sociale differente, conservano ancora oggi la tendenza ad immagazzinare calorie sotto forma di grasso. Il complesso vitaminico B, strettamente implicato nel metabolismo energetico, ha proprio la funzione di controbilanciare questa tendenza, cioè di spostare l'ago della bilancia metabolica verso un livello di attività più alto.

Seguendo correttamente l'alimentazione adatta, il soggetto di tipo 0 non ha alcun bisogno di assumere integratori contenenti vitamina B_{12} o acido folico. Queste sostanze, che tra le loro svariate funzioni hanno anche quella di partecipare alla duplicazione del DNA, possono però essere somministrate utilmente in casi particolari, cioè in presenza di disturbi come depressione, iperattività e deficit dell'attenzione.

Peter D'Adamo utilizzando vitamina B_{12} e acido folico a dosaggi elevati, insieme all'alimentazione e all'esercizio fisico, è riuscito a trattare con successo un considerevole numero di pazienti.

Il complesso vitaminico B, per dare maggiori risultati, deve essere privo di prodotti contenenti lievito o germe di grano, e devono avere una formulazione tale da garantire il massimo dell'assorbimento. Potete sostituire gli integratori con gli alimenti che contengono ottime quantità di vitamine del complesso B: carne, fegato, frutta, frutta secca, ortaggi a foglia verde scuro, pesce e uova.

Una vitamina da tenere in considerazione è la vitamina K. Le persone di tipo 0 presentano un lieve deficit della coagulazione che può favorire la comparsa di disturbi emorragici. È quindi molto importante sforzarsi di assumere alimenti ricchi di questa vitamina. Gli alimenti più adatti sono: ortaggi a foglia larga (verza, spinaci, bietole), fegato e tuorlo d'uovo.

Al contrario, alcuni soggetti di gruppo 0 devono stare attenti all'assunzione di due vitamine sotto forma di integratori: la vitamina A e la vitamina E. Dato che il sangue di tipo 0 tende a coagulare poco, gli integratori ricchi di vitamina A a base di olio di pesce non dovrebbero essere assunti senza la supervisione del medico. Essi, infatti, possono

aumentare la tendenza al sanguinamento. Meglio assicurare all'organismo ciò che gli occorre consumando cibi ricchi di vitamina A o beta-carotene. Gli alimenti migliori sono: frutta e ortaggi di colore giallo e arancione e ortaggi a foglia verde scuro.
Anche la vitamina E può aggravare la tendenza a soffrire di disturbi della coagulazione. Dunque, sarà meglio approvvigionarsi di vitamina E ricorrendo all'alimentazione. Le fonti migliori sono: fegato, frutta secca e ortaggi a foglia verde.

VITAMINE PER IL TIPO A

Le persone di tipo A devono stare attente alla carenza di vitamina B_{12}. Non solo perchè il consumo di carne rossa è sconsigliato, ma anche per la tendenza a produrre scarse quantità di fattore intrinseco. Questa sostanza, elaborata nello stomaco, lega la vitamina B_{12} consentendone l'assorbimento intestinale e il passaggio nel sangue. A rischio sono soprattutto le persone anziane la cui carenza può causare la comparsa di demenza senile oppure di altri disturbi neurologici.
Per quanto riguarda le altre vitamine del gruppo B, non ci sono particolari problemi. Chi soffre di anemia, però, potrebbe aver bisogno di integratori a base di acido folico.
Le persone di tipo A che soffrono di ipercolesterolemia dovrebbero chiedere al proprio naturopata se è il caso di assumere integratori a base di niacina, vitamina che contribuisce a mantenere i livelli di colesterolo nella norma.
Le fonti migliori di niacina sono i cereali integrali, le arachidi e alcune varietà di pesce, come lo sgombro, le sardine, il salmone e il tonno. Mentre la vitamina B_{12} potete trovarla nella salsa di soia, nel pesce e nelle uova.
Il tipo A è caratterizzato da una maggiore propensione a sviluppare tumori dello stomaco rispetto agli altri gruppi sanguigni. Sostanze come i nitriti e i nitrati, che abbondano nelle carni insaccate, conservate o affumicate, possono dare origine a nitrosammine cancerogene e, con il passare degli anni, creare grossi problemi. La vitamina C, grazie alle sue proprietà antiossidanti, è in grado di ostacolare la formazione di questi composti. Oltretutto le dosi necessarie per stare bene non sono molto elevate: basta assumere 250 mg di vitamina C due volte al giorno. Le fonti alimentari più adatte sono: frutti di bosco, limone, pompelmo, broccoli, ananas, rosa canina, ciliegie.
Diverse ricerche sembrano dimostrare che la vitamina E può svolgere un effetto protettivo nei confronti dei tumori e delle malattie cardiovascolari. Le persone di tipo A dovrebbero pertanto cercare di assumere buoni quantitativi di vitamina E soprattutto attraverso l'alimentazione e, se non basta, con un'integrazione. Le fonti alimentari migliori sono: cereali integrali, arachidi e ortaggi a foglia verde.

L'unica vitamina che può creare qualche problema ai soggetti di tipo A è il beta-carotene o vitamina A. James D'Adamo notò che i suoi pazienti di tipo A che avevano assunto integratori di beta-carotene, andavano incontro a delle irritazioni dei vasi sanguigni. Gli studi condotti in proposito sembravano evidenziare proprio l'effetto opposto, cioè un'azione protettiva sulle arterie. Tuttavia, in questi ultimi tempi, alcuni studiosi hanno dimostrato che il beta-carotene, somministrato a dosaggi elevati, può comportarsi come ossidante e quindi danneggiare i tessuti invece di proteggerli.
No agli integratori, dunque, ma nulla vieta di fare il pieno di beta-carotene aumentando il consumo di alimenti che ne sono particolarmente ricchi. Le fonti alimentari migliori sono: uova, zucca e broccoli.

VITAMINE PER IL TIPO B

I soggetti di tipo B si possono ritenere molto più fortunati, perchè la loro alimentazione è talmente ricca di vitamine A, B, C, E, da rendere inutili la maggior parte degli integratori. Tranne in casi particolari, e in presenza di alcune patologie, i soggetti di tipo B possono assumere tranquillamente qualsiasi vitamina in grado di contrastare il problema senza andare incontro ad eventuali controindicazioni.

VITAMINE PER IL TIPO AB

La mescolanza di caratteristiche di tipo A e B influisce anche sulla scelta degli integratori. Per fortuna, a dispetto della pigrizia del sistema immunitario, le persone di tipo AB possono seguire un'alimentazione ricca di sostanze nutritive che minimizzano questa carenza. In particolare, potrete fare una buona scorta di vitamina A, B_{12}, niacina e vitamina E seguendo la vostra alimentazione. Tuttavia, chi non riesce a farlo fedelmente può aiutarsi ricorrendo all'integrazione. Anzi, alcune vitamine e minerali sono in grado di dare una spinta in più a tutte le persone di tipo AB. L'unico problema sta nel fatto che lo stomaco di questi soggetti produce scarse quantità di acido e risulta pertanto più esposto al rischio di sviluppare tumori gastrici. Anche in questi soggetti i nitriti e i nitrati, che si ritrovano nelle carni insaccate, conservate o affumicate, possono dare origine a nitrosammine cancerogene e creare nel tempo grossi problemi. La vitamina C può ostacolare la formazione di questi composti prevenendo la comparsa dei tumori. Il dosaggio è di 250 mg due volte al giorno.
Le fonti alimentari migliori sono: ananas, broccoli, ciliegie, frutti di bosco, limone, pompelmo, rosa canina.

CAPITOLO VIII: GRUPPI SANGUIGNI E MINERALI

Nell'alimentazione umana ci sono almeno ventidue minerali importanti. Insieme con le vitamine, i minerali agiscono come componenti degli enzimi organici. Inoltre sono necessari per la corretta composizione delle ossa e del sangue e per l'equilibrio della funzionalità cellulare.

I minerali vengono suddivisi in due categorie (maggiori e minori) non per importanza, ma in relazione alle quantità in cui vengono consumati. Se un minerale richiede un'assunzione superiore a 100 mg al giorno è considerato un minerale maggiore.

I minerali maggiori (o macroelementi) comprendono calcio, fosforo, potassio, sodio, cloro, magnesio e zolfo. I minerali minori (o minerali traccia o microelementi) comprendono boro, cromo, cobalto, rame, fluoro, iodio, ferro, manganese, molibdeno, selenio, silicio, vanadio e zinco.

Le piante incorporano nei propri tessuti i minerali del terreno. Per questo frutta, verdura, cereali, leguminose, noci e semi sono in genere eccellenti fonti di minerali. I minerali che si trovano nella terra sono inorganici, senza vita. Invece nelle piante la maggior parte dei minerali è inserita in molecole organiche. In genere questo ne facilita l'assimilazione, anche se alcune strutture vegetali imprigionano i minerali in modo così tenace da impedirne la metabolizzazione. Si pensa che i vegetali ridotti in succo permettono di assimilare i minerali ancora meglio del frutto o della verdura intatta, perchè la centrifugazione libera i minerali in un mezzo altamente biodisponibile e separa i minerali dai componenti fibrosi che possono interferire con la loro assimilazione.

I vegetali a foglia verde sono la fonte migliore della maggior parte dei minerali, e specialmente del calcio.

I MINERALI MAGGIORI

CALCIO:

Il calcio è il minerale più abbondante nell'organismo. Costituisce l'1,5-2% del peso corporeo totale; oltre il 99% del calcio è concentrato nelle ossa.

Oltre che per la sua funzione primaria, di costruire e riparare le ossa e i denti, il calcio è importante anche per l'attività di numerosi enzimi organici. La contrazione dei muscoli, il rilascio dei neurotrasmettitori, la regolazione della pulsazione cardiaca e la coagulazione del sangue dipendono dal calcio. La carenza di questo minerale nei bambini può causare rachitismo, che provoca deformità ossee e ritardi della crescita. Negli adulti la carenza di calcio può provocare osteomalacia, o rammollimento delle ossa. Bassi livelli ematici di calcio possono provocare spasmi muscolari e crampi alle gambe. Inoltre è generalmente accettato il fatto che uno scarso consumo di calcio contribuisca largamente all'ipertensione e all'osteoporosi. Analisi di laboratorio per la rilevazione del calcio a livello ematico, possono dare due risultati differenti: normalmente la minima è stimata intorno a 8.4 e la massima a 10.9 (anche se questi valori variano da un laboratorio all'altro). Nel primo caso, possiamo trovare alti livelli di calcio, per esempio, valori superiori a 10.9. Normalmente il medico tradizionale vi dirà che avete troppo calcio nel sangue, e quindi, dovete evitare di consumare cibi che ne contengono molto. Ma chi conosce il metabolismo del calcio, vi dirà la cosa opposta. Cioè dire, è vero che il calcio è presente in quantità elevate a livello ematico, ma di conseguenza ciò sta a significare che non è biodisponibile dall'organismo. Infatti una ricerca italiana ha dimostrato che soggetti che presentavano alti livelli ematici di calcio, dopo un'integrazione dello stesso insieme al magnesio, hanno riportato i valori ematici a livelli normali. Personalmente ho avuto modo di osservare che la causa di alti livelli ematici di calcio era dovuta a una carenza di magnesio, minerale indispensabile affinchè il calcio venga assimilato dal nostro organismo.
Un altro risultato che si potrebbe verificare è un livello ematico di calcio inferiore a 8.4. In questo caso, livelli così bassi di calcio stanno ad indicare due aspetti differenti: o mangiate alimenti che, pur contenendo calcio, acidificano l'organismo depauperandolo (esempio è il consumo eccessivo di latte e latticini), oppure il calcio presente negli alimenti non viene assimilato dal vostro organismo per la carenza di fosforo o vitamine A, C e D.

FOSFORO:

Il fosforo è uno dei minerali più importanti, ed è secondo solo al calcio per quantità totale nell'organismo. Circa l'80% del fosforo organico è concentrato sotto forma di cristalli di fosfato di calcio, nelle ossa e nei denti. Il fosforo è coinvolto anche in molte altre funzioni. In particolare è necessario per il metabolismo dell'energia, la sintesi del DNA e l'assimilazione e l'utilizzazione del calcio.

Il fosforo è ampiamente disponibile in molti alimenti, soprattutto in quelli ricchi di proteine. Nell'alimentazione, più importante del consumo assoluto di fosforo è il rapporto fra calcio e fosforo. Un'alimentazione scarsa di calcio e troppo ricca di fosforo è stata collegata all'osteoporosi.

I cibi scarsi di calcio, ma abbondanti di fosforo comprendono le carni rosse e il pollame. Il rapporto calcio-fosforo nelle carni rosse e nel pollame è di 1:20.

MAGNESIO:

Il magnesio è un minerale importantissimo. Dopo il potassio, è il minerale più abbondante nelle nostre cellule. Il magnesio opera in stretta sinergia con il calcio e il fosforo. Circa il 60% del magnesio organico è concentrato nelle ossa; il 26% nei muscoli; il rimanente nei tessuti molli e nei fluidi corporei.

Le funzioni del magnesio sono legate alla sua capacità di attivare numerosi enzimi. Inoltre, come il potassio, il magnesio contribuisce a mantenere la carica elettrica delle cellule, in particolare quelle dei muscoli e dei nervi. Il magnesio è coinvolto in molte funzioni cellulari, fra cui la produzione di energia, la fabbricazione delle proteine e la replicazione cellulare.

La carenza di magnesio è caratterizzata da sintomi molto simili a quelli della carenza di potassio: confusione mentale, irritabilità, debolezza, disturbi cardiaci, problemi di trasmissione nervosa e di contrazione muscolare. Altri sintomi da carenza di magnesio possono comprendere crampi muscolari, perdita di appetito, insonnia e predisposizione allo stress. La carenza di magnesio è comunissima negli anziani e nelle donne durante il periodo premestruale.

La deficienza di magnesio è spesso legata a fattori che ne riducono l'assorbimento o ne aumentano la secrezione, come l'elevato consumo di calcio, di alcol, diuretici, malattie del fegato, malattie renali e uso di contraccettivi orali.

Il magnesio è presente in abbondanza negli alimenti integrali, quindi molti naturopati e nutrizionisti ritengono che la maggior parte delle persone ricavi magnesio a sufficienza dall'alimentazione. La maggior parte delle persone però non mangia alimenti naturali e integri ma alimenti raffinati e precotti. La raffinazione ed elaborazione degli alimenti elimina la maggior parte del contenuto naturale di magnesio, per cui molti non ricevono la dose corretta di questo minerale. Uno scarso livello di magnesio nell'alimentazione e nell'organismo aumenta la suscettibilità a varie malattie, fra cui patologie cardiache, ipertensione, calcoli renali, cancro, insonnia, sindrome premestruale e crampi mestruali.

Il ruolo del magnesio nella prevenzione delle malattie cardiache e dei calcoli renali è ampiamente riconosciuto dalle autorità mediche. È stato scoperto che i soggetti morti improvvisamente per attacchi cardiaci avevano bassissimi livelli di magnesio, che è importantissimo per il cuore, sia per la produzione di energia sia per la contrazione del muscolo cardiaco. Una carenza di magnesio può provocare un attacco di cuore scatenando uno spasmo delle coronarie, e quindi riducendo il flusso di sangue e ossigeno al muscolo cardiaco.

Inoltre il magnesio aumenta la solubilità del calcio nell'urina, prevenendo la formazione di calcoli. È stato dimostrato che l'integrazione di magnesio nell'alimentazione previene efficacemente i calcoli renali ricorrenti.

Le migliori fonti alimentari di magnesio sono le leguminose, i semi, le noci, le mandorle, i cereali integrali e le verdure a foglia verde. Pesce, carne, latte e frutta sono molto scarsi di magnesio.

POTASSIO, SODIO E CLORO:

Potassio, sodio e cloro sono elettroliti, cioè sali minerali che possono condurre elettricità quando vengono sciolti in acqua. Questi minerali sono legati fra loro in modo tanto complesso che in genere, nei testi di alimentazione, vengono discussi insieme.

Gli elettroliti vanno sempre a coppie; uno ione positivo, come il sodio e il potassio, è sempre accompagnato da uno ione negativo, come il cloro. Gli elettroliti agiscono mantenendo l'equilibrio idrico e la sua distribuzione, l'equilibrio acido-base, la funzionalità delle cellule muscolari e nervose, la funzionalità cardiaca e l'attività dei reni e delle ghiandole surrenali.

Oltre il 95% del potassio dell'organismo è concentrato nelle cellule. Invece la maggior parte del sodio contenuto nell'organismo è all'esterno delle cellule, vale a dire nel sangue e in altri liquidi organici. Come mai? Le cellule pompano sodio all'esterno e potassio all'interno per mezzo della cosiddetta "pompa sodio-potassio", che è presente nelle membrane di tutte le cellule del corpo. Una delle sue funzioni più importanti è evitare il rigonfiamento della cellula. Se il sodio non viene pompato all'esterno l'acqua si accumula all'interno della cellula, che può gonfiarsi fino a scoppiare.

La pompa sodio-potassio ha anche la funzione di mantenere la carica elettrica della cellula. Questo è particolarmente importante per le cellule muscolari e nervose. Durante la trasmissione nervosa e la contrazione dei muscoli il potassio esce dalla cellula e il sodio vi entra. Il risultato è una variazione della carica elettrica, che stimola un impulso nervoso o una contrazione muscolare. Non è strano, quindi, che una carenza di potassio colpisca subito i muscoli e i nervi.

L'equilibrio di sodio, potassio e cloro è estremamente importante per la salute. Un eccesso di sodio nell'alimentazione può alterare questo equilibrio.
Molti studi hanno dimostrato che un'alimentazione scarsa di potassio e ricca di sodio può favorire l'insorgenza del cancro e delle malattie cardiovascolari (malattie cardiache, ipertensione, ictus ecc). Al contrario, un'alimentazione ricca di potassio e scarsa di sodio protegge da queste patologie, e in caso di ipertensione, può essere terapeutica. Un eccesso di sale alimentare (cloruro di sodio o NaCl), unito a una scarsità di potassio alimentare, è una causa molto comune di ipertensione. Molti studi hanno dimostrato che in numerosi soggetti la sola limitazione del sodio non migliora la pressione se non è abbinata a un aumento del consumo di potassio. Nella nostra alimentazione abituale solo il 5% del sodio consumato proviene dai componenti naturali del cibo. I cibi pronti contribuiscono al nostro consumo di sodio per il 45%, un altro 45% è aggiunto durante la cottura e il 5% finale è aggiunto come condimento. Nella maggior parte dei casi il fabbisogno dell'organismo si limita al sodio contenuto naturalmente nei cibi. Molte persone consumano potassio e sodio in un rapporto (K:Na) inferiore a 1:2, vale a dire che molti assumono due volte più sodio che potassio. Gli esperti raccomandano un tasso alimentare potassio:sodio maggiore di 5:1 per mantenersi in buona salute.
Ma anche questo livello non è ideale. Un'alimentazione naturale ricca di frutta e verdura può avere un tasso potassio:sodio maggiore di 100:1, perché la maggior parte della frutta e della verdura ha un rapporto K:Na di almeno 50:1.
Ecco il rapporto medio K:Na di alcuni vegetali di uso comune:
- Carote 6:1
- Patate 130:1
- Mele 91:1
- Banane 440:1
- Arance 263:1

Anche se sodio e cloro sono importanti, il potassio è il più importante degli elettroliti alimentari. Oltre ad agire come elettrolita è essenziale per la conversione dello zucchero ematico in glicogeno, la forma immagazzinabile dello zucchero ematico che si trova nei muscoli e nel fegato. Una mancanza di potassio fa scendere le scorte del glicogeno immagazzinato. Il glicogeno è usato dai muscoli in movimento per produrre energia, quindi una carenza di potassio provoca grande stanchezza e debolezza muscolare. Questi sono i primi classici segni della carenza di potassio. Altri segni da carenza sono confusione mentale, irritabilità, disturbi cardiaci, problemi di trasmissione nervosa e di contrazione muscolare.

La mancanza di potassio è provocata da un'alimentazione con poca frutta e verdura (ma con alti livelli di sodio) ed è particolarmente comune negli anziani. La carenza dovuta all'alimentazione è meno comune di quella legata all'eccessiva perdita di liquidi (sudore, diarrea, urinazione) o all'assunzione di diuretici, lassativi, aspirina e altri medicinali. La quantità di potassio che viene persa col sudore può essere molto rilevante, specialmente per chi fa esercizio prolungato in un ambiente caldo. Gli atleti e le persone che fanno molto esercizio fisico hanno un fabbisogno di potassio particolarmente elevato. Sudando si possono perdere fino a 3 g di potassio al giorno, quindi per questi soggetti è consigliabile assumerne almeno 4 g al giorno. Se il fabbisogno organico di potassio non viene soddisfatto con l'alimentazione, l'integrazione è fondamentale per restare in buona salute. Tuttavia, sotto forma di integratori i sali di potassio possono provocare nausea, vomito, diarrea e ulcere. Questi effetti non si verificano quando la quantità di potassio viene aumentata attraverso l'alimentazione. Questo sottolinea i vantaggi di usare succhi, alimenti, o supplementi a base alimentare per soddisfare il fabbisogno elevato di potassio nell'organismo.

E' possibile assumere troppo potassio? Naturalmente sì, ma in genere l'organismo è in grado di liberarsi dall'eccedenza. L'eccezione sono i soggetti che soffrono di problemi renali. Queste persone non riescono a metabolizzare il potassio in modo fisiologico; è facile che registrino disturbi cardiaci e altre conseguenze della tossicità del potassio.

ZOLFO:

Lo zolfo entra come componente nella struttura di quattro amminoacidi (metionina, cisteina, cistina e taurina) ed è attivo in parecchie funzioni importanti. Si trova in alte concentrazioni nella struttura proteica delle articolazioni, dei capelli, delle unghie e della pelle.

L'insulina è ricca di amminoacidi che contengono zolfo. Anche il glutatione, che è una sostanza disintossicante prodotta dal fegato, contiene zolfo.

Lo zolfo è un elemento nutritivo chiave. Alcune patologie, come l'artrite e i disturbi del fegato, possono migliorare mangiando più alimenti ricchi di zolfo come le leguminose, i cereali integrali, l'aglio, la cipolla, i cavolini di Bruxelles e il cavolo.

I MINERALI "TRACCIA"

BORO:

I vegetariani sono meno esposti all'osteoporosi e questo effetto protettivo può essere dovuto almeno in parte, oltre che alla vitamina K_1 e alla presenza di molti minerali "maggiori" negli alimenti vegetali, anche all'alto livello di boro nell'alimentazione vegetariana. È stato dimostrato che il boro ha un effetto positivo sul calcio e incrementa il livello degli estrogeni nelle donne in postmenopausa, il gruppo più esposto al rischio di osteoporosi.

In uno studio effettuato su donne che avevano oltrepassato la menopausa, un'integrazione quotidiana di 3 mg di boro ha ridotto l'escrezione di calcio nelle urine del 44% e ha innalzato in modo sorprendente il livello del 17-beta-estradiolo, l'estrogeno biologicamente più attivo. Pare che il boro sia necessario per attivare alcuni ormoni, fra cui appunto gli estrogeni e la vitamina D.

Frutta e verdura sono le principali fonti alimentari di boro, quindi un'alimentazione scarsa di questi cibi può essere carente di boro. Il boro si è anche dimostrato utile per combattere l'artrite.

CROMO:

Il cromo è attivo nel fattore di tolleranza al glucosio, un fondamentale sistema enzimatico che regola lo zucchero del sangue. Sia una mancanza sia un eccesso di zucchero (glucosio) nel sangue possono avere conseguenze gravissime, quindi l'organismo cerca di mantenere il livello dello zucchero ematico entro una fascia di valori ristretta, con l'aiuto di ormoni come insulina e glucagone.

Oggi numerose prove indicano che i livelli di cromo sono collegati in modo determinante alla sensibilità all'insulina. Se il cromo è scarso i livelli di zucchero possono restare alti per mancanza di sensibilità all'insulina. L'insulina stimola l'assimilazione e l'utilizzazione del glucosio da parte delle cellule. L'insensibilità all'insulina è una delle caratteristiche classiche dell'obesità e del diabete.

È stato dimostrato che la normalizzazione della carenza di cromo con supplementi alimentari abbassa il peso corporeo globale, aumenta la massa magra, migliora la tolleranza al glucosio e fa scendere i livelli del colesterolo totale e dei trigliceridi. Tutti questi effetti sembrano legati alla sensibilità all'insulina.

Il cromo può diminuire quando si consumano zuccheri raffinati e prodotti a base di farina bianca, e quando non si fa esercizio fisico.

RAME:

Il rame è un fattore importante nella produzione dell'emoglobina, delle strutture del collagene (fra cui articolazioni e arterie) e dell'energia. La carenza di rame è caratterizzata da anemia, stanchezza, ferite che guariscono lentamente, alti livelli di colesterolo e scarsa funzionalità immunitaria. La mancanza di rame produce una marcata elevazione del colesterolo, quindi è stato suggerito che la carenza di rame sia un cofattore importante nella genesi dell'aterosclerosi.

Nell'alimentazione tipica dei paesi industrializzati il rame è presente solo in modo marginale. Sul versante opposto molti, a causa delle tubature dell'acqua foderate di rame, consumano un'eccessiva quantità di rame. Un eccesso di rame è stato collegato alla schizofrenia, a difficoltà di apprendimento, alla sindrome premestruale e all'ansia. Molti dei problemi potenziali del rame possono essere neutralizzati dallo zinco, perchè rame e zinco competono nei confronti dei siti di assorbimento. Se c'è troppo zinco l'assimilazione del rame diminuisce, e viceversa.

In natura gli alimenti ricchi di rame sono anche più ricchi di zinco; noci e leguminose ne sono un buon esempio.

IODIO:

La tiroide aggiunge iodio a un amminoacido, la tirosina, per produrre gli ormoni tiroidei. La carenza di iodio provoca l'ingrossamento della tiroide, detto comunemente "gozzo". Quando il livello di iodio è basso nell'alimentazione e nel sangue, le cellule della tiroide si ingrossano, e alla fine l'intera ghiandola si gonfia alla base del collo.

Si pensa che il gozzo affligga più di 200 milioni di persone in tutto il mondo, e in tutti i casi (salvo il 4%) la causa è la carenza di iodio.

Oggi la scarsità di iodio è rarissima nei paesi industrializzati perchè lo iodio viene aggiunto al sale da tavola. L'integrazione con lo iodio è cominciata nel Michigan, dove nel 1924 la percentuale del gozzo era, incredibilmente, del 47%.

Oggi le diagnosi di carenza di iodio sono rare, eppure la percentuale del gozzo è ancora relativamente alta (5-6%) in alcune zone ad alto rischio. Probabilmente in queste popolazioni il gozzo è la conseguenza di un eccesso nel consumo di alcuni alimenti, soprattutto quando vengono mangiati crudi, che bloccano l'utilizzazione dello iodio.

Questi alimenti comprendono rape, cavolo, senape, fagioli di soia, pinoli e miglio.

Gli alimenti di origine marina, fra cui le alghe come il kelp, sono le fonti naturali più ricche di iodio. Tuttavia la maggior parte dello iodio proviene dall'uso di sale iodato (70 microgrammi di iodio per grammo di sale). In confronto il sale marino contiene poco iodio. Il consumo di sale è elevato, quindi si pensa che il consumo medio di iodio sia circa 600 microgrammi al giorno. In realtà troppo iodio può inibire la sintesi tiroidea. Per questo, dato che l'unica funzione nota dello iodio nell'organismo è la sintesi degli ormoni tiroidei, lo iodio introdotto con l'alimentazione o con l'integrazione non dovrebbe superare il milligrammo (1.000 microgrammi) al giorno.

FERRO:

Il ferro è un altro dei minerali più importanti per la vita umana. Ha un ruolo fondamentale nella molecola di emoglobina dei nostri globuli rossi, in cui trasporta ossigeno dai polmoni ai tessuti corporei e ossido di carbonio dai tessuti ai polmoni. Inoltre il ferro partecipa alla produzione e al metabolismo dell'energia, fra cui la sintesi del DNA, per mezzo di numerosi enzimi chiave. La carenza di ferro è una delle carenze alimentari più comuni. I gruppi più esposti al rischio di carenza sono i bambini sotto i due anni di età, le adolescenti, le donne incinte e gli anziani.

Alcune ricerche hanno trovato indicazioni di una carenza di ferro nel 30-50% dei soggetti di questi gruppi. Per esempio si è riscontrato un certo grado di carenza di ferro nel 35-58% delle donne giovani e sane. In gravidanza la percentuale è ancora più elevata. La carenza di ferro può essere dovuta a un aumento del fabbisogno di ferro, a un calo del consumo alimentare, a una diminuzione nell'assimilazione o nell'utilizzo del ferro, a una perdita di sangue o a una combinazione di questi fattori. Il fabbisogno di ferro aumenta durante i periodi di crescita veloce nell'infanzia e nell'adolescenza, in gravidanza e nell'allattamento. Oggi la maggior parte delle donne incinte riceve supplementi di ferro in gravidanza, perchè il fabbisogno di ferro, che è molto elevato, in genere non viene soddisfatto dalla sola alimentazione.

Un consumo inadeguato di ferro è comune in molte parti del mondo, soprattutto nelle zone in cui l'alimentazione è prevalentemente vegetariana. La dieta infantile dei paesi industrializzati (che è ricca di latte e cereali) è anch'essa scarsa di ferro.

Un adolescente che mangia soprattutto merendine confezionate è ad alto rischio di carenza di ferro. Comunque il gruppo a maggior rischio di carenza alimentare di ferro è la popolazione anziana, in particolare a causa del calo nell'assimilazione del ferro.

Spesso la ridotta assimilazione è dovuta a una mancanza di acido cloridrico nello stomaco, una condizione comunissima negli anziani. Fra le altre cause di minore assimilazione ci sono la diarrea cronica, il malassorbimento intestinale, la rimozione chirurgica dello stomaco e l'uso di antiacidi. La perdita di sangue è la causa più comune di carenza di ferro nelle donne in età feconda, in genere a causa dell'eccessiva emorragia mestruale. È interessante notare, tra l'altro, che proprio la carenza di ferro è una causa molto comune di mestruazioni molto abbondanti. Altre cause frequenti di perdita di sangue comprendono le emorragie dovute alle ulcere peptiche, alle emorroidi o le donazioni di sangue.

Gli effetti negativi della carenza di ferro sono dovuti in gran parte al mancato rifornimento di ossigeno ai tessuti e alla minore attività degli enzimi che hanno bisogno di ferro per funzionare. La mancanza di ferro può provocare anemia, mestruazioni troppo abbondanti, difficoltà di apprendimento, calo della funzionalità immunitaria, calo di energia e di prestazioni fisiche.

L'anemia è una patologia in cui il sangue è carente di globuli rossi o dell'emoglobina (che contiene ferro) dei globuli rossi. La funzione primaria dei globuli rossi è quella di trasportare l'ossigeno dai polmoni ai tessuti organici e di scambiarlo col biossido di carbonio. I sintomi dell'anemia, fra cui l'estrema stanchezza, riflettono il fatto che i tessuti ricevono insufficiente ossigeno, e che quindi nell'organismo si accumula biossido di carbonio. Anche se la carenza di ferro è la causa più comune dell'anemia, questa è solo l'ultimo stadio della carenza. Gli enzimi ferrosi coinvolti nella produzione e nel metabolismo dell'energia sono i primi ad essere danneggiati dalla scarsità di ferro.

La ferritina sierica è il test di laboratorio più efficace per misurare le scorte di ferro dell'organismo. Le ricerche hanno dimostrato chiaramente che anche una lieve anemia da carenza di ferro riduce la capacità produttiva e le prestazioni fisiche.

Indagini nutrizionali indicano che la mancanza di ferro è un grave ostacolo per la salute e la capacità lavorativa, e quindi una fonte di danno economico per l'individuo e la società. La supplementazione alimentare con ferro ha migliorato rapidamente la capacità lavorativa di soggetti già carenti di ferro. Il calo delle prestazioni fisiche dovute alla carenza di ferro non dipende da una vera e propria anemia. Anche in questo caso gli enzimi che utilizzano ferro, attivi nella produzione e nel metabolismo dell'anemia, vengono danneggiati molto prima che l'anemia si manifesti.

Ci sono due forme di ferro alimentare, eme e non eme. Il ferro eme è ferro legato all'emoglobina e alla mioglobina. Si trova negli alimenti di origine animale ed è la forma di ferro che viene assimilata in modo più efficiente. Il ferro non eme è presente negli alimenti vegetali, e in confronto al ferro eme è male assorbito dall'organismo.

MANGANESE:

Il manganese è attivo in molti sistemi enzimatici, fra cui gli enzimi impegnati nel controllo dello zucchero ematico, nel metabolismo dell'energia e nella funzionalità ormonale della tiroide. Il manganese è attivo anche nell'enzima antiossidante superossidodismutasi (SOD), che previene gli effetti dannosi dei superossidi, i radicali liberi che distruggono i componenti delle cellule. Senza SOD le cellule sono altamente vulnerabili alle lesioni e all'infiammazione. È stato dimostrato che l'integrazione con manganese incrementa l'attività del SOD, il che indica un aumento dell'attività antiossidante.

Nella pratica clinica il manganese viene usato per curare distorsioni e infiammazioni. Ci sono indicazioni evidenti del fatto che persone che soffrono di artrite reumatoide e (presumibilmente) di altre patologie infiammatorie croniche abbiano un maggior fabbisogno di manganese (finora non sono stati effettuati test per l'artrite reumatoide, ma l'integrazione sembra ugualmente opportuna).

Una carenza di manganese è stata collegata anche all'epilessia. Questo rapporto è stato suggerito per la prima volta nel 1963, quando è stato osservato che i topi carenti di manganese erano più esposti alle convulsioni rispetto agli animali in cui il manganese era abbondante; inoltre gli animali scarsi di manganese avevano tracciati cerebrali simili a quelli dell'epilessia. Questa osservazione ha suggerito di esaminare il tasso di manganese degli epilettici: sono stati riscontrati bassi livelli di manganese nel sangue e nel capello (e i pazienti che hanno livelli minori hanno il maggior tasso di convulsioni). Il manganese è molto importante nella funzionalità cerebrale, perchè è il minerale fondamentale nell'utilizzo del glucosio all'interno dei neuroni e nel controllo dei neurotrasmettitori. È evidente, quindi, che per garantire una funzionalità ideale del sistema nervoso centrale è necessario mantenere un buon livello di manganese.

Un'alimentazione ricca di manganese oppure un'integrazione di manganese possono essere utili, almeno in alcuni soggetti, per tenere sotto controllo la loro tendenza alle convulsioni. Si pensa che la maggior parte dei soggetti richieda 2-5 mg di manganese al giorno. Questo quantitativo può essere raggiunto facilmente mangiando noci e cereali integrali, che sono le migliori fonti naturali di manganese.

MOLIBDENO:

Il molibdeno è un componente di numerosi enzimi, fra cui quelli attivi nella detossificazione dell'alcol, nella formazione dell'acido urico e nel metabolismo dello zolfo.

È stato suggerito che una carenza di molibdeno possa essere la causa della sensibilità ai solfuri, perchè la solfito ossidasi, l'enzima che detossica i solfuri, dipende dal molibdeno.

In genere una normale alimentazione equilibrata contiene dai 50 ai 500 microgrammi di molibdeno al giorno. Leguminose e cereali integrali sono le fonti più ricche di questo elemento.

SELENIO:

Il selenio, che è un componente dell'enzima antiossidante glutatione perossidasi, agisce insieme con la vitamina E per prevenire il danno provocato dai radicali liberi alle membrane cellulari. La scarsità di selenio aumenta il rischio di cancro, malattie cardiovascolari, malattie infiammatorie e altre patologie legate ai danni da radicali liberi, fra cui l'invecchiamento precoce e la cataratta.
In quantità elevate il selenio può essere tossico. Le fonti migliori sono: noci, orzo, avena, riso integrale, rape e aglio.

SILICIO:

Il silicio contribuisce alla formazione del reticolo di fibre di collagene da cui dipendono in larga misura la forza e l'integrità del tessuto connettivo che costituisce la matrice dell'osso. La concentrazione di silicio aumenta nelle zone di calcificazione nell'osso che cresce, quindi può darsi che questo processo sia collegato alla presenza di determinati livelli di silicio.
Non si sa se l'alimentazione tipica dei paesi industrializzati contenga silicio in quantità adeguate. Nelle persone che soffrono di osteoporosi, o nelle situazioni in cui si desidera accelerare la rigenerazione ossea, è probabile che il fabbisogno di silicio aumenti.
Il modo migliore per soddisfarlo è aumentare il consumo di cereali integrali, che sono una ricca fonte di silicio assimilabile.

VANADIO:

Gli esperti non sanno ancora se il vanadio è un minerale traccia essenziale nell'alimentazione umana. È stato suggerito che operi nel metabolismo ormonale, del colesterolo e dello zucchero ematico, ma non sono stati segnalati segni specifici di carenza. Alcuni scienziati hanno ipotizzato che una carenza di vanadio possa contribuire ad elevare i livelli di colesterolo e a determinare uno squilibrio dello zucchero ematico, che si manifesta come diabete o come ipoglicemia. Le cose sono rese più difficili dal fatto che il vanadio è presente nell'organismo in diverse forme.
Il vanadio può essere relativamente tossico e non ha una funzione evidente nel nostro metabolismo, quindi non sembra che ci sia motivo, per ora, di assumere supplementi alimentari, anche se un'integrazione di vanadio ha dato risultati impressionanti nei topi diabetici. Fino a che i dati non saranno più completi è meglio evitare i supplementi di vanadio. Si sospetta che un suo eccesso possa costituire un fattore nella sindrome

maniaco-depressiva, perché sono stati trovati alti livelli di vanadio nei capelli di pazienti maniaci, e questi valori ridiscendono alla norma con la guarigione.
Il vanadio, come ione vanadato, è un potente inibitore della pompa sodio-potassio; è stato segnalato che il litio, medicinale d'elezione per la sindrome maniaco-depressiva, riduce questa inibizione.
Le fonti migliori di questo minerale sono: grano saraceno, prezzemolo, fagioli di soia, carote e cavolo. Alcuni studi hanno dimostrato che oltre il 95% del vanadio ingerito non viene assimilato.

ZINCO:

Lo zinco entra nella composizione di oltre duecento enzimi del nostro organismo, è attivo in un numero di reazioni enzimatiche maggiore di qualsiasi altro minerale.
La carenza grave di zinco è molto rara nei paesi industrializzati, ma molte persone soffrono di carenza marginale. Questo è vero soprattutto per la popolazione anziana. La carenza marginale si manifesta con aumento di suscettibilità alle infezioni, ferite lente a guarire, sensi dell'olfatto e del gusto meno acuti e problemi di pelle.
Un livello adeguato di zinco nei tessuti è indispensabile per la funzionalità del sistema immunitario: la carenza di zinco aumenta la suscettibilità alle infezioni.
Lo zinco sembra fondamentale anche per consentire al timo (la ghiandola a secrezione interna, in correlazione con tiroide, ipofisi e surreni) la sintesi e la secrezione degli ormoni timici, e per proteggere la stessa ghiandola dal danno cellulare.
Molti difetti immunitari collegati all'età sono reversibili con un'integrazione di zinco, il che sottolinea ancora più decisamente l'importanza di questo nutriente per gli anziani. Oltre a stimolare il sistema immunitario, lo zinco inibisce i virus.
Lo zinco è essenziale per mantenere in buone condizioni la capacità visiva, il gusto e l'olfatto, e una carenza di zinco diminuisce questi sensi. Spesso la cecità crepuscolare è dovuta a una deficienza di zinco. La perdita del senso del gusto e/o dell'odorato è una lamentela comune negli anziani. È stato dimostrato che almeno in alcuni soggetti l'integrazione di zinco rende più acuti il gusto e l'olfatto.
Lo zinco è necessario per la sintesi delle proteine e la crescita delle cellule, e quindi per la guarigione delle ferite. È stato dimostrato che la supplementazione con lo zinco accelera la guarigione delle ferite, mentre una carenza di zinco la ritarda. Dosi elevate di zinco stimolano la sintesi delle proteine e la ricrescita delle cellule dopo qualsiasi genere di trauma (scottature, interventi chirurgici, ferite).
Lo zinco è essenziale per la funzionalità degli ormoni sessuali maschili e della prostata. Forse la diffusa carenza di zinco è collegata all'alta incidenza di ingrossamenti della

prostata che si registra in Occidente. Si pensa che il 50-60% degli uomini fra i 40 e i 59 anni abbiano la prostata ingrossata. È stato dimostrato che i supplementi di zinco riducono il volume della prostata e i relativi sintomi in molti pazienti. L'infertilità maschile può essere provocata da una carenza di zinco, che fa diminuire il numero degli spermatozoi.

L'importanza dello zinco nella funzionalità cutanea è ben nota. I livelli sierici di zinco sono minori nei maschi di 13-14 anni più che in qualsiasi altro gruppo di età, e questo gruppo è anche il più esposto all'acne. Durante la pubertà il fabbisogno di zinco aumenta per l'incremento della produzione ormonale. Alcuni ricercatori pensano che la carenza di zinco sia responsabile dell'acne puberale. Numerosi studi in doppio cieco hanno confermato questa ipotesi, perché i supplementi di zinco combattono l'acne con più efficacia rispetto alla tetraciclina ma senza i suoi effetti secondari. Sembra che lo zinco sia in grado di normalizzare alcuni dei fattori ormonali responsabili dell'acne.

Per godere di una perfetta salute è necessario che i livelli di zinco siano quelli ideali. Anche se la carenza grave di zinco è rarissima, l'alimentazione ne è spesso povera.

Lo zinco è presente in buone quantità, oltre che nelle ostriche, nel pesce e nelle carni rosse, nei cereali integrali, nelle leguminose, nelle noci e nei semi.

MINERALI PER IL TIPO 0

Nell'alimentazione di tipo 0 il latte e i formaggi sono quasi del tutto assenti e pertanto l'apporto di calcio rischia di essere inferiore al necessario. Il ricorso all'integrazione è quindi d'obbligo, ancor più considerando che i soggetti di tipo 0 hanno la tendenza a soffrire di artrite. L'assunzione di calcio ad alte dosi (600-1.100 mg di calcio elementare al giorno) è consigliabile a tutte le persone di tipo 0, ma soprattutto ai bambini durante i periodi di massima crescita (dai due ai cinque anni e dai nove ai sedici anni), e alle donne dal periodo della menopausa in poi.

Il latte e i latticini sono sicuramente la fonte alimentare di calcio più importante, ma non l'unica. Per questo le persone con sangue di gruppo 0 dovrebbero sforzarsi di consumare gli alimenti raccomandati più ricchi di questo prezioso minerale, come broccoli, cavolo verde, sardine e salmone.

Un altro fattore da non sottovalutare è la tendenza ad avere un metabolismo lento che porta ad ingrassare. Questo problema è dato principalmente dalla tiroide, che a causa di una carenza di iodio provoca molti disturbi, come la tendenza al sovrappeso, la ritenzione idrica e la stanchezza. Lo iodio è l'unico minerale indispensabile per la produzione degli ormoni tiroidei. Gli unici integratori consigliabili (e privi di effetti collaterali) contenenti iodio sono le alghe, soprattutto l'alga kelp. Inoltre il fabbisogno di iodio può essere rimpiazzato mangiando cibi che ne sono ricchi. Per esempio, pesce, frutti di mare e sale iodato (con moderazione).

I cereali integrali e i legumi sono alimenti ricchi di manganese. Dato che questi alimenti non devono essere consumati in eccesso, si rischia purtroppo di assumerne poco. In genere ciò non costituisce un problema, tant'è vero che i casi in cui è bene consigliare integratori di manganese sono rari. Va però sottolineato che un considerevole numero di persone affette da artrosi (specie al ginocchio e alla schiena) ha tratto grandi benefici da un'integrazione a base di manganese. Ma attenzione: non prendete iniziative senza prima esservi consultati con un medico o un naturopata, perchè questo minerale, se assunto in modo scorretto, può provocare pericolose intossicazioni.

MINERALI PER IL TIPO A

Visto che l'alimentazione di tipo A prevede il consumo di alcuni prodotti caseari, la necessità di ricorrere agli integratori a base di calcio non è spiccata come per il tipo 0.
Tuttavia è bene assumere 300-600 mg di calcio elementare al giorno a partire dalla mezza età. Non tutti gli integratori vanno bene: i meno efficaci sono quelli a base di carbonato di calcio perchè in questa formulazione il minerale viene assorbito bene solo in presenza di un'acidità gastrica elevata. In linea di massima, le persone di tipo A tollerano il gluconato di calcio, assorbono un pò meglio il citrato di calcio e decisamente bene il lattato di calcio. Le fonti alimentari migliori sono: yogurt, salmone, sardine, bevanda di soia, uova e broccoli.

Purtroppo l'alimentazione di tipo A è carente di ferro, minerale che abbonda soprattutto nella carne. Le donne, specialmente quelle in età fertile e con mestruazioni abbondanti, potrebbero aver bisogno di ricorrere agli integratori. In questo caso è preferibile consigliarsi con un medico o un naturopata perchè assumere integratori per periodi troppo prolungati non va bene. Alcuni integratori, come quelli a base di solfato di ferro, possono irritare lo stomaco, mentre il citrato di ferro va decisamente meglio.
Le fonti alimentari migliori sono: cereali integrali, fagioli, fichi, melassa e lenticchie.
Molti medici e naturopati hanno constatato che una piccola integrazione a base di zinco (3 mg al giorno) può proteggere i bambini nei confronti delle infezioni alle orecchie. Questo minerale, purtroppo, è un'arma a doppio taglio: mentre a piccoli dosaggi stimola il sistema immunitario, a dosaggi più elevati e prolungati nel tempo ha l'effetto opposto e interferisce con l'assorbimento di altri minerali. Quindi lo zinco non va considerato con leggerezza e deve essere assunto sotto il controllo di una persona esperta. Le fonti alimentari migliori sono: uova e legumi.

Tra i minerali più potenti come antiossidanti, il selenio è al primo posto. Dato che i soggetti di tipo A hanno la tendenza a sviluppare tumori dello stomaco, a piccoli dosaggi questo minerale risulta totalmente benefico. Ma anche in questo caso un'autoprescrizione è del tutto sconsigliato, perchè questo minerale è tossico se preso in quantità eccessive. Le fonti alimentari migliori sono: broccoli, cipolle, fagioli, tonno e uova.

Una patologia che colpisce spesso i soggetti di gruppo A è il diabete. È stato osservato che un'integrazione a base di cromo può migliorare la tolleranza dell'organismo nei confronti del glucosio e quindi aumentare l'efficienza dell'insulina. Purtroppo le conoscenze circa gli effetti di un'integrazione a base di cromo per lunghi periodi di tempo sono ancora troppo scarse e quindi non è possibile sfruttare questa possibilità per lungo tempo. L'alimentazione elaborata per il tipo A costituisce comunque una buona forma di prevenzione.

MINERALI PER IL TIPO B

Mentre le persone appartenenti agli altri gruppi sanguigni necessitano, in genere, di assumere integratori a base di calcio, quelle di tipo B devono tenere d'occhio i livelli di magnesio. Questo minerale è di estrema importanza perchè contribuisce a far funzionare bene numerosi processi metabolici come, per esempio, quelli che riguardano i carboidrati.

Quando il magnesio scarseggia, possono comparire disturbi come facile stancabilità, depressione, scarsa resistenza alle infezioni. In tali condizioni può essere utile un ciclo di integrazione, ma sempre dietro consiglio medico o di un naturopata. Si può comunque incrementare in ogni momento la scorta di magnesio attraverso l'alimentazione.

Le fonti alimentari migliori sono: tutti gli ortaggi a foglia verde, cereali, legumi e frutta secca.

MINERALI PER IL TIPO AB

Per quanto riguarda la scelta dei minerali più idonei, prevale la caratteristica di tipo A. Anche per i bambini appartenenti a questo gruppo, un'integrazione di piccoli dosaggi di zinco può essere d'aiuto per proteggerli dalle infezioni alle orecchie. Le fonti alimentari migliori sono: tacchino, uova e legumi. Anche il tipo AB, come il tipo A, ha la tendenza a sviluppare tumori dello stomaco. Una lieve integrazione di selenio (sotto il controllo di un medico o naturopata) può essere d'aiuto in questi casi. Le fonti alimentari migliori sono: broccoli, cipolle, fagioli, tonno e uova.

CAPITOLO IX: GRUPPI SANGUIGNI E INTEGRATORI ERBORISTICI

<u>INTEGRATORI ERBORISTICI PER IL TIPO 0</u>

L'elevata acidità dei succhi gastrici caratteristica delle persone di tipo 0, può comportare il rischio di irritazioni e ulcere allo stomaco. In quest'ambito la liquirizia può risultare decisamente benefica poichè contiene delle sostanze chiamate flavonoidi che esplicano un'attività protettiva e antispastica sulle pareti dello stomaco. Per sfruttare senza alcun rischio queste proprietà bisogna cercare prodotti contenenti liquirizia pura sottoposta a particolari trattamenti in grado di eliminare la glicirrizina, sostanza responsabile di ritenzione idrica e aumento della pressione sanguigna. Il fucus è un altro integratore molto utile alle persone di tipo 0 tendenti ad ingrassare, perchè contiene elementi, tra cui iodio (importante per la tiroide) e abbondanti quantità di fucosio, uno zucchero che contribuisce a proteggere la mucosa gastrica dall'attacco dell'Helicobacter pylori, un batterio responsabile di infiammazioni e ulcerazioni dello stomaco. Il fucosio cattura il germe proprio come farebbe un nastro adesivo con dei granelli di polvere: esso, infatti, aderisce alle strutture che l'Helicobacter pylori utilizza per ancorarsi alla mucosa gastrica, mettendole fuori uso. Il fucus, grazie alla particolare ricchezza di iodio, può contribuire a regolarizzare il peso corporeo nelle persone di tipo 0 affette da insufficienza tiroidea. (Attenzione: il fucus svolge un effetto dimagrante solo nei soggetti di tipo 0 e B tendenti ad ingrassare).
I soggetti di tipo 0 che non sono abituati a seguire un'alimentazione particolarmente ricca di proteine, potrebbero avere bisogno di aiutare un pò la digestione ricorrendo all'assunzione di enzimi pancreatici. Quest'ultimi andranno utilizzati fino a quando il vostro apparato digerente non comincia ad abituarsi al nuovo regime alimentare.

<u>INTEGRATORI ERBORISTICI PER IL TIPO A E AB</u>

Il biancospino è un ottimo tonico cardiovascolare che dovrebbe essere utilizzato dalle persone di tipo A e AB, soprattutto quelli che hanno genitori già sofferenti di disturbi circolatori o cardiaci. Le sostanze contenute nell'estratto di biancospino aumentano l'elasticità delle arterie, riducono lo spasmo delle coronarie, migliorano l'afflusso di sangue al cuore, ne rinforzano il battito e contribuiscono ad abbassare lievemente la pressione. Secondo studi condotti in Germania questo prodotto fitoterapico sembra privo di effetti collaterali. I soggetti di tipo A e AB hanno un sistema immunitario troppo tollerante nei confronti di alcuni batteri e virus. Le erbe che riescono a dare una scossa, come l'echinacea purpurea, contribuiscono a tenere lontani influenze e raffiedori, e anche a ripulire l'organismo dalle cellule danneggiate che possono degenerare. Un altro tonico efficace sul sistema immunitario è l'astragalo, un'erba cinese facilmente reperibile nei negozi specializzati. Echinacea ed astragalo contengono degli zuccheri che stimolano la riproduzione dei globuli bianchi, le cellule del sangue impegnate in prima linea nella difesa dell'organismo. Invece gli infusi di camomilla e di valeriana agiscono come potenti antistress ed è quindi bene assumerli frequentemente.

La quercetina è un bioflavonoide che abbonda in molti ortaggi, ma soprattutto nelle cipolle gialle e nelle mele. Questa sostanza ha un'attività antiossidante più potente della vitamina E, efficace nel contribuire ad aumentare le difese nei confronti dei tumori. Come la quercetina, anche il cardo mariano svolge un'attività antiossidante, ma con una particolarità: esso si concentra soprattutto nel fegato e nelle vie biliari.

Le persone di tipo A e AB con disturbi del fegato e della cistifellea, e quelli che hanno genitori affetti da problemi di questo tipo, dovrebbero assumere con regolarità il cardo mariano, sotto forma di infuso oppure di integratore in capsule.

L'ananas contiene un enzima chiamato bromelina, in grado di alleviare il gonfiore gastrico dovuto a una cattiva digestione delle proteine. I soggetti di tipo A e AB che da un'alimentazione mista passano a un'alimentazione vegetariana, possono avere, nei primi tempi, problemi di gonfiore gastrico e meteorismo. In questi casi l'assunzione di fermenti lattici, soprattutto se contenenti Bifidobatteri, può contribuire a risolvere il problema.

<u>INTEGRATORI ERBORISTICI PER IL TIPO B</u>

La liquirizia per i soggetti di tipo B è quattro volte benefica: aiuta a combattere le ulcere gastriche, agisce come antivirale nei confronti del virus erpetico, può risultare utile nella sindrome da affaticamento cronico e contribuisce ad evitare l'ipoglicemia.

Se appartenete al gruppo sanguigno B e soffrite di ipoglicemia, potete tranquillamente bere dopo il pasto una tazza di infuso di liquirizia. Se invece il vostro problema è l'affaticamento cronico, è meglio che vi affidiate alle preparazioni erboristiche, ma solo sotto la supervisione di un esperto.

CAPITOLO X: GRUPPI SANGUIGNI E ANTIBIOTICI

PRO E CONTRO DEGLI ANTIBIOTICI

L'uso indiscriminato degli antibiotici costituisce uno dei problemi più seri della medicina perché responsabile della selezione di ceppi di batteri resistenti. E pensare che seguendo un'alimentazione appropriata ed evitando lo stress sarebbe possibile ridurre drasticamente il ricorso a questi farmaci.

Quando un germe penetra nel nostro organismo deve passare un pò di tempo prima che il sistema immunitario si metta in moto. È un pò come chiamare il 118 in situazioni d'emergenza: tutti sappiamo benissimo che i soccorritori non arriveranno immediatamente. Gli antibiotici, invece, raggiungono i responsabili dell'infezione in un batter d'occhio, ma al tempo stesso tolgono la comunicazione con il 118 del nostro organismo: il sistema immunitario. In pratica questi farmaci "spengono" la risposta immunitaria perchè non ne hanno bisogno: possono combattere l'infezione da soli.

Non appena la temperatura sale oltre i 38 gradi molti si affrettano a smorzare la febbre con gli antibiotici, dimenticando che il rialzo termico è un segno estremamente utile poichè indica che l'organismo sta spendendo una grande quantità di energia per debellare il nemico (in altre parole, il rialzo termico è un mezzo di autodifesa del nostro organismo).

Molti studi hanno dimostrato che la maggior parte delle persone sono in grado di affrontare e vincere le infezioni più comuni senza bisogno degli antibiotici. Questi farmaci, infatti, immobilizzano o uccidono gran parte dei responsabili del disturbo, ma il colpo di grazia lo danno al sistema immunitario. Permettendo invece all'organismo di affrontare la battaglia con le proprie armi egli riesce a memorizzare con grande efficacia le caratteristiche antigeniche del nemico e ad elaborare anticorpi estremamente specifici che, in caso di nuovo assalto, entreranno rapidamente in funzione.

Spesso l'uso prolungato di antibiotici altera il normale equilibrio della flora batterica intestinale, provocando diarrea oppure facilitando lo sviluppo di infezioni da lieviti.

L'uso di integratori a base di Bifidobatteri e Lattobacilli contribuiscono a prevenire questi disturbi.

Ovviamente ci sono battaglie che devono per forza essere combattute con gli antibiotici. In questo caso è facile che vi venga prescritta anche l'assunzione di bromelina, enzima che aiuta l'antibiotico a penetrare meglio nei tessuti infetti. Visto che la bromelina viene estratta dall'ananas, anzichè assumere altri farmaci che la contengono, potete aiutarvi mangiando o bevendo il succo di questo frutto.

Un altro aspetto molto importante riguarda il tipo di antibiotico più adatto nel singolo caso: non tutte le infezioni possono essere trattate con i medesimi farmaci perchè ogni antibiotico ha uno spettro d'azione abbastanza specifico (lo spettro d'azione dipende molto dalla grandezza della molecola, più è grande, minore sarà lo spettro d'azione). Tuttavia, all'interno di queste limitazioni, bisogna tener conto anche di altri fattori tra i quali, in prima linea, va ricordato il gruppo sanguigno.

Resta comunque il fatto che solo il medico possiede gli strumenti necessari per compiere queste scelte: in tema di terapia con antibiotici è sicuramente da bandire ogni autoprescrizione.

GLI ANTIBIOTICI PER IL TIPO 0

Il sistema immunitario delle persone di tipo 0 è molto sensibile agli antibiotici appartenenti alla classe delle penicilline, che andrebbero quindi evitate, mentre i sulfamidici possono a volte determinare la comparsa di arrossamenti cutanei transitori.

Tra gli antibiotici poco adatti ci sono anche i macrolidi come, per esempio, l'eritromicina, la spiramicina e la claritromicina che possono accentuare la tendenza al sanguinamento, ancor più se contemporaneamente si assumono farmaci anticoagulanti.

Gli antibiotici appartenenti alla classe delle cefalosporine, hanno un meccanismo d'azione simile alle penicilline, ma con minori effetti collaterali, e pertanto, sono meglio tollerati.

GLI ANTIBIOTICI PER IL TIPO A

Le persone di tipo A reagiscono molto bene agli antibiotici appartenenti alla classe delle cefalosporine e, in molti casi, anche alle penicilline e ai sulfamidici. Questi antibiotici sono preferibili alle tetracicline e ai macrolidi più recenti. Quest'ultimi, infatti, potrebbero provocare disturbi digestivi e interferire con il metabolismo del ferro.

Se fosse proprio necessario ricorrere a un macrolide, meglio orientarsi su prodotti più vecchi come, per esempio, l'eritromicina.

GLI ANTIBIOTICI PER IL TIPO B E AB

Le persone di tipo B e AB dovrebbero evitare di assumere antibiotici appartenenti alla classe dei fluorchinolonici come la norfloxacina, la ciprofloxacina, l'enoxacina e la pefloxacina. Se queste precauzioni non fossero praticabili, sorvegliate attentamente le reazioni del vostro fisico, pronti a cogliere i primi segni di effetti indesiderati come, per esempio, disturbi della vista, confusione, capogiri o insonnia. In questi casi avvertite immediatamente il vostro medico curante.

Non tutte le persone di tipo B e AB in cura con fluorchinolonici svilupperanno effetti indesiderati: semplicemente in questi gruppi sanguigni si riscontrano con una frequenza superiore.

ANTIBIOTICI E CURE DENTALI

Le persone con difetti a carico delle valvole cardiache devono assumere antibiotici prima di sottoporsi ad interventi odontoiatrici. Si tratta di una misura preventiva per impedire che i batteri insediati a livello dei denti ammalati vadano a localizzarsi sulla valvola difettosa, creando seri problemi al cuore.

Certi dentisti, soprattutto nei paesi anglosassoni, hanno esteso questa indicazione anche alle persone che non hanno difetti valvolari e tendono ad utilizzare sempre la profilassi antibiotica.

Se per qualsiasi motivo non volete assumere antibiotici, o se siete allergici e volete evitare complicazioni, provate ad usare l'idraste, un rimedio erboristico dotato di una certa attività antistreptococcica.

CAPITOLO XI: GRUPPI SANGUIGNI E MALATTIE

A questo punto sarete certamente consci del forte legame che unisce i gruppi sanguigni e la salute, e spero che siate anche convinti della possibilità di poter controllare e migliorare il vostro benessere fisico e mentale.
Da millenni l'uomo utilizza rimedi naturali per affrontare svariati tipi di disturbi. Quando uno sciamano o uno stregone preparava un rimedio, esso non conteneva solo sostanze atte a guarire, ma anche una forte componente spirituale. Il rimedio poteva essere maleodorante e anche repellente, ma racchiudeva in sè una sorta di magia e proprio per questo il paziente l'assumeva di buon grado. Gli anni sono passati, ma ben poco è cambiato! I medici di oggi prescrivono una grande quantità di farmaci e noi ne siamo diventati quasi dipendenti. Si tratta certo di un grosso problema, ma, a differenza di altri naturopati che rifiutano in blocco la medicina tradizionale, ritengo che la questione possa essere guardata da un'angolazione diversa e sicuramente in maniera più flessibile.
Con lo stile di vita che abbiamo la farmacologia di pronto intervento è fondamentale. Immaginate di avere un infarto o un'epatite acuta. Cosa fate? Vi prendete un integratore? Vi prendete una tisana? O forse è meglio andare al pronto soccorso per farci somministrare quei farmaci che al momento ci salverebbero dalla morte?
Ciò che realmente occorre è considerare questi rimedi, o per lo meno molti di essi, nella giusta prospettiva: cioè come veleni. Nel corso dei secoli la ricerca farmacologica ne ha selezionati o creati molti che possono essere di grande utilità perchè capaci di agire in modo selettivo su quello che non funziona. Altri, invece, sono meno specifici e quindi mentre operano possono creare dei danni. Basta pensare, per esempio, ai farmaci usati dagli oncologi per combattere i tumori: essi sono sì in grado di uccidere le cellule maligne, ma spesso non sono capaci di risparmiare quelle sane.
Il progresso ha messo a nostra disposizione una grande varietà di farmaci efficaci e prescritti in tutto il mondo da migliaia di medici. Ma siamo realmente sicuri di utilizzare nel modo migliore antibiotici e vaccini? Come fare a sapere quale farmaco è più indicato per noi e per i nostri familiari?
Ancora una volta la risposta si trova dentro di noi, nel nostro gruppo sanguigno.

FARMACI E INTEGRATORI ERBORISTICI DI AUTOMEDICAZIONE

I malesseri più comuni e ricorrenti, dal mal di testa ai dolori articolari o all'indigestione, possono essere affrontati con successo utilizzando farmaci acquistabili senza bisogno di presentare la ricetta medica.
Nella maggior parte dei casi, però, esistono alternative naturali dotate di un'efficacia simile, se non addirittura superiore. Bisogna anche tener conto dei potenziali pericoli legati a un uso indiscriminato di questi farmaci di automedicazione.

- L'acido acetilsalicilico è dotato di proprietà antiaggreganti che possono creare dei problemi nelle persone di tipo 0 il cui sangue è già naturalmente più fluido della norma. In più i farmaci che contengono questo principio attivo (antinfluenzali, antidolorifici) possono mascherare sintomi che indicano la presenza di un'infezione o di altre malattie.
- Gli antistaminici utilizzati per curare i disturbi allergici possono aumentare la pressione arteriosa, provocare sonnolenza e ingrossamento della prostata.
- L'abuso di lassativi spesso causano stipsi e risultano particolarmente dannosi per le persone affette dal morbo di Crohn, una malattia che predilige i soggetti di tipo 0.
- I farmaci contro la tosse, il mal di gola e i disturbi bronchiali possono alzare la pressione arteriosa e provocare sonnolenza e capogiri.

Non voglio affatto negare l'utilità di questi farmaci, ma sottolineare l'importanza di assumerli in modo corretto, cioè quando realmente occorrono. Quando soffrite di mal di testa, crampi o altri piccoli disturbi, cercate innanzi tutto di scoprire cosa può averli provocati. Spesso, i maggiori imputati sono proprio l'alimentazione e lo stress. Il procedimento da adottare è semplice. Incominciate a rispondere alle seguenti domande:

- E' possibile che il mio mal di testa sia legato a un'eccessiva tensione fisica o psichica?
- Il mal di stomaco che mi tormenta può essere dovuto a cibi indigesti oppure inadatti al mio gruppo sanguigno?
- La mia sinusite può essere legata alla brutta abitudine di mangiare cibi che provocano un aumento della produzione di muco oppure una liberazione di istamina nell'organismo (come, per esempio, il frumento per il tipo 0)?
- La mia bronchite può essere dovuta alla presenza di un eccesso di muco nelle vie respiratorie?
- Il mio mal di denti è provocato da un'infezione che richiede veramente l'uso di antibiotici?

- I miei disturbi intestinali (stipsi o diarrea) possono essere la conseguenza di un abuso cronico di lassativi?

Non tutte le malattie possono essere affrontate in modo autonomo, anzi, bisogna imparare a rivolgersi ad un professionista al momento giusto, cioè quando i sintomi sono particolarmente fastidiosi o duraturi. Dolore, stanchezza, tosse, febbre, disturbi gastrici e intestinali possono essere campanelli d'allarme che indicano la presenza di problemi ben più seri di un banale malessere. Utilizzando farmaci o integratori senza consultare un professionista, il più delle volte si rischia di attenuare o eliminare il sintomo senza però arrivare alla radice del problema.

I disturbi occasionali, invece, possono essere affrontati egregiamente con rimedi naturali, disponibili in erboristeria o farmacia in varie formulazioni: tinture, estratti, polveri, capsule e infusi. Per sfruttare al meglio le proprietà dell'infuso a base di erbe medicinali, fate bollire un pò d'acqua e lasciate in infusione le erbe per almeno cinque minuti, e poi filtrate.

Qui di seguito troverete una serie di disturbi molto comuni accompagnati dai rimedi naturali più efficaci e da annotazioni che riguardano la loro affinità con i diversi gruppi sanguigni.

- **MAL DI TESTA** (partenio, camomilla, corteccia di salice bianco, damiana, valeriana). La damiana è da evitare per i soggetti di tipo 0.
- **SINUSITE** (fieno greco, timo). Il fieno greco è da evitare per i soggetti di tipo B e AB.
- **ARTRITE** (alfalfa, calcio, impacchi di infuso di rosmarino). L'alfalfa è da evitare per i soggetti di tipo 0.
- **OTITE** (gocce auricolari di aglio e olio d'oliva).
- **MAL DI DENTI** (massaggio gengivale con aglio tritato o con chiodi di garofano).
- **BRUCIORI DI STOMACO, DIGESTIONE DIFFICILE** (bromelina, genziana, idraste, menta piperita, zenzero).
- **CRAMPI ADDOMINALI, FLATULENZA** (infuso di camomilla, infuso di finocchio, infuso di menta piperita, probiotici a base di bifidobatteri, zenzero).
- **NAUSEA** (infuso di radice di liquirizia, pepe di Cayenna, zenzero). Il pepe di Cayenna è da evitare per i soggetti di tipo A.
- **INFLUENZA** (aglio, corteccia di larice, echinacea, idraste, infuso di rosa canina).
- **FEBBRE** (partenio, corteccia di salice bianco, verbena).
- **TOSSE** (marrubio, tiglio). Il tiglio è da evitare per i soggetti di tipo B.
- **MAL DI GOLA** (gargarismi con infuso di fieno greco, gargarismi con infuso di radice di idraste e salvia). Il fieno greco è da evitare per i soggetti di tipo B.

- **BRONCHITE** (infuso di liquirizia, ortica, verbasco, verbena). Il verbasco è da evitare per i soggetti di tipo B.
- **STITICHEZZA** (corteccia di larice, olmo, fibra alimentare*, psillio).
- **DIARREA** (bacche di sambuco, foglia di lampone, integratori a base di lactobacillus acidophilus, mirtilli).

*Le fibre alimentari sono contenute in numerose varietà di frutta, verdura, cereali e legumi.

INTERVENTI CHIRURGICI E GRUPPI SANGUIGNI

Ogni intervento chirurgico, per quanto necessario, è uno choc per l'organismo e non va quindi trascurato, neppure se si tratta di un'operazione poco importante. Per affrontarlo nel migliore dei modi bisogna rinforzare il sistema immunitario.
Le vitamine A e C guariscono la ferita chirurgica più in fretta e limitano la formazione di tessuto cicatriziale. Iniziate la cura preventiva assumendo le due vitamine quattro o cinque giorni prima dell'intervento e proseguitela per almeno una settimana, nel periodo post-operatorio. Le persone che hanno seguito queste raccomandazioni e i chirurghi che li hanno operati sono rimasti stupefatti dalla rapidità della guarigione.
Dal momento che le vitamine vanno assunte a dosaggi abbastanza elevati, non dimenticate di consultare un professionista prima di iniziare il trattamento.

CONSIGLI PER IL TIPO 0

Le persone di tipo 0 spesso vanno incontro a cospicue perdite di sangue nel corso di interventi chirurgici anche poco impegnativi. Prima dell'operazione è bene accertarsi di assumere una giusta quantità di vitamina K, sostanza indispensabile per la coagulazione del sangue. Un'ottima idea è quella di aumentare il consumo di alimenti che ne sono ricchi come, per esempio, verza, cavolo verde, spinaci, alghe, tuorlo d'uovo.
Per rinvigorire le funzioni immunitarie, le persone di tipo 0 dovrebbero aiutarsi con l'esercizio fisico: in questo modo l'organismo riuscirà a superare con maggiore efficienza e rapidità lo stress operatorio.

CONSIGLI PER IL TIPO B

Le persone di tipo B hanno un fisico che reagisce molto bene agli interventi chirurgici. Non essendoci nulla che non possa essere migliorato, consiglio anche a loro l'integrazione con vitamine A e C.
I soggetti affetti da malattie debilitanti dovrebbero preoccuparsi di mantenere in forma il sistema immunitario utilizzando infusi di erbe prima dell'operazione. Ottime, a questo scopo, la bardana e l'echinacea: due o tre tazze d'infuso al giorno per qualche settimana hanno effetti davvero sorprendenti.

CONSIGLI PER IL TIPO A E AB

Le persone di tipo A e AB hanno la tendenza a sviluppare infezioni batteriche dopo l'intervento chirurgico. (Non si tratta di un passaggio obbligato, bensì una situazione molto frequente in questi soggetti). In ogni caso, un'infezione post-operatoria determina un prolungamento dei tempi di ricovero, impone il ricorso agli antibiotici e rallenta la guarigione. Ecco perché è importante imparare a sfruttare nel modo migliore tutti gli accorgimenti che possono rinforzare il sistema immunitario.
Oltre alle vitamine A e C, consiglio di assumere, una o due settimane prima dell'intervento, un integratore a base di vitamina B_{12}, acido folico e ferro. In questo caso l'alimentazione, per quanto sana ed equilibrata, non riesce a fornire all'organismo la quantità di vitamine e minerali che gli occorrono per superare senza problemi l'intervento chirurgico.
Per stimolare al massimo i meccanismi di difesa si possono utilizzare gli infusi di bardana ed echinacea: bevetene due o tre tazze al giorno per qualche settimana.
Un altro rischio è rappresentato dallo stress psicofisico conseguente al trauma chirurgico. Per evitarlo o minimizzarlo, è consigliabile adottare tecniche di rilassamento come il training autogeno o la meditazione.

DOPO L'INTERVENTO CHIRURGICO

Il succo di calendula è un ottimo disinfettante e cicatrizzante: applicato su qualsiasi ferita ne assicura una rapida guarigione. Meglio però, utilizzare il succo e non la tintura madre che contiene una certa quantità di alcol e può pertanto creare qualche fastidio venendo a contatto con la lesione.
Quando la ferita si è cicatrizzata e il chirurgo elimina i punti, l'impiego di una pomata a base di vitamina E contribuirà ad evitare la formazione di cicatrici esuberanti (cheloi-

di). Molte persone usano una preparazione casalinga ottenuta rompendo una capsula di vitamina E, spalmandone il contenuto sulla ferita. Peccato però, che la vitamina formulata per l'assunzione orale sia del tutto inadatta ad agire sulla cute!

PERCHÈ CERTE PERSONE SI AMMALANO E ALTRE NO?

A chi si ammala viene spontaneo chiedersi "perchè proprio io"? A dispetto dei progressi realizzati in campo scientifico, questa domanda resta spesse volte senza risposta. E' chiaro che certe persone risultano maggiormente esposte al rischio di contrarre determinate malattie in base al proprio gruppo sanguigno. Forse è proprio questa la strada da percorrere per scoprire le cause cellulari dei tanti disturbi che ci affliggono e, ovviamente, per porvi anche rimedio.

Da ragazzi avrete sicuramente avuto qualche amico che vi spingeva a fare cose "proibite" come fumare una sigaretta o bere un sorso del whisky di vostro padre. Avete seguito i suoi suggerimenti? Se la risposta è affermativa, vuol dire che eravate predisposti a farvi influenzare dagli altri.

La mancanza di resistenza rappresenta un elemento importante non solo nell'acquisizione di cattive abitudini, ma anche della maggior parte delle malattie che ci affliggono. Molti microbi sono capaci di assumere sembianze apparentemente amichevoli per il sistema immunitario di persone appartenenti a certi gruppi sanguigni. In questo modo riescono a passare inosservati e, una volta insediati nell'organismo, assumono il controllo della situazione.

Vi siete mai chiesti come mai alcune persone stanno sempre bene, mentre altre non riescono a passare un inverno senza collezionare una sfilza di raffreddori o influenze?

La risposta è semplice: le persone che non si ammalano mai spesso seguono, inconsapevolmente un'alimentazione adatta al proprio gruppo sanguigno che le rende particolarmente resistenti nei confronti delle infezioni!

RUOLO DEL GRUPPO SANGUIGNO NELLA PATOGENESI

Molti dei fattori che determinano lo sviluppo delle malattie sono chiaramente influenzati dai diversi gruppi sanguigni. Le persone di tipo A con genitori affetti da malattie cardiovascolari, devono curare la loro alimentazione con particolare attenzione. Il loro sistema digestivo è poco idoneo a digerire bene alimenti come le carni rosse e i grassi saturi, che a lungo andare possono determinare un aumento dei trigliceridi e del colesterolo. Come se non bastasse, i soggetti di tipo A hanno un sistema immunitario molto pigro, e ciò può dar luogo allo sviluppo di un tumore.

Le persone di tipo 0 sono invece molto sensibili alle lectine contenute nel frumento. Esse, infatti, possono reagire con la mucosa che tappezza l'intestino provocando infiammazioni più o meno gravi. Se appartenete al gruppo sanguigno 0 e soffrite di morbo di Crohn oppure di una sindrome dell'intestino irritabile, dovete stare alla larga da questo alimento. Qualche problema potrebbe essere causato anche dal sistema immunitario, molto reattivo, ma anche limitato nel suo campo d'azione. Probabilmente quest'ultimo aspetto è dovuto al fatto che i nostri progenitori di tipo 0 dovevano cimentarsi contro germi abbastanza semplici, mentre oggi, questo gruppo sanguigno incontra qualche difficoltà a combattere virus e batteri dotati di strutture molto più complesse.

Le persone di tipo B, invece, possono essere preda di virus dall'azione lenta, che minano in modo subdolo le difese dell'organismo e si manifestano a distanza di anni dal contagio con malattie come la sclerosi multipla e altri disturbi neurologici.

Le persone di tipo AB tendono ad ammalarsi degli stessi disturbi che colpiscono i soggetti di tipo A.

Ovviamente i fattori che separano la salute dalla malattia sono molteplici. Sostenere che il gruppo sanguigno è l'unico fattore determinante sarebbe troppo semplicistico e folle. Se facessimo bere una tazza di arsenico a diversi soggetti tutti morirebbero. Allo stesso modo tutti i soggetti che sono forti fumatori correrebbero il rischio di sviluppare un tumore dei polmoni. Le linee guida illustrate per i diversi gruppi sanguigni non devono, pertanto, essere interpretate come una panacea, bensì come un mezzo per raggiungere il massimo della forma psicofisica.

Dopo queste doverose precisazioni, possiamo tornare a parlare dei disturbi nei quali è possibile individuare una correlazione con uno o più gruppi sanguigni. In molti casi questa correlazione è più evidente che in altri. Certo, abbiamo ancora molto da imparare, ma ogni giorno che passa ci accorgiamo sempre di più del ruolo che assume il gruppo sanguigno come fattore importante nella predisposizione di alcune patologie. Tratteremo dunque in questa prospettiva le principali affezioni che possono colpire l'organismo, suddividendole nelle seguenti categorie:

- Allergie
- Asma e raffreddore da fieno
- Diabete
- Infezioni
- Malattie autoimmunitarie
- Malattie cardiovascolari
- Malattie correlate all'invecchiamento

- Malattie del sangue
- Malattie dell'apparato riproduttivo femminile
- Malattie dell'infanzia
- Malattie dermatologiche
- Malattie digestive
- Malattie epatiche

I tumori rappresentano un argomento così complesso e specifico che ho dedicato loro un intero capitolo.

ALLERGIE ALIMENTARI

Ritengo che in nessuna branca della medicina si siano accumulate tante falsità in merito alle allergie alimentari. Non a caso, c'è ancora chi sottopone ogni suo paziente a complesse e costose analisi per compilare poi lunghe liste di cibi proibiti perchè causerebbero loro allergie.

I miei stessi pazienti hanno la pessima abitudine di definire ogni tipo di reazione negativa collegata al cibo come "allergica", sebbene nella maggior parte dei casi sarebbe più corretto parlare di "intolleranza". Se avete difficoltà a digerire il lattosio, cioè lo zucchero contenuto nel latte, non siete allergici a questa sostanza: molto più semplicemente, non la tollerate.

La differenza tra queste due condizioni è enorme: un soggetto intollerante al latte spesso può riuscire a berne piccole quantità senza avvertire alcun tipo di disturbo; una persona allergica, invece, si sentirà male anche dopo aver ingerito un solo sorso della bevanda incriminata. Il fatto è che le due reazioni si svolgono in ambiti differenti: la prima interessa il sistema digestivo, la seconda quello immunitario che, debitamente stimolato, produce anticorpi diretti contro l'alimento che scatena l'allergia.

La reazione si manifesta con sintomi a volte allarmanti: arrossamenti cutanei, crampi, sudorazione eccessiva e, nelle persone predisposte, crisi asmatiche. Tutto questo succede semplicemente perché l'organismo cerca di liberarsi della sostanza nociva.

Visto che in natura non c'è nulla che si adatti perfettamente alle esigenze di un singolo individuo, può succedere che alcuni cibi presenti nella lista siano in grado di scatenare in voi una reazione allergica. In questi casi non c'è che una soluzione: eliminare il responsabile dalla dieta.

Il nocciolo della questione è un altro: le lectine sono di gran lunga più pericolose delle allergie alimentari. Esse, infatti, non fanno squillare nessun campanello d'allarme per lungo tempo, ma quando appaiono i disturbi legati alla loro attività agglutinante il danno è ormai fatto.

Le persone di tipo A devono evitare accuratamente tutti i cibi che provocano un eccesso di muco poichè quest'ultimo potrebbe far sospettare la presenza di un'allergia che, in effetti, non esiste.

ASMA E RAFFREDDORE DA FIENO

Le persone di tipo 0 risultano maggiormente esposte al rischio di soffrire di asma e raffreddore da fieno. Una grande varietà di pollini contengono lectine che stimolano il rilascio di istamina, una sostanza che svolge un ruolo centrale nella comparsa dei sintomi allergici: prurito, starnuti, naso chiuso, respiro difficoltoso, tosse, occhi arrossati e lacrimosi.

Molte delle lectine contenute nei diversi alimenti, come quella del frumento, reagiscono con le immunoglobuline E (IgE), anticorpi che aderiscono alla superficie di specifiche cellule (principalmente mastociti). Quando una sostanza antigenica si lega a due IgE contigue ancorate alla membrana plasmatica del mastocita, quest'ultimo libera all'esterno sostanze che provocano infiammazione. Attaccandosi alla IgE le lectine si comportano, in effetti, come un antigene, determinano cioè il rilascio di istamina e altre sostanze chimiche chiamate chinine, contenute all'interno della cellula. Tutto questo complesso di reazioni determina gonfiore locale: in questo caso esso colpirà occhi, naso e vie respiratorie. Le persone che soffrono d'asma e raffreddore da fieno possono davvero stare meglio seguendo l'alimentazione adatta al loro gruppo sanguigno.

Mentre i soggetti di tipo 0 tendono a sviluppare sintomi allergici in seguito all'esposizione a fattori di tipo ambientale (pollini, sostanze allergizzanti in genere oppure lectine contenute nel frumento), quelli di tipo A risultano più sensibili agli effetti dello stress: è comunque chiaro che mangiando cibi che aumentano la produzione di muco i loro sintomi non potranno che peggiorare. Vanno pertanto banditi i latticini e intensificati tutti gli esercizi utili a ridurre il peso dello stress.

Le persone di tipo B risultano abbastanza resistenti nei confronti delle malattie allergiche a meno che non seguano un'alimentazione del tutto scorretta: il mais, per esempio, potrebbe creare dei problemi anche in organismi molto resistenti.

I più favoriti sono i soggetti di tipo AB che hanno una scarsa predisposizione a sviluppare malattie allergiche.

DIABETE

Il programma alimentare elaborato per i diversi gruppi sanguigni può risultare utile anche nel trattamento e nella prevenzione del diabete, sia quello di tipo I che colpisce soprattutto i bambini, sia quello di tipo II che è caratteristico dell'età adulta.

I soggetti di tipo A e B sono maggiormente predisposti a sviluppare il diabete di tipo I, caratterizzato da una carenza di insulina, l'ormone prodotto dal pancreas il cui compito è quello di favorire l'ingresso dello zucchero all'interno delle cellule. La carenza di insulina è dovuta alla distruzione delle cellule Beta.

Il diabete di tipo I viene curato con la terapia sostitutiva: poichè la malattia è provocata dalla mancanza di insulina, l'ormone viene somministrato mediante iniezioni. Non esiste nessun'altra possibilità di cura, ma alcuni rimedi naturali possono risultare molto utili. La quercetina, un potente antiossidante, si è dimostrata capace di prevenire molte delle complicazioni che con il passare degli anni possono aggravare il decorso della malattia come, per esempio, la cataratta, le neuropatie e i problemi cardiovascolari. In alcuni casi, un impiego oculato dei rimedi naturali può addirittura ridurre il dosaggio dell'insulina necessaria a mantenere sotto controllo i livelli di zucchero nel sangue. Nel diabete di tipo II non si ha un deficit della produzione di insulina, bensì un'alterazione delle cellule che compongono i diversi tessuti che diventano insensibili all'azione dell'ormone. Il deficit si sviluppa lentamente nel tempo ed è sostenuto da vari fattori tra i quali vanno annoverati, in prima linea, quelli dietetici.

Maggiormente esposti al rischio di sviluppare questa malattia sembrano essere i soggetti di tipo 0 che mangiano latte e latticini, prodotti a base di frumento, e i soggetti di tipo A che consumano in modo eccessivo carni e latticini. Spesso chi è affetto da diabete di tipo II è anche in sovrappeso, ha il colesterolo alto e soffre di ipertensione, tutti segni di cattiva alimentazione e sedentarietà.

Il trattamento del diabete di tipo II si basa essenzialmente sull'alimentazione e l'esercizio fisico. L'assunzione di un complesso vitaminico B ad alte dosi può contribuire ad aumentare l'efficienza dell'insulina, ma in questi casi, è bene farsi consigliare da un esperto.

INFEZIONI

Sono numerosi i batteri che mostrano una particolare predilezione per specifici gruppi sanguigni. Alcuni ricercatori, studiando duecentottantadue specie batteriche, hanno dimostrato la presenza di antigeni identici a quelli di un gruppo sanguigno in più del 50 per cento dei casi.

Si è osservato che le infezioni sostenute da virus sembrano prediligere i soggetti di tipo 0, probabilmente perchè questo gruppo non è caratterizzato da una struttura antigenica particolare. I soggetti di tipo A, B e AB, invece, risultano più resistenti ai virus.

SINDROME DA IMMUNODEFICIENZA ACQUISITA (AIDS)

Peter D'Adamo avendo avuto in cura nella sua clinica naturopatica molte persone affette da AIDS, ha scoperto l'esistenza di una correlazione tra la malattia e i gruppi sanguigni. La correlazione riguarda persone già affette da AIDS nelle quali ha evidenziato una diversa suscettibilità a sviluppare infezioni sostenute da germi opportunistici, cioè innocui per i soggetti con difese immunitarie in buona salute.

Se siete sieropositivi o avete già sviluppato l'AIDS, dovreste adottare immediatamente il programma alimentare e di attività fisica elaborato per il vostro gruppo sanguigno.

Se, per esempio, siete di tipo 0, mangiate proteine animali e fate molto esercizio fisico, in modo da consentire al sistema immunitario di funzionare al massimo delle sue possibilità. Scegliete sempre alimenti a basso tenore di grassi, perchè i parassiti intestinali, comuni nelle persone con AIDS, interferiscono con la digestione dei grassi provocando gravi diarree. Evitate soprattutto i prodotti a base di frumento che contengono lectine dannose per le difese immunitarie.

Dato che molte infezioni opportunistiche provocano nausea, diarrea e dolori alla bocca, gli ammalati di AIDS risultano spesso molto debilitati. Quest'ultimo aspetto può creare qualche problema ai soggetti di tipo A perchè gli alimenti a loro consentiti sono, in genere, ipocalorici. Essi devono evitare carne, latte e latticini, tutti cibi che possono provocare disturbi digestivi. Da incrementare, invece, il consumo di pesce e tofu.

Se siete di tipo B, astenetevi dal mangiare mais e grano saraceno, tutti alimenti proibiti, ed evitate anche la frutta secca, gli eccessi di frumento e i prodotti caseari.

Se siete di tipo AB limitate il consumo di legumi, frumento e frutta secca. Rifornitevi di proteine mangiando soprattutto pesce.

In linea di massima l'obiettivo dell'alimentazione deve essere quello di eliminare le lectine che possono alterare il funzionamento del sistema immunitario e quindi aggravare il decorso della malattia.

BRONCHITE E POLMONITE

I soggetti di tipo A e AB contraggono infezioni polmonari e bronchiali con maggiore facilità rispetto al tipo 0 o B. Il fattore determinante potrebbe essere proprio un'alimentazione scorretta che determina un'eccessiva produzione di muco nelle vie respiratorie. L'accumulo di secrezioni favorisce infatti l'attecchimento di germi in grado di superare le difese immunitarie perchè dotati di caratteristiche antigeniche simili a quelle dell'ospite. È il caso, per esempio, degli pneumococchi, pericolosi per i soggetti di tipo A e AB, e dell'Haemophilus, che tende a colpire di preferenza le persone di tipo B o AB. Il programma alimentare elaborato per i diversi gruppi sanguigni sembra in grado di ridurre in modo sostanziale l'incidenza di bronchiti e polmoniti, e questo vale per tutti.

Tuttavia, stiamo iniziando a scoprire altre connessioni con il gruppo sanguigno che non sembrano facilmente risolvibili. Sembra, per esempio, che i bambini di tipo A con padre dello stesso gruppo sanguigno e madre di gruppo 0 vadano frequentemente incontro nei primissimi anni di vita a infezioni broncopolmonari fatali. Si pensa che questa situazione sia dovuta, almeno in parte, alla presenza nel bambino di una certa quota di anticorpi anti-A di derivazione materna che, in qualche modo, limitano le capacità di difesa del neonato nei confronti del pneumococco. Non ci sono ancora conferme definitive e la strada da fare è ancora lunga prima di poter trarre conclusioni scientificamente ineccepibili.

INFEZIONE DA CANDIDA

Sebbene la Candida non dimostri particolari preferenze per uno o più gruppi sanguigni, ho notato che i soggetti di tipo A e AB trovano maggiori difficoltà ad eliminarla, probabilmente a causa del loro sistema immunitario molto tollerante. Questi soggetti sono anche maggiormente predisposti a sviluppare un'infezione da lieviti in seguito all'assunzione di antibiotici che, com'è noto, indeboliscono i sistemi difensivi naturali.

I soggetti di tipo 0, invece, sono più portati a sviluppare una specie di ipersensibilità nei confronti della Candida, soprattutto se hanno l'abitudine di mangiare molti cereali. Quest'osservazione ha portato molti nutrizionisti ad elaborare una serie di diete anti-Candida basate sull'assunzione di cibi ricchi di proteine, sull'esclusione dei cereali e dei cibi contenenti lievito. Purtroppo tali diete vengono adottate indipendentemente dal gruppo sanguigno, mentre, in realtà, funzionano bene solo per il tipo 0. Quindi, se appartenete al gruppo sanguigno A o AB, evitatele per non indebolire ulteriormente il sistema immunitario.

In linea di massima le persone di tipo B sono abbastanza resistenti nei confronti delle infezioni da Candida, ma solo se seguono la loro alimentazione. Quindi, se siete di tipo B e avete questo problema, eliminate i prodotti a base di frumento.

COLERA

Uno studio condotto in Perù e pubblicato qualche anno fa sulla prestigiosa rivista scientifica "The Lancet", correlava la gravità dell'epidemia di colera osservata in Perù alla grande diffusione del gruppo sanguigno 0 tra la popolazione.

In passato la suscettibilità dei soggetti di tipo 0 a questa malattia infettiva causò vere e proprie falcidie contribuendo a spopolare molte città nelle quali sopravvissero solo i soggetti più forti e quelli con gruppo sanguigno A, molto resistenti nei confronti della malattia.

INFLUENZA E RAFFREDDORE

I virus che possono provocare il raffreddore sono centinaia ed è quindi impossibile individuare l'esistenza di una correlazione con i diversi gruppi sanguigni per ciascuno di essi. Tuttavia, studi condotti su reclute dell'esercito britannico, hanno mostrato una ridotta incidenza di raffreddore nei soggetti di tipo A. Questi dati confermano quanto già affermato, cioè che il gruppo sanguigno A si è sviluppato per resistere ai virus maggiormente diffusi. Le stesse considerazioni valgono per il tipo AB: l'antigene A è in grado di bloccare l'attecchimento di vari ceppi virali alle mucose respiratorie.

Anche i virus responsabili dell'influenza tendono a colpire preferibilmente le persone di tipo 0 e B, piuttosto che quelle di tipo A o AB. Nelle sue fasi iniziali l'influenza può presentarsi con gli stessi sintomi del raffreddore, ma poi si manifesta arrecando disidratazione, dolori e un senso di spossatezza.

Per quanto i sintomi siano in genere fastidiosi, ma non preoccupanti, essi tuttavia esprimono una situazione di difficoltà del sistema immunitario che non riesce a contrastare efficacemente l'invadenza degli intrusi. Quindi, mentre infuria la battaglia, è bene fornire all'organismo tutto ciò che gli occorre per uscirne vittorioso.

Meglio, comunque, ragionare in termini preventivi, adottando una serie di piccoli accorgimenti che possono risultare di grande aiuto.

- Riposate in modo adeguato e praticate regolarmente l'attività fisica più adatta al vostro gruppo sanguigno. Imparate ad affrontare in modo positivo lo stress che, se incontrollato, può mettere al tappeto il sistema immunitario. In questo modo l'organismo resiste più facilmente alle infezioni e, quand'anche dovesse capitare di buscarsi un raffreddore o un'influenza, esse tendono ad avere un decorso più breve.

- Seguite il programma alimentare adatto al vostro gruppo sanguigno. Questo contribuirà a rinforzare il sistema immunitario e ad abbreviare il decorso di raffreddori e influenze.
- Assumete vitamina C (250-500 mg al giorno), oppure aumentate il consumo di alimenti che ne sono ricchi. Molte persone sono riuscite ad evitare i virus del raffreddore e dell'influenza, o ad abbreviarne il decorso, assumendo integratori a base di echinacea.
- Assicuratevi che l'aria degli ambienti in cui soggiornate non sia troppo secca; utilizzate un umidificatore, soprattutto nei mesi invernali, quando è acceso il riscaldamento.
- Se avete la gola infiammata provate a fare dei gargarismi con acqua salata. Sciogliendo un cucchiaino e mezzo di sale in un grosso bicchiere di acqua tiepida si ottiene una soluzione dotata di un buon potere disinfettante. Se siete predisposti alle tonsilliti, utilizzate invece una soluzione ottenuta miscelando in parti uguali infuso di idraste e di salvia.
- Se avete il naso chiuso potete usare un decongestionante in gocce per liberarlo dall'ostruzione, ma non abusatene. I decongestionanti devono essere impiegati con estrema cautela dalle persone che soffrono di pressione alta, ipertrofia prostatica e di glaucoma ad angolo chiuso. Inoltre, e questo vale per tutti, l'uso protratto e incongruo di questi farmaci può peggiorare l'ostruzione nasale.
- Gli antibiotici sono del tutto inutili, tranne nei casi in cui non sia presente, oltre al virus, un'infezione batterica.

PESTE, TIFO, VAIOLO E MALARIA

Conosciuta durante il Medio Evo come la morte nera, la peste è un'infezione batterica trasmessa dai topi. Le persone di tipo 0 sono più vulnerabili nei confronti di questa terribile malattia. Sebbene essa sia rara nei paesi a tasso di sviluppo più avanzato, continua a costituire un problema nel Terzo Mondo. Anzi, secondo l'Organizzazione Mondiale della Sanità (OMS), il rischio di pestilenza e di altre gravi malattie infettive diventa sempre più elevato a causa dell'abuso di antibiotici che possono indurre resistenze batteriche, dello sviluppo di insediamenti umani in zone prima disabitate, dei viaggi internazionali e della povertà.

Il vaiolo, grazie al miglioramento delle condizioni igieniche, può oggi considerarsi definitivamente sconfitto. Nel corso dei secoli questa malattia ha probabilmente influenzato in modo drastico il corso della storia in più di un'occasione. Il gruppo sanguigno 0 è particolarmente suscettibile all'infezione, e ciò forse spiega come mai i nativi americani, tutti di tipo 0, furono falcidiati dalla malattia quando vennero a contatto con i primi coloni europei di tipo A e B portatori del virus.

Anche il tifo, malattia ancora abbastanza diffusa nelle aree geografiche caratterizzate da condizioni igieniche precarie, mostra una certa predilezione per i soggetti di tipo 0, specie se sono anche Rh negativi.

L'anofele, cioè la zanzara che trasmette la malaria, sembra pungere di preferenza le persone con gruppo sanguigno B o 0. La zanzara comune, al contrario, viene attratta dal sangue di tipo A e AB.

POLIOMIELITE E MENINGITE VIRALE

La poliomielite, un'infezione virale che interessa il sistema nervoso, mostra una particolare predilezione per i soggetti di tipo B, che in linea generale, sono più esposti ai disturbi nervosi sostenuti da virus. La poliomielite è una malattia epidemica responsabile della maggior parte dei casi di paralisi giovanile. L'introduzione dei vaccini di Salk e Sabin non sono stati in grado di debellare questa malattia. Al contrario, alcuni studi dimostrano che questi vaccini sono i responsabili della maggior parte dei casi residui (oggi, di fatto, la malattia non esiste più).

La meningite virale, una grave infezione delle membrane che avvolgono il cervello, sembra colpire di preferenza le persone di tipo 0, forse perchè questo gruppo sanguigno è associato a una minore combattività nei confronti di infezioni particolarmente aggressive. Anche se non si tratta di una malattia frequente come tante altre affezioni virali, è bene conoscerne i primi segnali d'allarme: malessere generale, cefalea, vomito, febbre molto elevata, grave irrigidimento dei muscoli del collo e del tronco.

SINUSITI

Le infezioni croniche dei seni paranasali (sinusiti croniche) sembrano prediligere le persone con gruppo sanguigno 0 e B. In genere questi disturbi vengono curati mediante la somministrazione continua di antibiotici che risolvono, almeno temporaneamente, il problema. Dopo un periodo più o meno lungo, l'infezione ricompare e bisogna pertanto iniziare un nuovo trattamento con farmaci antibatterici. Il circolo vizioso può protrarsi per anni, fino a quando non resta che affidarsi alle mani del chirurgo.

Ho avuto modo di osservare che la bromelina (enzima contenuto nell'ananas) insieme alle vitamine A e C, sono in grado di dare un aiuto consistente a chi soffre di sinusite cronica. Molti soggetti riescono addirittura a fare a meno degli antibiotici perchè queste sostanze agiscono alla radice del problema, cioè sull'edema della mucosa che tappezza i seni paranasali. Quest'ultimi, non sono altro che un sistema di camere contenenti aria in comunicazione con le fosse nasali attraverso cui scaricano il muco accumulatosi nelle loro cavità. Il gonfiore della mucosa determina la chiusura dei fori di comunicazione e quindi il ristagno di muco, condizione che crea un ambiente ottimale per la proliferazione dei germi. A questo punto è chiaro che eliminando il gonfiore i seni riusciranno a drenare il liquido accumulato rendendo la vita difficile agli intrusi.

Anche le persone di tipo A o AB possono ammalarsi di sinusite cronica. Ma in questo caso il più delle volte il problema è legato a una produzione eccessiva di muco che risponde in modo ottimale al trattamento alimentare.

MALATTIE PARASSITARIE (DISSENTERIA AMEBICA, GIARDIASI, INFESTAZIONI DI TENIE E ASCARIDI)

Le malattie parassitarie possono colpire chiunque, sebbene mostrino una certa predilezione per l'apparato digerente dei soggetti di tipo A e AB. Spesso i responsabili dell'infestazione hanno caratteristiche antigeniche simili all'antigene A e quindi il sistema immunitario di questi soggetti non riesce a riconoscerli come intrusi. È il caso, per esempio, dell'Entamoeba histolytica, il protozoo responsabile dell'amebiasi, una malattia caratterizzata da malessere generale, dolori addominali e diarrea profusa. Il contagio avviene solitamente per ingestione di acqua e cibi contaminati e sembra essere più facile nelle persone con gruppo sanguigno A oppure AB nelle quali, tra l'altro, la scarsa acidità gastrica costituisce un fattore di rischio aggiuntivo.

L'acido cloridrico, infatti, forma una barriera chimica che riesce a bloccare e distruggere i trofozoiti, cioè le forme vegetative del protozoo. Come se non bastasse, nelle persone di tipo A o AB la malattia parassitaria tende ad assumere un decorso più grave: è facile il passaggio del parassita dall'intestino al sangue e da qui al fegato dove si formano ascessi chiamati, appunto, amebici.

La Giardia lamblia, invece, provoca disturbi inizialmente localizzati allo stomaco (nausea, difficoltà digestive, dolori in corrispondenza del fegato), seguiti dalla comparsa di diarrea schiumosa. Anche in questo caso il parassita dimostra una maggiore simpatia per i gruppi sanguigni A e AB.

Le infestazioni da vermi, in particolare quelle da tenia e ascaridi, hanno affinità sia con l'antigene A sia con quello B e pertanto tendono a colpire con maggiore frequenza i soggetti di tipo A, B e soprattutto AB. Contro tutte queste infestazioni ho utilizzato con successo aglio, artemisia (o assenzio) e chiodi di garofano. Consultate comunque un naturopata per meglio conoscere queste erbe e il suo dosaggio.

TUBERCOLOSI E SARCOIDOSI

Fino a qualche tempo fa la battaglia contro la tubercolosi nei paesi maggiormente industrializzati sembrava definitivamente vinta, ma purtroppo in questi ultimi anni è stata registrata una recrudescenza dei casi di TBC. I fattori responsabili di questo ritorno sono numerosi e ancora oggetto di discussione. I più importanti sono senza alcun dubbio la minore sorveglianza sul territorio e l'aumento della popolazione più esposta al rischio di infezione: immigrati, soggetti senza fissa dimora, ammalati di AIDS.
Nelle persone di tipo 0 la tubercolosi interessa più facilmente i polmoni (tubercolosi polmonare), mentre nei soggetti di tipo A il batterio sembra privilegiare altri distretti corporei.
La sarcoidosi, una malattia caratterizzata dalla presenza di granulomi a livello dei polmoni e di altri organi, ha cause ancora oscure. Secondo alcuni studiosi essa potrebbe essere il risultato di una reazione immunitaria al bacillo tubercolare. Questa malattia colpisce più frequentemente le donne e sembra prediligere il gruppo sanguigno A.
I soggetti Rh negativi appaiono più suscettibili nei confronti sia della tubercolosi sia della sarcoidosi.

INFEZIONI A TRASMISSIONE SESSUALE E DELLE VIE URINARIE

I soggetti di tipo A mostrano una maggiore predisposizione a contrarre infezioni trasmesse per via sessuale e, in particolare, la sifilide, che tende in questi soggetti ad avere un decorso più grave. Di qui la necessità di adottare tutte le precauzioni disponibili per evitare qualsiasi possibilità di contagio.
Le infezioni delle vie urinarie, e soprattutto le cistiti recidivanti, sembrano prediligere i soggetti di tipo B e AB. I batteri comunemente coinvolti in questo tipo di infezione (E. coli, Pseudomonas e Klebsiella) presentano caratteristiche simili all'antigene B, pertanto i soggetti con gruppo sanguigno B e AB saranno i più colpiti.
Tra i soggetti di tipo B si nota anche una maggiore frequenza di infezioni renali come, per esempio, la pielonefrite. Se appartenete a questo gruppo sanguigno e soffrite di problemi ricorrenti alle vie urinarie, abituatevi a bere ogni giorno uno o due bicchieri di succo di mirtilli e succo d'ananas.

MALATTIE AUTOIMMUNITARIE

In questi disturbi il sistema immunitario viene colpito da una specie di amnesia perchè non riesce più a riconoscere come "amiche" alcune parti del corpo. Di conseguenza, egli inizia a fabbricare anticorpi che si dirigono sull'obiettivo identificato come un nemico e tentano di distruggerlo. Sono malattie autoimmunitarie l'artrite reumatoide, la nefrite lupica, la sindrome da affaticamento cronico, la postmononucleosi infettiva, la sclerosi multipla e la sclerosi laterale amiotrofica (malattia di Lou Gehrig).

ARTRITE REUMATOIDE

Secondo Peter D'Adamo la maggior parte delle persone affette da artrite reumatoide appartiene al gruppo sanguigno A. Questo fatto, apparentemente strano visto l'elevato tasso di tolleranza del sistema immunitario, è probabilmente correlato alla presenza di lectine molto simili all'antigene A. In effetti iniettando queste particolari sostanze in animali da laboratorio, si ottiene un'infiammazione articolare del tutto sovrapponibile a quella osservabile nell'artrite reumatoide.

Un altro fattore importante è lo stress: secondo alcuni studi le persone ammalate di artrite reumatoide tendono ad avere una struttura emotiva più fragile e pertanto risultano maggiormente esposte agli effetti dello stress psicologico. In queste condizioni la malattia progredisce con maggiore rapidità. Ecco perchè è importante che queste persone si sforzino di praticare con regolarità gli esercizi di rilassamento.

SINDROME DA AFFATICAMENTO CRONICO

La sindrome da affaticamento cronico è una malattia caratterizzata da profonda stanchezza, dolori muscolari e articolari, mal di gola persistente, problemi digestivi, allergie e ipersensibilità nei confronti di molte sostanze chimiche.

Le ricerche condotte in laboratorio hanno permesso di giungere a un'interessante conclusione: la sindrome da affaticamento cronico potrebbe non essere una malattia autoimmune, bensì un disturbo del fegato. Tutti i sintomi sarebbero pertanto provocati dall'incapacità del fegato di detossificare le sostanze chimiche. Infatti, solo un cattivo funzionamento di questo organo può produrre effetti che coinvolgono sia il sistema immunitario sia quello muscolo-scheletrico e digestivo.

Le persone di tipo 0 ammalate di sindrome da affaticamento cronico rispondono bene a un trattamento a base di potassio e liquirizia. Quest'ultima, infatti, è un vero toccasana per il fegato perchè contribuisce a farlo lavorare meglio e a proteggerlo dall'azione delle sostanze nocive. Tutto ciò sembra avere riflessi molto positivi sulla funzionalità del surrene e sulla glicemia, con conseguente aumento dell'energia e del senso di benessere. Anche l'esercizio fisico può essere di grande aiuto. (Attenzione: utilizzate integratori a base di liquirizia che siano privi di glicirrizina.)

SCLEROSI MULTIPLA E MALATTIA DI LOU GEHRIG

Sia la sclerosi multipla sia la malattia di Lou Gehrig (sclerosi laterale amiotrofica) si riscontrano con una certa frequenza tra persone appartenenti al gruppo sanguigno B.
Il fatto non deve meravigliare poiché questi soggetti tendono a sviluppare malattie sostenute da virus "lenti" e disturbi di tipo neurologico. Tale associazione può inoltre spiegare come mai gli ebrei, dove il gruppo B è molto diffuso, si ammalino di sclerosi multipla e di sclerosi laterale amiotrofica più spesso rispetto ad altre popolazioni.
Alcuni ricercatori ritengono che queste due malattie siano il risultato di un'infezione contratta durante l'infanzia. Responsabile sarebbe un virus con caratteristiche antigeniche simili all'antigene B, nei confronti del quale, il sistema immunitario di questi soggetti non produce anticorpi. Indisturbato, il virus si accresce con molta lentezza: i primi sintomi iniziano a comparire 20-30 anni dopo l'infezione.
Dato che le persone di tipo AB non producono anticorpi anti-B, anch'esse presentano un certo rischio di sviluppare sia la sclerosi multipla sia la malattia di Lou Gehrig.

MALATTIE CARDIOVASCOLARI

Le malattie cardiovascolari costituiscono uno dei più gravi problemi delle popolazioni economicamente progredite insieme a svariati fattori che contribuiscono alla loro diffusione: fumo, stress, alimentazione squilibrata, parassiti, sedentarietà.
Ma esiste veramente una connessione tra il vostro gruppo sanguigno e la predisposizione a sviluppare disturbi di questo genere?
Molti studi hanno consentito di identificare e valutare l'importanza di vari fattori di rischio cardiovascolare, ma la loro associazione a un particolare gruppo sanguigno non è emersa in modo inequivocabile. Analizzando i risultati delle ricerche si è scoperto l'esistenza di un'interessante connessione: le persone di tipo 0 tra i trentanove e i settantadue anni avevano maggiori probabilità di sopravvivere a un infarto cardiaco rispetto alle persone di tipo A della medesima età. Tali differenze risultano particolarmente evidenti negli uomini tra i cinquanta e i cinquantanove anni. Da questo punto di vista le persone con gruppo sanguigno A o AB risultano svantaggiate.
Il colesterolo, che viene elaborato nel fegato, è certo uno dei fattori di rischio più importanti. Ma c'è un enzima intestinale, chiamato fosfatasi alcalina, che presiede all'as-

sorbimento dei grassi contenuti negli alimenti e collabora anche al loro metabolismo. Quando l'enzima è presente in giuste quantità, come nelle persone di tipo 0, tutto funziona a dovere ed è più difficile che il colesterolo raggiunga livelli pericolosi.

Nelle persone di tipo A e AB, invece, i livelli di fosfatasi alcalina non sono molto elevati, mentre in quelle di tipo B sembrano sufficienti a mantenere una situazione di equilibrio. Un altro aspetto importante riguarda la maggiore o minore tendenza del sangue a formare pericolosi coaguli. Questo è un evento raro nelle persone di tipo 0, mentre si assiste con una certa frequenza nei soggetti di tipo A e AB, che quindi hanno maggiori probabilità di sviluppare occlusioni arteriose.

IPERTENSIONE

Il cuore pompa ritmicamente sangue nelle nostre arterie consentendogli di raggiungere tutti i distretti dell'organismo. Tutto questo accade senza che ce ne rendiamo conto, così come non siamo in grado di sapere quando il sangue scorre nei nostri vasi con una pressione troppo elevata. Proprio per questo motivo, l'ipertensione è considerato un "killer silenzioso".

La pressione del sangue viene definita da due valori: la sistolica (anche chiamata massima) ossia la pressione sviluppata quando il cuore espelle il sangue dal ventricolo sinistro nell'arteria aorta, e la diastolica (anche chiamata minima) che rappresenta la pressione vigente nelle arterie tra un battito cardiaco e l'altro.

Normalmente la pressione sistolica si aggira intorno ai 120 mmHg e la diastolica non supera gli 80 mmHg. Si parla di ipertensione quando i valori della pressione superano i 140/90 sotto i quarant'anni, oppure i 160/95 sopra i quarant'anni. Va ricordato, comunque, che una sola misurazione "fuori scala" non basta per fare una diagnosi di ipertensione. Se l'ipertensione è presente e non si corre ai ripari, con il passare del tempo le arterie subiscono un grave danno che può manifestarsi a livello di svariati organi: cuore, reni, cervello, occhi.

Le correlazioni tra gruppo sanguigno e ipertensione sono poco chiare, tuttavia, dato che le alterazioni pressorie risultano spesso associate a disturbi cardiaci, le persone di tipo A e AB devono vigilare sulla salute delle proprie arterie.

I fattori di rischio per l'ipertensione sono gli stessi ricordati per le malattie cardiovascolari: fumo, stress, obesità, diabete, parassiti, sedentarietà e periodo postmenopausale.

MALATTIE LEGATE ALL'INVECCHIAMENTO

Tutte le persone invecchiano indipendentemente dal loro gruppo sanguigno. Ma perche? Come è possibile rallentare il trascorrere del tempo?
Queste domande sono vecchie quanto l'uomo stesso: la ricerca della mitica fonte della giovinezza è radicata in tutte le culture. Oggi grazie ai progressi della ricerca biomedica e tecnologica, siamo molto vicini a delle risposte concrete.
Ma c'è un altro interrogativo che riguarda il modo di invecchiare: perchè cambia tanto da persona a persona? Perché un cinquantenne in ottima forma fisica può soccombere a un attacco cardiaco, mentre un novantenne conserva un inaspettato vigore? Perchè certe persone si ammalano di Alzheimer o di demenza senile, mentre altre restano sane? A quale età il deterioramento fisico diventa inevitabile?
Alcuni frammenti di questo complesso rompicapo sono stati finalmente compresi. La genetica, per esempio, è importante: variazioni infinitesimali a carico del corredo cromosomico contribuiscono a rendere certe persone più suscettibili di altre agli effetti del tempo. Ma questa spiegazione è sicuramente incompleta. Peter D'Adamo ha scoperto un'interessante relazione tra gruppo sanguigno e invecchiamento. Per essere più precisi, tra l'azione agglutinante svolta dalle lectine e due delle più importanti modificazioni fisiologiche associate all'età geriatrica: il deterioramento della funzione renale e cerebrale. Con l'invecchiamento si realizza un graduale peggioramento della funzionalità renale, tanto che in una persona di settantadue anni questi organi lavorano, mediamente, al 25 per cento della loro capacità. Il compito dei reni è quello di depurare il sangue: quest'ultimo viene letteralmente filtrato attraverso le maglie di minuscoli organi che si chiamano glomeruli, sufficientemente ampie da lasciare passare acqua e minerali, ma troppo fitte per consentire il passaggio alle cellule che compongono il sangue. È chiaro che il potere agglutinante delle lectine può, alla lunga, danneggiare seriamente questo delicato meccanismo, provocando un intasamento del sistema di filtrazione. Si tratta di un processo lento, che tuttavia può sfociare addirittura nell'insufficienza renale: in questa condizione i reni non sono più in grado di svolgere il loro lavoro ed è pertanto necessario ricorrere alla dialisi.
Allo stesso modo, le lectine possono provocare agglutinazione all'interno del sistema nervoso centrale. In effetti nel cervello invecchiato è possibile osservare degli ammassi di neuroni strettamente aggrovigliati. Secondo gli esperti sarebbero proprio questi a causare il deterioramento delle facoltà intellettive, e potrebbero costituire un fattore importante nello sviluppo del morbo di Alzheimer. Le lectine possono agevolmente attraversare la barriera emato-encefalica, una struttura che ha la funzione di una "porta di sicurezza", impedendo che sostanze dannose raggiungano il cervello. Una volta arri-

vate in loco, le lectine agglutinano le cellule presenti nel sangue rendendo difficile l'approvvigionamento di carburante da parte dei neuroni. Questo processo, ovviamente, non si realizza all'istante: ci vogliono anni e anni prima che esso raggiunga un grado tale da causare disturbi. È quindi chiaro che eliminando o riducendo l'agglutinazione provocata dalle lectine introdotte nell'organismo attraverso l'alimentazione sarà possibile salvaguardare, almeno in parte, il lavoro di reni e cervello.

I danni provocati dalle lectine non si fermano a questo livello: esse possono perturbare seriamente anche l'equilibrio ormonale e in quest'ambito la cattiva nutrizione svolge sicuramente un ruolo importante. Tutti sappiamo che l'invecchiamento comporta un certo grado di disfunzione dell'apparato digerente al quale riesce sempre più difficile metabolizzare e assorbire le sostanze nutritive. Ecco perché gli anziani, pur mangiando in modo adeguato, spesso vanno incontro a un vero e proprio stato di malnutrizione. Certo il problema viene ovviato ricorrendo all'integrazione, ma si potrebbe fare molto di più. Eliminando le lectine dannose dall'alimentazione prima che esse abbiano avuto il tempo di provocare danni irreparabili, si offre all'apparato digerente l'opportunità di funzionare a dovere in età avanzata.

Mi preme ricordare che tutti questi accorgimenti non garantiscono l'eterna giovinezza. Non c'è modo, purtroppo, di riparare del tutto i danni accumulati nel corso degli anni. È invece possibile limitare quelli futuri iniziando a ridurre l'introito di lectine pericolose attraverso l'alimentazione.

MALATTIE DEL SANGUE

Molte malattie del sangue, come le anemie e i disturbi della coagulazione, sono strettamente correlate al gruppo sanguigno.

ANEMIA PERNICIOSA

L'anemia perniciosa, espressione di un grave deficit di vitamina B_{12}, si riscontra con maggiore frequenza nei soggetti di tipo A, ma non ha nulla a che vedere con la dieta vegetariana che queste persone dovrebbero seguire per mantenersi in salute. La ragione deve essere ricercata nella difficoltà di assorbire la vitamina contenuta nei diversi alimenti. Anche le persone di tipo AB possono andare incontro a questo disturbo, ma con una frequenza minore rispetto a quelle di tipo A.

L'assorbimento della vitamina B_{12} richiede una normale acidità gastrica e la presenza di "fattore intrinseco", una sostanza prodotta dalla mucosa dello stomaco. Le persone di tipo A e AB sono svantaggiate rispetto agli altri gruppi sanguigni perché il loro stomaco produce scarse quantità di acido cloridrico e di fattore intrinseco. Quando il deficit di B$_{12}$ dipende da questi fattori, somministrare la vitamina per via orale non ha senso: per assicurarsi un corretto assorbimento bisogna utilizzare la via iniettivo sublinguale.

Nelle persone di tipo 0 e B l'anemia perniciosa è molto rara grazie alla presenza di buoni livelli di acidità gastrica e di fattore intrinseco.

DISTURBI DELLA COAGULAZIONE

Nelle persone di tipo 0 i livelli dei vari fattori che intervengono nella coagulazione del sangue tendono ad essere bassi e quindi risultano maggiormente esposti al rischio di emorragie, soprattutto in occasione di interventi chirurgici o di situazioni, come il parto, associate a una certa perdita di sangue.

I soggetti di tipo 0 che hanno già sofferto di disturbi di tipo emorragico dovrebbero incrementare l'assunzione di cibi contenenti clorofilla, che abbonda per esempio negli ortaggi verdi, oppure ricorrere a degli integratori.

Questi problemi sono pressoché sconosciuti alle persone di tipo A e AB che, però, possono andare incontro a disturbi di altro tipo: il loro sangue tende ad essere troppo "denso" e a formare pericolosi coaguli all'interno delle arterie.

Le persone di tipo B, invece, sono decisamente più fortunate perché in genere non soffrono di alcun tipo di disturbo della coagulazione.

GRAVIDANZA E INFERTILITÀ

I disturbi che riguardano la gravidanza sono legati a svariati fattori, spesso correlati a un'incompatibilità tra gruppi sanguigni diversi, sia tra madre e figlio, sia tra moglie e marito. Sfortunatamente lo studio di questi complessi legami è solo all'inizio e le loro implicazioni sono pertanto ancora vaghe. Suggerisco perciò di leggere questa sezione a puro titolo informativo, senza lasciarsi prendere da reazioni di tipo ansioso.

INFERTILITÀ E ABORTO ABITUALE

Per circa quarant'anni la ricerca biomedica ha cercato di chiarire come mai le donne appartenenti al gruppo sanguigno A, B e AB avessero maggiori difficoltà ad iniziare e portare a termine la gravidanza rispetto a quelle di gruppo 0. Alcuni ricercatori hanno ipotizzato che l'infertilità e l'aborto abituale potrebbero essere legati alla presenza nelle secrezioni vaginali di anticorpi in grado di reagire con gli antigeni gruppo sanguigno-specifici presenti nello sperma del marito. Nel 1975 uno studio condotto su 288 feti abortiti ha dimostrato la prevalenza di madri di tipo 0 e di feti di tipo A, B e AB: l'interruzione della gravidanza potrebbe essere stata provocata da un'incompatibilità tra gruppo sanguigno del feto e la presenza nel sangue materno di anticorpi anti-A e anti-B.

L'esperienza acquisita studiando un gran numero di famiglie mi ha indotto ad osservare l'esistenza di un più alto tasso di interruzioni spontanee della gravidanza in presenza di un'incompatibilità ABO tra i genitori, come quella che si realizza tra madri di tipo 0 e padri di tipo A. Nelle donne caucasiche e africane l'interruzione della gravidanza sembra più frequente quando la madre è di gruppo A oppure 0 e il feto di gruppo B.

Le correlazioni tra infertilità e gruppi sanguigni non sono state ancora stabilite. Per quanto mi riguarda, ritengo che si debba tener conto di svariati fattori, come per esempio, lo stress, l'esistenza di allergie alimentari, diete scorrette e obesità.

<u>MENOPAUSA E PROBLEMI MESTRUALI</u>

La menopausa è un problema che riguarda tutte le donne indipendentemente dal gruppo sanguigno. La drastica diminuzione degli ormoni sessuali (estrogeni e progesterone), è responsabile di una lunga sequela di disturbi come, per esempio, vampate di calore, riduzione del desiderio sessuale, depressione, perdita di capelli, alterazioni cutanee.

Dato che gli estrogeni contribuiscono a mantenere in buona salute cuore, arterie e ossa, la menopausa è anche contrassegnata da un aumento del rischio di sviluppare malattie cardiovascolari e da una spiccata demineralizzazione dell'osso (osteoporosi).

Consci di tutti questi problemi, oggi endocrinologi e ginecologi cercano, in assenza di controindicazioni, di prescrivere sempre il trattamento ormonale sostitutivo, utilizzando a seconda dei casi, i soli estrogeni oppure estrogeni e progesterone. Questo tipo di approccio, però, crea in molte donne qualche preoccupazione, legata per lo più al rischio di sviluppare un cancro del seno. Come bisogna comportarsi? È bene assumere la terapia ormonale sostitutiva, oppure conviene rinunciarvi? Rispondere a queste domande non è certo semplice, tuttavia, conoscere le indicazioni relative al vostro gruppo sanguigno può aiutarvi a decidere quale potrebbe essere l'approccio che meglio soddisfi le vostre necessità.

Se siete di tipo 0 o di tipo B affrontate la menopausa aderendo il più strettamente possibile al programma di esercizio fisico adatto al vostro gruppo sanguigno. Assicuratevi un buon apporto proteico e assumete integratori che contengano ginseng, lampone, vite e mirtillo rosso.

Le persone di tipo A o AB possono ricorrere agli estrogeni estratti da vegetali (fitoestrogeni) come la soia, il trifoglio rosso e l'alfalfa.

Ovviamente il trattamento non sarà il medesimo perchè la frazione estrogenica presente nei due tipi di cura è diverso: estriolo nei fitoestrogeni ed estradiolo negli estrogeni di sintesi. Il primo, pur essendo meno efficace del secondo, riesce ugualmente ad alleviare molti disturbi della menopausa come le vampate di calore e la secchezza vaginale. In più la letteratura medica disponibile sembra aver concluso che l'estriolo svolge un certo effetto protettivo nei confronti del tumore mammario.

È interessante notare come in Giappone, paese in cui il consumo di prodotti a base di soia è molto elevato, la parola menopausa è pressoché intraducibile. Indubbiamente l'alimentazione ricca di fitoestrogeni riesce a mitigare notevolmente i fastidiosi disturbi correlati con la drastica riduzione della produzione di estrogeni naturali.

CONGIUNTIVITE

La congiuntivite, una fastidiosa infiammazione che causa un intenso arrossamento della parte interna delle palpebre e dell'occhio, è spesso provocata dallo stafilococco, un batterio che si trasmette facilmente da un bambino all'altro.

I gruppi sanguigni A e AB risultano maggiormente esposti al rischio di infezione rispetto agli altri gruppi, probabilmente a causa della naturale pigrizia dei loro sistemi immunitari.

In genere, la congiuntivite viene curata con pomate antibiotiche e colliri, ma esiste un lenitivo naturale molto efficace: basta applicare sull'occhio delle fettine di pomodoro fresco (non fate però esperimenti con il succo di pomodoro, che aggraverebbe la situazione). Il liquido acquoso che esce dalla superficie di taglio della fetta di pomodoro contiene una lectina capace di agglutinare e distruggere gli stafilococchi, e possiede una debole acidità del tutto simile a quella posseduta naturalmente dalle secrezioni oculari. Se non volete appoggiare sull'occhio una fetta di pomodoro, utilizzate il liquido ottenuto affettando l'ortaggio per bagnare una garza pulita con la quale potrete fare degli impacchi.

DIARREA

Nei bambini la diarrea può provocare una pericolosa disidratazione. Spesso il disturbo è correlato agli alimenti ingeriti e in questi casi seguire l'alimentazione adatta per il gruppo sanguigno è sicuramente il mezzo migliore per correre ai ripari.

I bambini di tipo 0 possono andare incontro a episodi di diarrea dopo l'ingestione di prodotti caseari, mentre quelli di tipo B corrono rischi mangiando mais o troppi cibi a base di frumento. In ogni caso, quando la diarrea è provocata da intolleranze oppure da allergie a particolari alimenti, la presenza di altri sintomi come gonfiore agli occhi, orticaria, eczema, prurito e crisi asmatiche può chiarire l'origine del malessere.

Se non è provocata da infezioni parassitarie, blocco intestinale parziale, infiammazioni acute oppure croniche, di solito la diarrea si risolve da sola nel giro di qualche giorno e quindi non è il caso di allarmarsi eccessivamente. Se però le feci contengono sangue o muco, bisogna consultare immediatamente il medico. Una diarrea insorta improvvisamente può essere infettiva, e quindi occorre prevenire il contagio degli altri membri della famiglia adottando rigorose misure igieniche.

In ogni caso, considerando l'elevato rischio di disidratazione, occorre sempre fornire al bambino una quantità di liquidi per reintegrare quelli perduti con le feci e la sudorazione, specie se la diarrea è accompagnata da febbre. Ottimi, a questo scopo, l'acqua minerale naturale, il tè leggero e le zuppe vegetali.

Per dare una mano all'intestino si possono somministrare integratori a base di Lattobacilli e Bifidobatteri e, se il gruppo sanguigno lo consente, dello yogurt magro.

INFEZIONI DELL'ORECCHIO

Le infezioni croniche dell'orecchio colpiscono principalmente i bambini con meno di sei anni. Il termine cronico indica la presenza di cinque o più episodi di otite nell'arco di una singola stagione, di solito l'inverno. Dato che nella maggior parte dei casi è anche presente un sottofondo allergico nei confronti di fattori ambientali e/o dietetici, la migliore soluzione è adottare immediatamente l'alimentazione specifica per il gruppo sanguigno.

Di solito, le otiti batteriche vengono affrontate con gli antibiotici che spesso non riescono a dare risultati soddisfacenti nelle forme cronicizzate. Meglio, pertanto, combattere le cause che espongono il bambino alle infezioni ripetute. A questo scopo bisogna innanzi tutto rinforzare le difese dell'organismo, tenendo conto delle diverse suscettibilità ad ammalarsi caratteristiche di ciascun gruppo sanguigno.

I bambini di tipo A e AB rischiano un'eccessiva produzione di muco quando seguono un'alimentazione inadatta e l'accumulo di secrezioni favorisce l'insediamento dei batteri. Pericolosi sono soprattutto il latte e i latticini per il gruppo sanguigno A, e latte, latticini e mais per il gruppo AB. In questi bambini le vie respiratorie e la gola risultano particolarmente vulnerabili alle infezioni che, da tali sedi, possono facilmente raggiungere l'orecchio. Poichè il sistema immunitario dei soggetti A e AB è tollerante nei confronti di uno svariato numero di batteri, la causa prima di tutti questi disturbi è una scarsa capacità difensiva. Numerosi studi hanno dimostrato che nelle secrezioni auricolari di bambini affetti da otiti batteriche ricorrenti manca una sostanza chiamata "complemento", indispensabile per attaccare e distruggere il germe responsabile dell'infezione. Ma secondo quanto emerso da un altro studio, questa non sarebbe l'unica anomalia evidenziabile. Sembra infatti che nelle secrezioni auricolari manchi anche una lectina che ha il compito di attaccarsi al mannosio contenuto nella capsula batterica, provocando così l'agglutinazione dei germi e una più rapida eliminazione degli stessi. Sia il complemento sia la proteina legante il mannosio possono, nel tempo, raggiungere livelli adeguati e questo potrebbe spiegare perchè la frequenza delle infezioni auricolari tende a diminuire con la crescita.

Oltre all'alimentazione, i bambini di tipo A e AB affetti da problemi di questo tipo dovrebbero seguire un programma per potenziare le difese immunitarie. Il metodo più semplice consiste nel ridurre drasticamente il consumo di zucchero. Sono infatti numerosi gli studi che hanno dimostrato come questo alimento renda i globuli bianchi più pigri e meno propensi ad attaccare gli intrusi. In aggiunta, può essere utilizzata l'echinacea purpurea, un blando immunostimolante utilizzato in tempi remoti dai nativi americani. I meccanismi immunitari stimolati da questo rimedio riescono a funzionare bene solo in presenza di adeguati livelli di vitamina C. Pertanto è consigliabile associare all'echinacea un estratto di rosa canina, che contiene una buona fonte di vitamina C.

In molti casi l'otite è causata dalla chiusura della tromba di Eustachio, la struttura anatomica che collega l'orecchio medio alla faringe. Quando il condotto si ostruisce per processi infettivi, allergie o gonfiore dei tessuti circostanti, l'orecchio medio non riesce più a scaricare in modo adeguato le secrezioni che, accumulandosi, costituiscono un ottimo terreno per la proliferazione dei batteri.

Il reale problema delle otiti, soprattutto se recidivanti, è la scarsa efficacia degli antibiotici, spesso dovuta alla presenza di batteri multiresistenti che impongono il ricorso a farmaci via via più potenti. Quando le cure mediche non danno risultati soddisfacenti bisogna ricorrere alla miringotomia, un intervento chirurgico che prevede l'incisione del timpano e l'inserimento di un minuscolo tubo che serve sia come drenaggio dei liquidi accumulati nell'orecchio medio, sia come condotto di ventilazione.

Personalmente sono contrario ad affrontare le infezioni croniche dell'orecchio con massicce dosi di antibiotici, ancor più sapendo che essi possono risolvere il singolo episodio, ma non mettere al riparo dalle ricadute. Ritengo, invece, che sia più utile adottare l'alimentazione del proprio gruppo sanguigno associando antibiotici naturali.

Peter D'Adamo ha avuto modo di curare numerosi bambini affetti da otite cronica e si è reso conto che in tutti i casi è possibile identificare una correlazione spesso evidente tra malattia e alimentazione, e spesso i cibi responsabili sono i favoriti dei piccoli pazienti.

I bambini di tipo 0 e quelli di tipo B sembrano meno esposti alle infezioni auricolari e quando ne vengono colpiti di solito rispondono molto bene alle cure: spesso il cambio di alimentazione ha un effetto risolutivo. Nei bambini di tipo B il primo episodio di otite è frequentemente sostenuto da un virus che, in seguito, favorisce l'insediamento di un particolare batterio, chiamato Haemophilus, nei confronti del quale il gruppo sanguigno B è particolarmente suscettibile. In questi casi la cura alimentare prevede la drastica riduzione di pomodori, mais e pollo. Nei bambini di tipo 0, invece, le otiti potrebbero essere prevenute con l'allattamento al seno per circa un anno, in modo da consentire al sistema immunitario di svilupparsi completamente. Importante anche eliminare il frumento e i latticini. Infatti, sebbene i soggetti di tipo 0 siano raramente sensibili a questi alimenti nella prima infanzia, evitarli a favore di cibi ricchi di proteine come carne rossa e pesce contribuisce ad irrobustire il sistema immunitario.

Mi rendo conto che imporre drastici cambiamenti alimentari a bambini sofferenti di otite cronica è oltremodo difficile perchè la malattia rende i genitori più inclini ad assecondare i gusti dei figli, come se il cibo fosse un compenso per le sofferenze patite.

In questo modo, però, a poco a poco questi bambini tendono a restringere drasticamente l'ambito delle scelte alimentari che il più delle volte cadono proprio sui cibi che alimentano la malattia.

<u>IPERATTIVITÀ E DIFFICOLTÀ D'APPRENDIMENTO</u>

I disturbi dell'attenzione possono essere provocati da una grande varietà di fattori ed è ancora troppo presto per poterli correlare in maniera specifica ai diversi gruppi sanguigni. Tuttavia, lo studio delle reazioni ai differenti stimoli ambientali può fornire preziose indicazioni.

James D'Adamo in trentacinque anni di pratica ha avuto modo di osservare che i bambini di tipo 0 stanno meglio se possono correre o fare giochi che richiedono un impegno fisico notevole. Ecco perchè, in presenza di disturbi dell'attenzione, questi bambini vanno incoraggiati a praticare molta attività fisica.

I bambini di tipo A e AB, invece, sembrano reagire meglio ad attività artistiche, che esaltano la sensibilità tattile (per esempio la scultura), e alle tecniche di rilassamento (per esempio la respirazione profonda).

Per i bambini di tipo B sono più adatti il nuoto e la ginnastica ritmica.

I disturbi dell'attenzione costituiscono ancora un dilemma: c'è chi ritiene siano il risultato di alterazioni del metabolismo degli zuccheri e chi, invece, li correla a un'allergia ai coloranti o ad altre sostanze chimiche presenti nei vaccini. In definitiva si sa ancora troppo poco.

Peter D'Adamo ha però notato una curiosa correlazione: i bambini affetti da disturbi dell'attenzione sono spesso molto difficili da accontentare per quanto riguarda il cibo, il che porta a pensare che l'alimentazione possa svolgere un ruolo importante.

Recentemente ha scoperto una particolarità interessante che potrebbe costituire un legame tra gruppo sanguigno di tipo 0 e disturbi dell'attenzione. L'occasione è stata fornita da un bambino iperattivo con una lieve forma anemica che D'Adamo ha curato con l'alimentazione e basse dosi di vitamina B_{12} e acido folico. In poco tempo l'anemia era scomparsa, e la madre riferiva anche un netto miglioramento dell'attenzione. In seguito ha sperimentato l'efficacia di queste vitamine in molti altri casi e sempre con risultati soddisfacenti.

FARINGITE STREPTOCOCCICA, MONONUCLEOSI E ORECCHIONI

Dato che i primi sintomi della mononucleosi e della faringite streptococcica sono molto simili, spesso è difficile distinguere queste due malattie.

Un bambino affetto da questi disturbi può accusare mal di gola, malessere generalizzato, febbre con brividi, mal di testa, gonfiore alle ghiandole del collo e/o tumefazione delle tonsille. Per diagnosticare correttamente la malattia occorre fare un esame del sangue e un esame colturale del materiale ottenuto tramite un tampone faringeo.

La faringite streptococcica è un'infezione della gola provocata da un batterio chiamato, appunto, streptococco. Spesso provoca, oltre ai disturbi sopra descritti, naso chiuso, tosse, dolore alle orecchie, comparsa di placche biancastre o giallastre nella parte posteriore della gola e un'eruzione cutanea che inizia dal collo e dal torace per diffondersi poi all'addome e alle estremità (in questo caso lo streptococco in causa è quello della scarlattina). La diagnosi viene fatta in base ai risultati degli esami del sangue e del tampone faringeo. Il trattamento prevede il riposo a letto e la somministrazione di antibiotici attivi contro lo streptococco, di antifebbrili e antidolorifici e di liquidi in abbondanza.

Ancora una volta l'obiettivo delle cure è la risoluzione del singolo episodio mentre, nei bambini con infezioni ripetute, bisognerebbe preoccuparsi di prevenire le recidive. Rispetto ai bambini di tipo A e AB, quelli di tipo 0 e B sono maggiormente esposti al rischio di sviluppare una faringite streptococcica, ma in genere, guariscono anche meglio e più in fretta. Lo streptococco pur trovando difficoltà a colpire i soggetti di tipo A e AB, una volta insediato nel loro organismo molla difficilmente la presa e così il rischio di infezioni a ripetizione aumenta considerevolmente.

La medicina naturopatica offre valide alternative per scongiurare il problema delle ricadute. Si è osservato, per esempio, che utilizzando un collutorio a base di salvia e idraste si riescono a tenere gli streptococchi lontani dalla bocca e dalle tonsille.

L'idraste contiene una sostanza chiamata berberina, che è stata studiata in modo approfondito proprio grazie alla sua attività antistreptococcica. Il suo unico problema è che ha un sapore amaro non troppo gradevole e difficile da far accettare a un bambino. Chi desidera sperimentare gli effetti dovrebbe pertanto munirsi di uno spruzzatore con il quale erogare il liquido nella bocca due volte al giorno. Oltre all'alimentazione per rinforzare il sistema immunitario uso spesso integratori nutrizionali a base di vitamina C, beta-carotene, zinco ed echinacea.

I bambini di tipo 0 risultano più esposti al rischio di mononucleosi rispetto agli altri. Trattandosi di un'infezione sostenuta da virus, gli antibiotici non hanno alcuna efficacia. Vengono invece prescritti antifebbrili, un'abbondante assunzione di liquidi, il riposo a letto fino a quando dura la febbre e frequenti riposini durante il periodo di convalescenza.

I bambini di tipo B sembrano essere particolarmente predisposti a contrarre gravi forme di parotite, malattia virale che colpisce le ghiandole salivari più nota con il nome di orecchioni. Se il gruppo sanguigno di vostro figlio è B e/o Rh negativo, sorvegliate attentamente il decorso della malattia, pronti a cogliere i primi segni di compromissione neurologica, soprattutto quelli che interessano l'udito.

MALATTIE DERMATOLOGICHE

Le informazioni attualmente disponibili circa l'esistenza di eventuali correlazioni tra disturbi della pelle e gruppi sanguigni sono molto scarse. Sappiamo, tuttavia, che malattie come la dermatite e la psoriasi sono il risultato di reazioni di tipo allergico e che numerose lectine presenti negli alimenti più comuni possono interagire con il sangue e il sistema digestivo liberando istamina e altre sostanze chimiche ad attività infiammatoria. Le reazioni allergiche cutanee nei confronti di prodotti chimici sono più spesso osservabili nei soggetti di tipo A e AB. La psoriasi, invece, tende a colpire con maggiore frequenza le persone di gruppo sanguigno 0, soprattutto quelle che seguono un'alimentazione troppo ricca di cereali, latte e latticini.

STITICHEZZA

Si parla di stitichezza quando l'evacuazione è difficoltosa perchè le feci sono dure, oppure quando è meno frequente della norma perchè l'intestino si è impigrito. La maggior parte delle stipsi croniche sono provocate da cattive abitudini, alimentazione povera di scorie e scarsa assunzione di liquidi. Altri fattori importanti sono l'abuso continuativo di lassativi, l'abitudine di trattenere lo stimolo all'evacuazione, lo stress, i viaggi che richiedono un brusco adattamento a orari diversi, l'uso di farmaci che rallentano i movimenti intestinali, la sedentarietà e la presenza di malattie rettali che rendono dolorosa o difficoltosa l'evacuazione delle feci come, per esempio, le ragadi anali o le emorroidi.

Il fatto è che la stipsi non è una malattia vera e propria, ma piuttosto un segnale d'allarme che indica l'esistenza di un problema nel sistema digestivo. Spesso tutto dipende dall'alimentazione. Mangio una quantità sufficiente di cibi ricchi di fibre? Bevo abbastanza? Pratico un'attività fisica regolare? Queste sono le domande che dovreste porvi prima di ricorrere ai lassativi. Questi farmaci servono a superare momentaneamente il problema, ma non a risolverlo. Ciò che occorre in realtà è un'alimentazione equilibrata e il consumo abbondante di frutta e verdura.

MORBO DI CROHN E COLITE ULCEROSA

Le malattie infiammatorie croniche dell'intestino sono molto impegnative sia per l'ammalato sia per il medico che lo assiste. Esse sono infatti caratterizzate da un decorso prolungato nel tempo e da sintomi molto fastidiosi come dolori addominali, perdita di sangue dal retto, e periodi di stipsi alternati a periodi di diarrea. La cura si basa sull'impiego di farmaci utili per spegnere le fasi acute ed evitare le ricadute. Le cause del morbo di Crohn e della colite ulcerosa non sono ancora perfettamente conosciute, ma probabilmente sono in gioco numerosi fattori.

Lo stress, per esempio, è un elemento aggravante indipendentemente dal gruppo sanguigno, e risulta particolarmente pericoloso per i soggetti di tipo A e AB. Quelli di tipo 0 presentano un maggiore rischio di sviluppare una colite ulcerosa con perdita di sangue dal retto, probabilmente perché c'è già una predisposizione al sanguinamento. In tutti i casi è della massima importanza seguire il programma alimentare specifico per i diversi gruppi sanguigni: in questo modo si eviterà di ingerire lectine dannose.

Queste indicazioni valgono anche per chi soffre di forme di colite più blande come, per esempio, l'intestino irritabile, un disturbo della motilità intestinale che provoca dolori addominali, gonfiori, stitichezza e diarrea.

INTOSSICAZIONI ALIMENTARI

Tutti possono andare incontro a un'intossicazione alimentare, ma certi gruppi sanguigni rischiano più di altri a causa di una congenita debolezza del sistema immunitario.
In particolare, i tipi A e AB possono essere più facilmente vittime di infezioni da Salmonella mangiando cibi contaminati e mal conservati. Oltre tutto, una volta contratta l'infezione, le persone con questi gruppi sanguigni di solito guariscono con maggiori difficoltà. I soggetti di tipo B, generalmente più suscettibili nei confronti delle malattie infiammatorie, sono predisposti a sviluppare infezioni causate da cibi contaminati con Shigella, un batterio che provoca dissenteria.

ULCERA GASTRICA E DUODENALE

È noto sin dagli anni Cinquanta che l'ulcera peptica è più frequente nei soggetti con gruppo sanguigno 0. Essi tendono a sviluppare gravi complicazioni come la perforazione delle viscere ed episodi emorragici. Una delle ragioni che spiegano questo fenomeno è costituita dal fatto che lo stomaco delle persone di tipo 0 produce eccessive quantità di acido cloridrico e di pepsinogeno, un enzima che in condizioni normali ha il compito di digerire le proteine.
Ma c'è un'altra particolarità di cui bisogna tener conto: il gruppo sanguigno 0 viene più facilmente attaccato dall'Helicobacter pylori, un batterio che negli ultimi anni si è rivelato determinante nella genesi dell'ulcera e nel favorire la ricomparsa dopo la guarigione. Il batterio è in grado di attaccarsi all'antigene 0 presente nelle cellule della mucosa gastrica e questo punto di ancoraggio gli consente di prosperare. Come sappiamo, la struttura antigenica del gruppo 0 è formata solo da uno stelo di fucosio. Ebbene, il fucus vesiculosus ne contiene grandi quantità. Pertanto risulta un rimedio molto efficace che può essere utilizzato dai soggetti di tipo 0 per impedire l'attecchimento dell'Helicobacter pylori alla mucosa gastrica.

CALCOLOSI BILIARE, CIRROSI E ITTERO

L'ittero è una manifestazione abbastanza caratteristica delle epatiti, mentre la calcolosi biliare è spesso correlata all'obesità. La cirrosi, a sua volta, può essere il risultato di infezioni epatiche, malattie dei dotti biliari o altre malattie localizzate nel fegato.
Per ragioni non ancora comprensibili, i soggetti di tipo A, B e AB mostrano una certa propensione a sviluppare malattie epatiche e delle vie biliari; il tipo A, in particolare, è quello più esposto ai disturbi epatici e a un maggior rischio di sviluppare un carcinoma del pancreas.

MALATTIE DIGESTIVE TIPICHE DEL GRUPPO 0

- **Reflusso gastroesofageo (GERD)**. Il reflusso gastroesofageo (GERD) – o bruciore di stomaco cronico – colpisce ogni giorno solo in Italia 4 milioni di persone. Questo malessere può essere il sintomo di una serie di disfunzioni, tra le quali l'ernia iatale, ma la causa più comune è sicuramente da ascrivere alle cattive abitudini alimentari. Se appartenete al gruppo 0 siete molto più soggetti a sviluppare questo genere di disturbo se non osservate scrupolosamente la vostra alimentazione. Ecco alcuni accorgimenti:
    - Tenetevi lontani da caffè, cioccolato, menta e tè che possono causare il GERD perché stimolano l'acidità gastrica.
    - Evitate zucchero e dolci che spesso provocano problemi a chi soffre di GERD.
    - Diluite in un bicchiere d'acqua da cinque a quindici gocce di genziana e bevete la soluzione mezz'ora prima dei pasti: questa pianta ha proprietà digestive e stimola le secrezioni gastriche.
    - Molti componenti dello zenzero esercitano un effetto protettivo sulle cellule delle pareti dello stomaco. L'assunzione di un pezzetto di radice di zenzero fresco, macinato e disciolto in frullati freschi 1-2 volte al giorno, può costituire una forma di prevenzione assai efficace contro il bruciore di stomaco.
    - Non appesantitevi troppo. Alzatevi da tavola con ancora un pò di appetito.

- **Ulcere**. Oggi sappiamo che molte ulcere sono di origine batterica, ma fino a pochi decenni fà erano considerate soltanto la conseguenza di un'eccessiva acidità gastrica provocata da condizioni di stress. Agli inizi degli anni Ottanta, alcuni ricercatori scoprirono che la maggior parte di queste ulcere erano provocate da un batterio molto comune, l'Helicobacter pylori, un'evidente eccezione alla regola che assegna all'elevata acidità gastrica anche il compito di assicurare la sterilità dello stomaco. Infatti l'Helicobacter pylori riesce a sopravvivere in ambiente acido grazie alla capacità di creare intorno a sè una "sacca" di minore acidità. Le ulcere sono normalmente accompagnate da dolori diffusi, nausea, vomito e perdita di appetito. Quando le ulcere diventano sanguinanti, le feci assumono un colore nero e un aspetto bituminoso. È noto fin dagli anni

Cinquanta che l'incidenza di ulcere è circa doppia negli individui di gruppo 0 rispetto agli altri. Come mai?

La ragione è che l'Helicobacter pylori, come altri batteri dell'apparato digerente, mostra affinità per un determinato gruppo sanguigno, che nel suo caso è proprio il gruppo 0. Si è scoperto di recente che questo batterio produce una molecola simile a quella delle lectine, che ne facilita l'adesione alle cellule delle pareti dello stomaco e del duodeno. Questo legame è più stabile quando le cellule attaccate contengono gli antigeni del gruppo 0. L'infezione da H. pylori è curabile in circa il 90% dei casi con farmaci antibatterici e inibitori di acidità, per cui si raccomanda di sottoporsi a controlli regolari per consentire una diagnosi precoce.

Per neutralizzare questo batterio esistono anche rimedi naturali:

- **Fucus vesciculosus e altre alghe contenenti fucosio**. Già nel 1958 lo scienziato George Springer aveva identificato una serie di piante che contenevano sostanze attive verso i gruppi sanguigni. Scoprì che una di esse, il fucus vesiculosus, un'alga bruna conosciuta anche con il nome di Quercia marina, Ascophyllum nodoso o Kelp, conteneva rilevanti quantità di fucosio, lo zucchero che costituisce il gruppo sanguigno 0.

  Dal momento che l'Helicobacter pylori ama aderire in modo particolare a questo zucchero, perchè non accontentarlo? (Il fucosio dell'alga invece di quello del gruppo 0)? Questo inganno permette di occupare le sue "ventose" impedendo al batterio di attaccare le pareti dello stomaco e arrecare notevoli danni. Il fucus contiene anche delle sostanze chiamate fucoidine che hanno dimostrato proprietà antinfiammatorie. A maggior ragione possono giovare alle persone di gruppo 0 che sono soggette a infiammazioni quando le pareti dello stomaco vengono attaccate dal batterio. Scegliete le alghe secche invece delle tinture perché non contengono fucosio, o ne contengono poco.

- **Bismuto**. I composti del bismuto hanno proprietà antibatteriche e curative per le ulcere. In commercio sono facilmente reperibili svariati prodotti contenenti bismuto.

- **Berberina**. Si è scoperto che la berberina, un alcaloide che si trova in svariate piante, come l'idraste (Hydrastis canadensis), il Coptis chinensis e il crespino, è un potente inibitore della proliferazione batterica.

- **Batteri probiotici**. Certi ceppi di Bifidobatteri (B. bifidus, B. breve e B. infantis) hanno la proprietà di aumentare le difese contro le ulcere.

Per curare la mucosa gastrica (la parete dello stomaco), provate i seguenti rimedi naturali:
- **Radice di malva**: sotto forma di infuso o capsule.
- **Foglie di timo, origano e rosmarino**: queste comuni spezie sono potenti antiossidanti e hanno anche moderate proprietà antinfiammatorie. Inoltre stimolano la resistenza contro i batteri (come l'H. pylori) e altri microrganismi (come la Candida) e possono migliorare le capacità digestive delle persone di gruppo 0.
- **Rizoma di zenzero**: contiene antinfiammatori, antiossidanti e sostanze che combattono le ulcere; inoltre stimola la motilità intestinale.
- **Chiodi di garofano**: contengono molto eugenolo, un antinfiammatorio con buone proprietà antiulcera.

- **Morbo di Crohn**. Il morbo di Crohn è una malattia infiammatoria cronica dell'intestino che colpisce particolarmente i soggetti di gruppo sanguigno 0. Per contrastare la patologia mettete in pratica i seguenti consigli:
  - Evitate le gomme vegetali, come la carragenina e la gomma arabica, che vengono spesso utilizzate come stabilizzatori alimentari.
  - Utilizzate un preparato probiotico che contenga Lactobacillus sporogenes.
  - Come inibitore delle lectine scegliete il fucus.
  - Evitate le lectine che si legano con zuccheri amminici. La lectina più dannosa per il gruppo 0 è quella del grano.
  - Impegnatevi a ridurre lo stress.
  - Utilizzate un prodotto chiamato Seacure, un concentrato di peptidi ottenuti predigerendo delle proteine di pesce ad alto valore biologico. È estremamente efficace per ripristinare la buona funzionalità delle cellule dell'apparato gastrointestinale ed è reperibile tramite internet o nei negozi specializzati.
  - Utilizzate il burro chiarificato (Ghee), un'ottima fonte di butirrato.

MALATTIE METABOLICHE TIPICHE DEL GRUPPO 0

- **Sindrome X**. La sindrome X è una malattia generata dalla combinazione di obesità, trigliceridi elevati e resistenza all'insulina, che può portare a contrarre il diabete e una varietà di cardiopatie. Per i soggetti appartenenti al gruppo sanguigno 0 il fattore scatenante è spesso l'intolleranza ai carboidrati. Molte delle lectine dei cereali più diffusi, tendono a inibire la metabolizzazione dei grassi attraverso i loro effetti sull'insulina: può allora succedere che una persona di gruppo 0 che abbia adottato un'alimentazione povera di grassi ma ricca di lectine che ne disattivano la metabolizzazione, invece di dimagrire, tende ad ingrassare. Per molti anni i cardiologi hanno continuato a sostenere che i trigliceridi alti rappresentano un rischio per il cuore solo se combinati con altri fattori negativi. Si stanno accumulando però molte prove che dimostrano che i trigliceridi costituiscono invece un rischio indipendente e queste nuove scoperte possono spiegare, almeno parzialmente, il percorso anomalo seguito dalle persone di gruppo 0 verso le patologie cardiache. Poichè la condizione che apre la via verso la sindrome X è l'obesità, la malattia può essere prevenuta risolvendo i problemi che provocano aumento di peso.

In generale, le persone di gruppo 0 farebbero bene a sviluppare il più possibile, attraverso l'alimentazione e l'esercizio fisico, la massa dei tessuti attivi, per garantire che il proprio metabolismo funzioni al massimo e si mantenga efficiente. Per raggiungere questo obiettivo devono tener conto che le proteine animali sono quelle che riescono a utilizzare con la massima efficienza, mentre le lectine presenti in certi tipi di cereali, di pane, di legumi e di fagioli tendono a indurre quello stato di resistenza all'insulina che provoca un aumento del grasso corporeo. La più dannosa è la lectina presente nel germe di grano e nei prodotti a base di frumento integrale: l'impatto del frumento è esattamente opposto a quello delle proteine animali, tant'è vero che molte persone di gruppo 0 riscontrano un calo di peso e una graduale diminuzione della ritenzione idrica semplicemente eliminando dall'alimentazione questo cereale.

Accostatevi al vostro programma alimentare considerandolo una strategia a lungo termine, senza troppa fretta di raggiungere risultati clamorosi in breve tempo.

- **Scoprite il vostro profilo metabolico**. Dati come quelli della massa muscolare, della percentuale di grasso corporeo e del metabolismo basale sono spesso più significativi del puro e semplice peso corporeo, perchè rilevano il grado di equilibrio del metabolismo. Il vostro obiettivo non deve essere solo di perdere qualche chilo, ma anche di costruire una maggiore massa muscolare. L'ideale sarebbe sottoporsi all'analisi dell'impedenza bioelettrica ma, se non vi è possibile, non preoccupatevi: esistono altri metodi di misura che potrete eseguire facilmente da soli e che vi permetteranno di scoprire almeno qualcosa di più sullo stato del vostro metabolismo. Pur non essendo metodi scientificamente accurati, sono ugualmente utili per ottenere indicazioni sullo stato di forma complessivo e sulla presenza o meno nel corpo di una quantità eccessiva di acqua.

- **Come determinare la presenza di acqua extracellulare**. Premete con un dito sull'osso della coscia con una certa forza per cinque secondi. Al termine, se la pressione è stata esercitata contro muscoli o grasso, la pelle ritornerà prontamente nella posizione originaria. Se invece tra le cellule c'è acqua, questa verrà spostata di lato e il piccolo affossamento provocato dalla pressione non si colmerà immediatamente. Quanto più a lungo la depressione rimane visibile, tanta più acqua è presente nei tessuti, indicando che il vostro eccesso di peso è dovuto a ritenzione idrica.
- **Misurate il rapporto tra anche e vita**. L'eccesso di peso è più dannoso quando è concentrato nell'addome, piuttosto che nelle anche o nelle cosce. Vi propongo un semplice metodo per determinare la distribuzione del vostro grasso corporeo: in piedi, di fronte a uno specchio a figura intera, misurate con un metro per sarti la circonferenza della parte più stretta della vita e poi quella della parte più grossa delle anche. Dividete quindi la misura della vita per quella delle anche: per le donne il rapporto ideale cade tra 0,70 e 0,75, per gli uomini tra 0,80 e 0,90.
- **Eliminate le lectine che simulano l'azione dell'insulina**. La maggior parte delle persone di gruppo 0 riescono a perdere peso facilmente e rapidamente limitandosi ad eliminare gli alimenti che favoriscono la resistenza all'insulina. Quando le lectine contenute in questi cibi si legano ai recettori dell'insulina, inviano alle cellule adipose l'ordine di smettere di bruciare i grassi e ricominciare ad immagazzinare le calorie in eccesso sottoforma di grasso. Per questo motivo mangiando grandi quantità di lectine inadatte al vostro gruppo sanguigno si rischia di avere effetti decisamente negativi, con l'aumento del grasso corporeo e la diminuzione della massa dei tessuti attivi.

Se sei di gruppo 0, per perdere peso:

INVECE DI	MANGIA
Frumento, mais	Patate novelle
Latticini	Zucchine
Fagioli	Zucca

Fattori che contribuiscono alla resistenza all'insulina e all'obesità:
- ✓ dieta ricca di carboidrati;
- ✓ basso consumo di acidi grassi essenziali, specialmente quelli omega-3 presenti nei pesci;
- ✓ ripetute diete ipocaloriche;
- ✓ saltare i pasti;
- ✓ zuccheri e amidi raffinati;
- ✓ insufficiente consumo di fibre;
- ✓ scarso consumo di fitochimici antiossidanti provenienti da frutta e verdura;
- ✓ consumo di zucchero artificiale;
- ✓ alimenti che contengono lectine dannose;
- ✓ scarsa attività fisica o vita sedentaria;
- ✓ uso di stimolanti come caffè, fumo e alcol.

- **Evitate gli stimolanti**. Molte persone utilizzano stimolanti come strumento per dimagrire, ma per il gruppo 0 si tratta di un sistema il più delle volte controproducente. Infatti spesso gli stimolanti contengono caffeina ed esistono prove certe che nei soggetti di gruppo 0 anche piccole quantità di questo alcaloide possono attivare il sistema nervoso simpatico. Poichè l'attivazione stimola l'aumento del rilascio di adrenalina, si vengono a creare condizioni simili a quelle che si instaurano in caso di ipoglicemia, anche quando il livello di glucosio nel sangue non è affatto basso. I sintomi principali dell'ipoglicemia indotta dall'azione delle catecolammine sul sistema simpatico comprendono sudorazione abbondante, tremori, palpitazioni, sensazione di fame, irrequietezza e ansia. Altri possibili sintomi sono quelli legati a un'insufficiente rifornimento di zucchero al cervello, come vista appannata, difficoltà di parola, senso di spossatezza, giramenti di testa e difficoltà di concentrazione. Se volete potenziare al massimo il vostro metabolismo, vi consiglio

di integrare la vostra alimentazione con somministrazioni di fucus vesiculosus e altre alghe marine.
- **Combattete la voglia di carboidrati**. Se avete voglia di stimolanti o di carboidrati vuol dire che i vostri livelli di serotonina sono bassi e il vostro cervello reclama stimolanti per innalzarli. In questi casi l'assunzione tra i pasti di 5-HTP, tirosina o glutammina dovrebbe aiutarvi ad eliminare o attenuare il desiderio.

Integratori per la buona salute del cuore:

- ✓ Carnitina.
- ✓ Biancospino.
- ✓ Magnesio.
- ✓ Pantetina (B$_5$ attiva).
- ✓ Coenzima Q-10.

- **Disturbi della coagulazione del sangue**. Il "sangue fluido", tipico delle persone di gruppo 0, può diventare un grave problema in caso di ferite o interventi chirurgici che comportino emorragie di una certa entità. Con i seguenti accorgimenti è possibile potenziare i fattori di coagulazione:
    - Almeno una settimana prima dell'intervento, adottate un protocollo giornaliero costituito da 2.000 mg di vitamina C e 30.000 UI di vitamina A. Entrambe favoriscono la cicatrizzazione delle ferite.
    - Prima dell'intervento fate un pieno di vitamina K, essenziale per aumentare la coagulazione del sangue. Perciò mangiate molti ortaggi a foglia verde, specialmente cavoli, spinaci e cime di rapa e integrate l'alimentazione con clorofilla.
    - Evitate di usare aspirina, che per il sangue ha proprietà fluidificanti.
    - A partire da due settimane prima dell'intervento, evitate le sostanze dotate di proprietà fluidificanti, come l'aglio e il ginkgo biloba.

NOTA SUGLI ANTICONCEZIONALI

Le donne di gruppo 0 dovrebbero evitare l'uso delle pillole anticoncezionali, che in generale aumentano il rischio di problemi emorragici.

MALATTIE IMMUNITARIE TIPICHE DEL GRUPPO 0

- **Infezione da Candida**. La Candida albicans è un fungo che crea diversi disturbi nei soggetti appartenenti al gruppo sanguigno 0. Per fortuna esistono diversi rimedi naturali in grado di contrastare l'attacco di questo parassita. Tuttavia se si trascurano le condizioni generali dell'apparato intestinale del soggetto colpito, la malattia tende a presentare recidive. Per questa ragione il modo più efficace per difendersi dai problemi provocati dalla Candida è osservare scrupolosamente il regime alimentare consigliato per il proprio gruppo sanguigno.
    - Aumentate il consumo di olio extravergine d'oliva.
    - Un'interessante lectina presente nelle radici dell'ortica ha mostrato di possedere proprietà agglutinanti sulla Candida albicans.
    - Batteri probiotici. Una delle migliori difese contro questo microrganismo è la presenza nell'apparato digerente di consistenti quantità di lattobacilli.
    - Foglie di timo, origano e rosmarino. Queste comuni erbe da cucina rafforzano le difese dell'organismo contro i batteri, come l'H. pylori, e altri microrganismi, come appunto la Candida.
    - Le alghe marine, come il fucus vesiculosus, stimolano le difese contro gli attacchi della Candida e di altri batteri.

- **Disfunzioni autoimmuni della tiroide**. È stato osservato che i soggetti di gruppo 0 che seguono un'alimentazione ricca di prodotti a base di frumento sono più predisposti alle malattie autoimmuni della tiroide, sia le disfunzioni per iperattività della ghiandola (morbo di Graves), sia quelle per ipoattività (tiroidite di Hashimoto). Molti soggetti affetti da tiroidite autoimmune di Hashimoto hanno curato con successo la malattia semplicemente attraverso l'alimentazione adatta per il loro gruppo sanguigno, probabilmente grazie all'eliminazione delle lectine. Il morbo di Graves invece esige sempre un trattamento medico specifico.

Il funzionamento della tiroide ha riflessi profondi su molte parti del corpo. La tiroidite di Hashimoto e il morbo di Graves sono la conseguenza rispettivamente della distruzione e della stimolazione eccessiva del tessuto tiroideo da parte del sistema immunitario. I sintomi di una ipo o iper funzionalità della tiroide possono svilupparsi lentamente o comparire all'improvviso. I più comuni sono affaticabilità, nervosismo, intolleranza al freddo o al caldo, debolezza generale, perdita dei capelli e calo o aumento di peso.

Le malattie autoimmuni della tiroide colpiscono 4 donne su 100 e spesso si riscontrano in famiglie in cui sono già stati registrati altri casi di affezioni autoimmuni. I sintomi dell'ipotiroidismo (insufficiente attività tiroidea) vengono curati somministrando farmaci di sostituzione dell'ormone tiroideo. Tuttavia, se il trattamento con questo potente ormone è insufficiente o eccessivo possono insorgere effetti collaterali o complicazioni. La cura dell'ipertiroidismo (eccessiva attività tiroidea) richiede una lunga terapia di farmaci antitiroidei o la distruzione di tessuto tiroideo con iodio radioattivo o con asportazione per via chirurgica. Entrambi gli approcci non sono privi di rischi e di effetti collaterali nel lungo periodo.

Il tessuto tiroideo iperattivo è molto più sensibile agli effetti agglutinanti delle lectine presenti nel frumento e nella soia. Forse questa maggiore sensibilità può spiegare i buoni risultati ottenuti e riferiti da malati affetti da disfunzioni tiroidee che avevano semplicemente eliminato questi prodotti dalla loro alimentazione. Essendo tutti di gruppo 0, è logico ipotizzare che l'eliminazione di frumento e soia dalla propria alimentazione abbia avuto l'effetto di rimuovere certi fattori cruciali della risposta infiammatoria o autoimmunitaria.

- **Malattie infiammatorie**. La maggiore predisposizione delle persone di gruppo 0 alle malattie infiammatorie è provocata dallo zucchero fucosio. Gli zuccheri fucosici vengono utilizzati come adesivi da molecole simili alle lectine, chiamate selectine: l'adesione consente una più facile migrazione dei globuli bianchi dal flusso sanguigno verso l'area colpita da infiammazione. Un altro motivo della maggiore predisposizione verso patologie infiammatorie potrebbe risiedere in un basso livello basale di cortisolo, dal momento che questa sostanza è a tutti gli effetti, un ormone antinfiammatorio. Le persone di gruppo 0 che seguono regimi alimentari ricchi di cereali sono fortemente soggette a malattie autoimmuni. Le lectine esaltano la tendenza all'iperimmunità tipica di questi disturbi.

Tutti gli appartenenti al gruppo 0 corrono più rischi di essere colpiti da fenomeni infiammatori: i più anziani sono predisposti all'artrite ossea, un deterioramento cronico delle cartilagini, e le donne più degli uomini. Per tutti la difesa migliore è l'alimentazione, ponendo particolare attenzione ad evitare qualsiasi prodotto a base di frumento e latticini che possono favorire le infiammazioni.

I seguenti integratori possono risultare utili per prevenire e curare le infiammazioni:
- Radice di salsapariglia giamaicana, un adattogeno impiegato per calmare le infiammazioni di molti atleti.
- Astragalo, una pianta cinese che riequilibra l'attività dei processi infiammatori e immunitari.
- Foglie di timo, origano e rosmarino (antiossidanti e antinfiammatori).
- Radice di zenzero, che contiene sostanze antinfiammatorie e antiossidanti, oltre ad essere utile per combattere le ulcere.
- Chiodi di garofano, ricca fonte di eugenolo, un composto con proprietà antinfiammatorie impiegato contro le ulcere.
- Curcumina (estratto di curcuma), un chemioprotettivo molto efficace nelle infiammazioni.

MALATTIE DIGESTIVE TIPICHE DEL GRUPPO A

- **Esofago di Barrett**. L'esofago di Barrett è una patologia precancerosa che si sviluppa in seguito a una cronica condizione di reflusso gastroesofageo (GERD). Benchè il GERD non sia considerato un disturbo tipico del gruppo A, quando si manifesta in questi soggetti è particolarmente pericoloso. Infatti approssimativamente il 20% di coloro che sono affetti da GERD cronico tendono a sviluppare l'esofago di Barrett e per il 10% di questi aumenta sensibilmente il rischio di contrarre un tumore dell'esofago o dello stomaco.
Tra le persone di gruppo A entrambi questi tipi di cancro sono piuttosto diffusi, ma per quelli che sviluppano un cancro dell'esofago in seguito alla malattia di Barrett la prognosi è spesso infausta, perché il tumore viene quasi sempre diagnosticato quando è già in fase avanzata. Una ricerca basata sulle relazioni con i vari gruppi sanguigni ha dimostrato che il 76% dei casi di esofago di Barrett riguardano individui di gruppo A. Molti di questi riferiscono un miglioramento della deglutizione e un'attenuazione dei bruciori di stomaco dopo aver iniziato l'alimentazione per il loro gruppo sanguigno, potenziata con i seguenti accorgimenti supplementari:
    - Evitate il caffè, il cioccolato, la menta e il tè, che possono provocare il GERD. In condizioni normali, per il gruppo A un moderato consumo di caffè può essere benefico (stimola la secrezione degli acidi gastrici), ma se siete affetti da GERD vi consiglio di rinunciarvi completamente.

- Cercate di abituarvi al gusto del tè verde. Numerosi studi indicano che il tè verde (camellia sinensis) blocca le alterazioni precancerose indotte da sostanze chimiche nell'esofago, nello stomaco e in numerosi altri organi. I componenti attivi del tè verde sono una famiglia di sostanze chimiche chiamate "polifenoli del tè verde". Benchè il meccanismo d'azione di queste sostanze chimiche non sia stato ancora del tutto chiarito, diverse teorie ipotizzano l'inibizione di un enzima, l'ornitina-decarbossilasi, che notoriamente favorisce l'insorgenza dei tumori, e attivano l'azione di antiossidanti come la glutatione perossidasi che esercitano un effetto antinfiammatorio. Bevetene almeno tre tazze al giorno (si consiglia di lasciarlo in infusione per circa quarantacinque secondi, in maniera da evitare l'estrazione del tannino che conferisce un sapore amaro al tè).
- Evitate zuccheri e dolci, che danno problemi a coloro che sono affetti da GERD.
- Mezz'ora prima dei pasti bevete una soluzione con dieci gocce di genziana versate in un bicchiere d'acqua. È dimostrato che la genziana, un'erba amara, ha la proprietà di stimolare la produzione della gastrina.
- Lo zenzero contiene una serie di componenti che proteggono le cellule che rivestono lo stomaco.
- Il fieno greco (Trigonella foenum-graecum) è un buon digestivo.

- **Malattie della cistifellea e del fegato**. La cistifellea è una piccola sacca situata appena al di sotto del fegato, che funge da magazzino per la bile. Il suo compito è raccogliere il secreto epatico per poi rilasciarlo quando il cibo transita attraverso l'intestino. Talvolta può succedere che nella cistifellea alcuni componenti della bile, special modo il colesterolo e la bilirubina, si separino dalla soluzione, formando cristalli che vengono detti "calcoli della cistifellea". I risultati di numerose ricerche dimostrano che le malattie del fegato sono molto più frequenti nei soggetti di gruppo A rispetto a tutti gli altri gruppi. Per esempio, già più di sessant'anni fà fu scoperta una correlazione tra l'itterizia e questo gruppo sanguigno. Altri studi, alcuni dei quali ancora in corso, indicano che la cirrosi ha un'incidenza molto più elevata tra le persone di gruppo A, come è ampiamente confermato anche dalle osservazioni cliniche del Naturopata D'Adamo.
È stato anche dimostrato che la cirrosi del dotto biliare è prodotta dai danni arrecati dai radicali liberi, il che rafforza la convinzione che le persone apparte-

nenti al gruppo A debbano consumare grandi quantità di frutta e verdura ricche di antiossidanti e bere tè verde. La cosa migliore che potete fare per proteggere fegato e cistifellea è tenere sotto controllo il peso. Altri consigli:

- Evitate i contraccettivi orali, che sono stati associati alla formazione di calcoli della cistifellea.
- La radice del tarassaco è un medicamento vegetale molto adatto per il gruppo A. Non possiede controindicazioni e offre anche il vantaggio di un moderato effetto stimolante sulla funzionalità epatica.
- Alcuni amari molto potenti, come l'estratto di foglie di carciofo, stimolano la secrezione degli enzimi digestivi e assicurano la salute del fegato e della cistifellea, favorendo il flusso biliare e potenziando il metabolismo del colesterolo.
- La curcumina, un componente chimico della curcuma, sembra rallentare la formazione di calcoli della cistifellea.
- La lecitina è una ricca fonte di fosfolipidi, come la colina, che aumentano la stabilità della bile e ne potenziano la secrezione. Con più lecitina nella bile, la cristallizzazione del colesterolo, con conseguente formazione di calcoli, diventa meno probabile.
- Il tonno fresco contiene molti fosfatidi. Mangiatene in abbondanza.
- Come condimento usate il coriandolo. È stato osservato che i semi di coriandolo (Coriandrum sativum) migliorano la sintesi dell'acido biliare da parte del fegato e favoriscono la degradazione del colesterolo in acidi biliari fecali e steroli neutri, che a loro volta abbassano il colesterolo. I semi di coriandolo aumentano anche il colesterolo HDL (colesterolo "buono").
- Il cardo mariano è un buon antiossidante e ha anche il vantaggio di raggiungere concentrazioni molto elevate nel fegato e nei dotti biliari.

AVETE UN FIGLIO AUTISTICO DI GRUPPO A? LA SOLUZIONE FORSE STA NEL FEGATO

Per curare l'autismo si è parlato recentemente di utilizzare la secretina, un ormone che stimola il fegato a produrre bile e innesca l'attività del pancreas. L'autismo è una disfunzione che altera la normale evoluzione delle attività cerebrali nel campo delle interazioni sociali e della comunicazione. Generalmente i bambini e gli adulti affetti da autismo presentano difficoltà nella comunicazione, verbale o di altra natura, nei rapporti sociali e nelle attività ludiche. In qualche caso sono stati osservati comportamenti aggressivi e/o autodistruttivi. Le persone autistiche spesso ripetono in continuazione determinati movimenti del corpo (per esempio battono le mani o si dondolano di continuo), hanno reazioni imprevedibili, mostrano un attaccamento ossessivo a certi oggetti e tendono a resistere ai cambiamenti delle abitudini. Sebbene alcuni sostengano che l'autismo colpisca solo i maschi, è provato che un bambino autistico su cinque è femmina.

Uno studio sul rapporto tra secretina e autismo, condotto su tre bambini autistici con problemi gastrointestinali, ha rivelato che in seguito a somministrazione di secretina le funzioni gastrointestinali miglioravano sensibilmente e i bambini mostravano maggiore propensione a socializzare e comunicare. L'ortica è una pianta che contiene naturalmente buone percentuali di secretina simile a quella prodotta dal corpo umano.

Sebbene non esistano ancora studi pubblicati ufficialmente, una stima indica che tra i bambini autistici quelli di gruppo sanguigno A sono nettamente prevalenti. Recentemente D'Adamo ha verificato che l'alimentazione personalizzata per il gruppo sanguigno sembra aver avuto una certa efficacia su alcuni bambini autistici di gruppo A.

Poichè l'alimentazione limita l'assunzione di alcune lectine che possono interferire con la secretina, non è azzardato ipotizzare che i progressi riscontrati siano stati in-dotti proprio da un miglioramento del metabolismo ormonale.

ALLARME OSTEOPOROSI: DONNE DI GRUPPO A IN POSTMENOPAUSA

Dopo la menopausa, quando si esaurisce la produzione di estrogeni, le donne corrono più rischi di essere colpite da fenomeni di disgregazione del tessuto osseo che alla lunga portano all'osteoporosi. Per le donne di gruppo A il rischio è aumentato dalla scarsità di fosfatasi alcalina presente nel loro intestino: numerosi studi hanno infatti dimostrato che questo enzima influisce positivamente sul metabolismo del calcio.

Quantunque l'opinione più diffusa dei nutrizionisti attribuisca alle diete prevalentemente proteiche la responsabilità di accelerare la disgregazione delle ossa, la letteratura scientifica sembra accreditare la convinzione contraria. Il che rappresenta un altro fattore di rischio per le donne di gruppo A, specialmente per quelle che non adottano una qualche forma di sostituzione ormonale degli estrogeni. Per favorire la salute delle ossa seguite questi consigli:

- Mangiate salmone e sardine fresche, lische comprese.
- Consumate con regolarità yogurt magro e bevande di soia.
- Includete nell'alimentazione grandi quantità di broccoli.
- Assumete una dose supplementare di citrato di calcio, da 300 a 600 mg al giorno.

- Seguite il programma degli esercizi fisici per il gruppo A e camminate il più possibile.

DISTURBI DEL METABOLISMO TIPICI DEL GRUPPO A

- **Obesità, metabolismo lento**. Per molti aspetti il metabolismo del gruppo A è agli antipodi del gruppo 0. Mentre le proteine animali accelerano il metabolismo del gruppo 0 rendendolo più efficiente, nel gruppo A hanno un effetto del tutto contrario. Un altro problema provocato da un eccessivo consumo di carne è la ritenzione idrica, che deriva dall'impossibilità a digerire correttamente i cibi ad alto contenuto proteico. Mentre le persone di gruppo 0 utilizzano la carne come carburante, quelle di gruppo A tendono ad immagazzinarla sotto forma di grasso.

I soggetti di gruppo A che lottano contro un metabolismo lento e la conseguente tendenza ad ingrassare devono fare i conti anche con un altro pericolo, gli effetti del cortisolo alto: per voi essere stressati vuol dire correre il rischio di ingrassare. La ragione è semplice: gli ormoni dello stress favoriscono la resistenza all'insulina e lo squilibrio ormonale, e catabolizzano, cioè bruciano, i tessuti muscolari invece di quelli adiposi.

Ecco alcuni consigli da seguire per coloro che hanno bisogno di dimagrire:
- **Scoprite il vostro profilo metabolico**. Dati come quelli della massa muscolare, della percentuale di grasso corporeo e del metabolismo basale sono spesso più significativi del puro e semplice peso corporeo, perchè rilevano il grado di equilibrio del metabolismo. Il vostro obiettivo non deve essere solo la perdita di qualche chilo, ma anche la costruzione di una maggiore massa muscolare. L'ideale sarebbe sottoporsi all'analisi dell'impedenza bioelettrica ma, se non vi è possibile, non preoccupatevi: esistono altri metodi di misura che potrete eseguire facilmente da soli e che vi permetteranno di scoprire qualcosa di più sullo stato del vostro metabolismo. Pur non essendo metodi scientificamente accurati sono ugualmente utili per ottenere indicazioni sullo stato di forma complessivo e sulla presenza o meno nel corpo di una quantità eccessiva di acqua.
- **Determinate la presenza di acqua extracellulare**. Premete con un dito sull'osso della coscia con una certa forza per cinque secondi. Al termine, se la pressione è stata esercitata contro muscoli o grasso, la pelle ri-

tornerà prontamente nella posizione originaria. Se invece tra le cellule c'è acqua, questa verrà spostata di lato e il piccolo affossamento provocato dalla pressione impiegherà più tempo per ritornare alla normalità. Quanto più a lungo rimane visibile, tanta più acqua è presente nei tessuti, indicando che il vostro eccesso di peso è dovuto a ritenzione idrica.

- **Misurate il rapporto tra anche e vita**. L'eccesso di peso è più dannoso quando è concentrato nell'addome, piuttosto che nelle anche o nelle cosce. Ecco un semplice metodo per determinare la distribuzione del vostro grasso corporeo: in piedi, di fronte a uno specchio a figura intera, misurate con un metro per sarti la circonferenza della parte più stretta della vita e poi quella della parte più grossa delle anche. Dividete quindi la misura della vita per quella delle anche: per le donne il rapporto ideale cade tra 0,70 e 0,75, per gli uomini tra 0,80 e 0,90.
- **State attenti a quando mangiate**. Spesso è più importante quando si mangia che quanto si mangia. Infatti le medesime calorie che introdotte al mattino ci fanno dimagrire, la sera ci fanno ingrassare. Saltare la prima colazione o ridurla a un modesto spuntino non farà che aggravare gli effetti del lento metabolismo tipico del gruppo A: sia il cortisolo sia gli ormoni della tiroide ne saranno negativamente influenzati. Lo stesso succede quando si salta il pranzo. Se desiderate davvero perdere peso, la strategia migliore è una colazione da Re, un pranzo da Principe e una cena da poverello. La cena soprattutto dovrebbe essere consumata intorno alle 20. Non cedete alla tentazione di sgranocchiare qualcosa la sera tardi.
- **Integrate l'alimentazione con stimolatori del metabolismo**:
    - ✓ **CoQ-10**: 60 mg due volte al giorno. Il coenzima Q-10 è fondamentale per l'attività del metabolismo e per la salute del cuore. Integrando l'alimentazione con questa sostanza è stato osservato la riduzione della pressione del sangue, dei livelli ematici del glucosio e dei trigliceridi, e l'aumento del colesterolo HDL (quello buono).
    - ✓ **L-carnitina**: ne sono necessari da 1 a 2 g per trasferire i grassi nei mitocondri (le cellule che metabolizzano l'energia), dove possono essere utilizzati come carburante. Ci sono prove che la L-carnitina riduce anche la resistenza all'insulina.

- ✓ **Biotina**: è una vitamina necessaria per metabolizzare i grassi. È provato che alle giuste dosi è in grado di abbassare la glicemia, aumentare la tolleranza allo zucchero e diminuire la resistenza all'insulina.
- ✓ **Acido lipoico**: da 100 a 600 mg al giorno aiutano a potenziare la capacità di metabolizzare gli zuccheri.
- ✓ **Magnesio**: 200-300 mg al giorno. Le persone in sovrappeso sono spesso carenti di questo minerale.
- ✓ **Zinco**: 25 mg al giorno. Lo zinco serve per migliorare la funzionalità dell'ormone della crescita e della tiroide, oltre a indurre una reazione equilibrata allo stress.
- ✓ **L-glutammina**: da 200 a 500 mg, due volte al giorno.

- **Colesterolo alto**. Una serie di studi hanno dimostrato che le persone di tipo A e AB sono più soggette al rischio di malattie cardiache anche mortali. Chi è di gruppo A deve rendersi conto di non essere attrezzato, dal punto di vista metabolico, a trattare i grassi alimentari e quindi un'alimentazione ricca di queste sostanze porterà presto o tardi a un aumento dei livelli ematici di colesterolo. Il fattore cruciale per voi è dunque l'alimentazione, ma esistono alcuni integratori che possono darvi una mano per mantenere bassi i livelli di colesterolo:
  - **Pantetina**. La pantetina è la forma attiva della vitamina B5, o acido pantotenico. Sappiate che l'acido pantotenico non è equivalente alla pantetina: accertatevi sempre che la vostra farmacia o il vostro negozio di prodotti naturali dispongano del prodotto giusto. Numerosi studi attestano la capacità della pantetina di abbattere il colesterolo, con cali variabili tra il 18 e il 24%. Inoltre la pantetina abbassa la concentrazione delle particelle di lipoproteine responsabili della formazione delle placche che provocano il cosiddetto "indurimento" delle arterie. È stato verificato che la pantetina, somministrata in dosi di 600 mg al giorno per un periodo di sei-nove mesi, fa calare del 37,7% i trigliceridi nei soggetti diabetici, più di altri farmaci esaminati, come l'acipimox e il bezafibrato. Nel periodo della menopausa le donne sono molto più a rischio di problemi cardiaci. Uno studio italiano ha dimostrato che dopo sedici settimane di trattamento la pantetina ha prodotto in questi soggetti riduzioni significative del colesterolo totale e del rapporto tra il colesterolo LDL (quello cattivo) e l'HDL (quello buono).

- **Soia**. Numerosi studi indicano che il consumo di prodotti a base di soia può ridurre i livelli di colesterolo. Ci vogliono circa 50 grammi di proteine di soia al giorno per ottenere il massimo risultato. Per intenderci, considerate che una tazza di bevanda di soia ne contiene da 4 a 10 g e un etto di tofu da 7 a 11 g.
- **Fibre**. Esistono due varietà di fibre, quelle solubili e quelle insolubili. Delle due, quelle solubili sono in grado di abbassare il colesterolo nel sangue legandosi agli acidi biliari presenti nell'intestino. Un'alimentazione ad alto contenuto di fibre è sicuramente positiva per la salute, ma è irrazionale spingerla fino agli estremi per abbassare il colesterolo: è come asciugare un pavimento allagato trascurando di chiudere il rubinetto.
- **Magnesio**. Molte persone con colesterolo e trigliceridi alti hanno carenza di magnesio, per cui può essere necessario integrarlo.
- **Olio di pesce e olio di semi di lino**. Esistono prove che l'integrazione di olio di pesce fa salire il colesterolo HDL e abbassa l'omocisteina, un fattore di rischio cardiaco scoperto di recente. Anche l'olio di semi di lino e le noci sono buone fonti di acido alfa-linolenico (un acido grasso omega-3).
- **Batteri probiotici e alimenti a fermentazione naturale**. I batteri benefici possiedono una moderata capacità di abbassare il colesterolo.
- **Piridossina (vitamina B$_6$)**. Aiuta a metabolizzare le proteine.

- **Malattie cardiache**. Oltre a seguire l'alimentazione per il vostro gruppo sanguigno, tenete sotto controllo i livelli di stress e abbassate il colesterolo. Ecco alcuni consigli per mantenere la salute del cuore:
    - **Biancospino**. Secondo la tradizione naturopatica, il biancospino è in grado di ripulire le arterie. È attualmente impiegato per curare angina, ipertensione, aritmia e altre disfunzioni congestizie del cuore.
    - **Coenzima Q-10**. Ha effetti positivi sulla funzionalità cardiaca e protegge il cuore contro le infezioni della piorrea. L'integrazione di CoQ-10 rallenta l'evoluzione delle malattie cardiache e ha il potere di prevenirle inibendo l'ossidazione del colesterolo LDL e conservando una buona funzionalità cellulare.
    - **Antiossidanti**. È stato scoperto recentemente che uno dei meccanismi più importanti che predispongono allo sviluppo dell'aterosclerosi è l'os-

sidazione delle particelle di lipoproteine a bassa densità ricche di colesterolo. Questa ossidazione può essere prevenuta con antiossidanti di origine naturale, come le vitamine C, E e il beta-carotene. Apportate gli antiossidanti soprattutto con l'alimentazione o con integratori di origine naturale.

- **Eccessiva coagulazione del sangue**. Chi appartiene al gruppo A è contraddistinto da livelli più alti del fattore VIII di coagulazione chimica ed è più soggetto al morbo di Willebrand. Entrambe queste disfunzioni sono associate a un aumento del rischio di infarto. Pertanto vi consiglio le seguenti strategie da mettere in atto:
    - **Acqua e limone**. Sebbene della sua teoria non si trovi traccia in letteratura, John Bastyr (naturopata americano e fondatore della Bastyr University), era solito sostenere che il succo di tre o quattro limoni ha le medesime proprietà anticoagulanti dei comuni preparati farmaceutici. Io ritengo che sia un ottimo tonico per le persone di gruppo A, da prendere di prima mattina, tanto più che ha anche il vantaggio di ridurre la formazione di muco, un problema tipico di questo gruppo.
    - **Ridurre lo stress**. Esistono prove che indicano chiaramente che le persone di gruppo A reagiscono allo stress con un aumento della viscosità del sangue. Ciò implica che per loro le tecniche di rilassamento, come lo yoga o il tai chi, possono rivelarsi particolarmente efficaci per mantenere il cuore in buona salute.
    - **Ginkgo biloba/aspirina**. Inibendo il fattore attivante delle piastrine, il ginkgo biloba contribuisce a minimizzare la formazione di grumi nel sangue. L'aspirina sembra abbassare la frequenza delle malattie coronariche, in parte grazie ai suoi effetti inibitori sul fattore VIII. Raccomando però di non assumere ginkgo e aspirina contemporaneamente, per via del loro reciproco effetto di amplificazione. Tra le altre sostanze naturali in grado di ridurre l'aggregazione delle piastrine, le più importanti sono lo zenzero e l'aglio.
    - **Cancro**. Per la sua complessità, questo argomento verrà trattato interamente nel prossimo capitolo.

MALATTIE DEL METABOLISMO TIPICHE DEL GRUPPO B

- **Sindrome X**. L'equilibrio metabolico dei soggetti di gruppo B è fortemente influenzato dai peculiari effetti delle lectine contenute in certi alimenti, in particolare quelle presenti nel mais, nel grano saraceno, nelle arachidi e nei semi di sesamo, che possono indurre resistenza all'insulina, con conseguenze piuttosto serie, come aumento di peso, ritenzione di liquidi e ipoglicemia.

   Chi appartiene a questo gruppo e vuole dimagrire deve assolutamente tenersi lontano in primo luogo dal mais e dal frumento. Per certi aspetti le persone di gruppo B presentano una reazione al frumento abbastanza simile a quelle di gruppo 0, in quanto le lectine del grano esaltano gli effetti provocati da altri alimenti che tendono a rallentare il metabolismo. Quando il cibo non viene digerito in modo efficiente e bruciato come carburante, viene immagazzinato nel corpo sotto forma di grasso. È anche vero che per il gruppo B la lectina del frumento è meno aggressiva rispetto al gruppo 0, ma se il consumo di frumento si somma a quello di mais, grano saraceno e arachidi, il risultato finale sarà altrettanto negativo. Le persone di gruppo B che desiderano dimagrire dovrebbero assolutamente evitare il frumento integrale e i prodotti a base di segale.

   Ho notato più volte che eliminando gli alimenti che contengono lectine reattive, i pazienti di gruppo B riescono a tenere il peso sotto controllo senza grossi problemi: in generale non soffrono di disturbi a carico della tiroide, a differenza di quanto accade nei soggetti di gruppo 0.

   Le persone di gruppo B sono molto equilibrate anche dal punto di vista digestivo: tutto sommato, per perdere peso dovete solo impegnarvi a seguire fedelmente il programma alimentare studiato per voi. Quando non rispettate tali consigli diventate vulnerabili ai vari disturbi del metabolismo associati con la sindrome X, in particolare obesità, resistenza all'insulina e alti livelli di trigliceridi. In questi soggetti un classico indizio di resistenza all'insulina è la corporatura a forma di mela, caratterizzata cioè da un'ampia circonferenza all'altezza della vita. Il problema riguarda le cellule adipose dell'addome, che rilasciano il grasso nel sangue più facilmente di quelle localizzate in altre parti del corpo.

   Per esempio, gli individui con una corporatura a forma di pera, cioè con il grasso concentrato prevalentemente nelle anche e nelle natiche, corrono meno rischi. Questa maggiore facilità di rilascio dei grassi si riflette in livelli più elevati di trigliceridi e di acidi grassi ematici. A loro volta, gli acidi grassi liberi di circolare nel sangue inducono resistenza all'insulina e i trigliceridi alti di solito coincidono con bassi livelli di colesterolo HDL. È stato notato che l'eccessiva produzione di insulina che deriva da una crescita della resistenza si riflette in un incremento del colesterolo "molto cattivo", o VLDL. Chi è di gruppo B riesce a perdere peso semplicemente seguendo l'alimentazione per il suo gruppo sanguigno, potenziata con alcuni accorgimenti specifici. Accostatevi al vostro programma alimentare come una strategia a lungo termine, senza avere fretta di raggiungere risultati in breve tempo.

- **<u>Scoprite il vostro profilo metabolico</u>**. (Vedere il metabolismo dei gruppi sanguigni 0 e A).
- **<u>Determinate la presenza di acqua extracellulare</u>**. (Vedere il metabolismo dei gruppi sanguigni 0 e A).
- **<u>Misurate il rapporto tra anche e vita</u>**. (Vedere il metabolismo dei gruppi sanguigni 0 e A).
- **<u>Eliminate gli alimenti più nocivi</u>**. Per accelerare la perdita di peso, apportate all'alimentazione i seguenti aggiustamenti:
  - Eliminate il mais e tutti i prodotti che lo contengono.
  - Eliminate tutti i cibi a base di frumento. Anche se per voi il glutine del grano non è così dannoso, per ottenere dei buoni risultati è necessario bandirlo dalla tavola.
  - Nelle persone di gruppo B le lectine di molti alimenti inibiscono l'assorbimento e compromettono l'efficienza del metabolismo. Ho notato che molti dei miei pazienti perdono chili senza troppa fatica una volta eliminati i seguenti cibi: mais, arachidi, semi di sesamo e grano saraceno (in alcuni casi anche il pollo e le lenticchie).
  - Consumate pesce più volte alla settimana.

<u>Tenete d'occhio i sintomi di un metabolismo lento</u>. State attenti ai segnali che avvertono che il vostro metabolismo non funzioni a dovere. I più frequenti sono:
- Affaticabilità;
- Pelle secca;
- Mani e piedi freddi;
- Perdita di interesse per il sesso;
- Costipazione e ritenzione idrica;
- Giramenti di testa.

Controllate lo stress. Lo stress può essere di ostacolo al dimagrimento, in quanto gli ormoni dello stress aumentano la resistenza all'insulina e alterano l'equilibrio ormonale. Inoltre catabolizzano (cioè bruciano) i tessuti muscolari in luogo di quelli adiposi.

Integrate l'alimentazione con i seguenti stimolatori del metabolismo:
- **Magnesio**: 200-300 mg al giorno se siete in condizioni normali oppure 400-500 mg se siete molto stressati o affaticati.
- **CoQ-10**: 60 mg due volte al giorno. Il coenzima Q-10 è fondamentale per l'efficienza del metabolismo e la salute del cuore. Integrando l'alimentazione con questa sostanza si è osservato una riduzione della pressione sanguigna, dei livelli ematici del glucosio e dei trigliceridi, e un incremento del colesterolo HDL (quello buono).
- **L-carnitina**: ne sono necessari da 1 a 2 g per trasferire i grassi nei mitocondri (le cellule che metabolizzano l'energia), dove possono essere utilizzati come carburante. Ci sono prove che la L-carnitina riduce anche la resistenza all'insulina.
- **Biotina**: da 2 a 8 mg. È una vitamina necessaria per la metabolizzazione dei grassi. È provato che alle giuste dosi può abbassare i valori glicemici del sangue, aumentare la tolleranza allo zucchero e diminuire la resistenza all'insulina.
- **Cromo o lieviti ricchi di cromo**: il cromo è un minerale che in quantità minime può aiutare a regolare i livelli della glicemia a digiuno. Alle giuste dosi migliora anche la sensibilità dei recettori dell'insulina.
- **Zinco**: 25 mg al giorno. Lo zinco serve a migliorare la funzionalità dell'ormone della crescita e della tiroide, oltre a favorire una risposta equilibrata allo stress.
- **Acido lipoico**: da 100 a 600 mg al giorno. Migliora la capacità di metabolizzare lo zucchero.
- **Vitamina B$_6$**: migliora il metabolismo delle proteine e aiuta a costruire la massa dei tessuti attivi.

Controllate le vostre abitudini. Il consumo di alcolici può aggravare la resistenza all'insulina contribuendo all'iperglicemia. Evitate il consumo di birra e vino. Non fumate. Se temete che smettendo potreste ingrassare, tenete conto che i fumatori incalliti sono più insulino-resistenti e iper-insulinemici di chi non ha questa abitudine.

MALATTIE IMMUNITARIE TIPICHE DEL GRUPPO B

Il sistema immunitario è il vero tallone d'Achille per i soggetti di gruppo B. Mentre il vostro gruppo sanguigno sembra offrirvi qualche protezione contro il cancro, lo stesso non si può dire nei confronti delle infezioni batteriche, virali e a certe malattie autoimmuni.

- **Infezioni batteriche**. Molte infezioni batteriche attaccano particolarmente i soggetti di gruppo B. Il motivo è evidente: le più comuni malattie infettive producono batteri affini all'antigene B e pertanto è impossibile generare anticorpi capaci di combatterne l'invasione.
- **Infezioni dei reni e delle vie urinarie**. Spesso le persone di gruppo B sono soggette all'invasione di batteri responsabili delle infezioni delle vie urinarie (UTI). La ragione è semplice: incapacità di prevenire l'aderenza di batteri indesiderati, presenza di un numero maggiore di siti a cui possono attaccarsi e tendenza ad incontrare difficoltà per liberarsi dalle colonizzazioni batteriche. È provato che il 55-60% di donne e bambini appartenenti al gruppo B sviluppano danni renali conseguenti a UTI, anche se trattati regolarmente con antibiotici. I ceppi batterici che possono provocare infezioni delle vie urinarie sono svariati.
  I più comuni sono:
    - Klebsiella pneumoniae;
    - Specie Proteus;
    - Specie Pseudomonas.

Contro questi batteri esistono alcuni rimedi naturali:
  - I mirtilli hanno proprietà antiadesive e quindi impediscono ai batteri di aderire alle cellule della vescica e delle vie urinarie;
  - L'uva ursina è una pianta eccellente per combattere questo tipo di infezione;
  - Acqua e limone è un ottimo rimedio antibatterico;
  - L'ananas fresco, il kefir e lo yogurt magro disinfettano le vie urinarie.

- **Influenza**. Fra tutti i gruppi sanguigni, quello B è il più vulnerabile ai più diffusi virus influenzali. Vi consiglio di assumere regolarmente durante la stagione fredda un estratto di bacche di sambuco (un cucchiaino tre o quattro volte al giorno). Il sambuco è utilizzato da secoli dagli erboristi e ha dimostrato di essere in grado di inibire la replicazione di tutti i ceppi dei bacilli influenzali.
  (Attenzione: quantitativi molto superiori al dosaggio consigliato possono provocare nausea.)

- **Escherichia coli.** Molte delle forme di Escherichia coli più patogene, ad esempio quelle che provocano diarrea, sono immunologicamente affini all'antigene B, e ciò vi rende vulnerabili ai loro attacchi. Di conseguenza dovete puntare su misure preventive:
    - ✓ Non consumate mai cibi che contengono carni tritate crude o poco cotte.
    - ✓ Mani, attrezzi e tutte le superfici che sono venute in contatto con carni crude devono essere lavate con acqua calda e sapone prima di toccare alimenti già cotti o che verranno serviti crudi.
    - ✓ L'igiene è assolutamente necessaria per prevenire il contagio della malattia dalle persone infette. Lavatevi sempre le mani con acqua calda e sapone dopo la toilette o aver cambiato pannolini.
    - ✓ Se venite colpiti da un'infezione da Escherichia coli, combattete gli effetti disidratanti della diarrea bevendo moltissimi liquidi.
- **Infezioni da streptococchi.** Queste malattie colpiscono con particolare frequenza le persone di gruppo B provocando una forte infiammazione alla gola o anche disturbi più gravi, come la sindrome da shock tossico e la polmonite.
  Una forma di infezione da streptococchi particolarmente pericolosa è quella che può colpire i neonati, provocando sepsi, polmonite e meningite. In alcuni casi possono sopravvenire complicazioni neurologiche, con perdita della vista e dell'udito e persino ritardo mentale. Conseguenze mortali sono state verificate per il 6% dei neonati e per il 16% degli adulti.
- **Malattie virali e del sistema nervoso.** Ho assistito personalmente a straordinari miglioramenti e attenuazioni dei sintomi di molti casi di fibromialgia semplicemente adottando l'alimentazione per il gruppo sanguigno. In testa alla lista dei cibi che notoriamente provocano infiammazione articolare ci sono sicuramente i cereali. Leggete cosa afferma un ricercatore a proposito delle lectine: "Spesso l'unica misura dietetica richiesta è evitarle, specialmente se la malattia è in fase iniziale". Come già sappiamo, i cereali che consumiamo abitualmente contengono lectine e molte di esse aderiscono in modo selettivo agli zuccheri, in particolare alla N-acetilglucosammina (NAG), presenti in abbondanza nel tessuto connettivo. Presumo che gran parte dei miglioramenti registrati siano semplicemente ascrivibili all'esclusione degli alimenti a base di frumento, in particolare nel caso di persone di gruppo sanguigno B.
  Misure preventive:
    - Seguite l'alimentazione per il gruppo il vostro gruppo sanguigno.

- Mangiate le bacche di sambuco. D'Adamo, nei suoi esperimenti, ha verificato che queste bacche sono capaci di inibire tutti i ceppi influenzali esaminati. Alcuni ricercatori hanno registrato una maggiore capacità di riconoscere i bacilli influenzali, ossia di identificarli come nemici, in soggetti che avevano mangiato queste bacche. D'Adamo ha notato che i pazienti della sua clinica che assumono regolarmente una miscela concentrata di bacche di sambuco, mirtilli, ciliegie e mele sembrano avere più probabilità di superare indenni la stagione delle influenze. Non esagerate con il dosaggio. Per evitare l'influenza può bastare una dose moderata assunta regolarmente. La posologia prevede due cucchiai di succo di bacche di sambuco 2 o 3 volte al giorno per gli adulti e un cucchiaio 2 volte al giorno per i bambini.
- Mangiate funghi medicinali orientali: i funghi maitake e reishi sono molto efficaci per rafforzare le difese organiche contro i virus.
- Assumete vitamine del complesso B, in particolare riboflavina e tiamina, per migliorare la salute del sistema nervoso.
- L'arginina (250 mg) aiuta a sostenere i livelli dell'ossido nitrico e aumenta l'efficacia dell'attività antivirale.
- Assumete un integratore a base di astragalo. È una pianta medicinale dotata di straordinarie proprietà equilibranti per il sistema immunitario, dimostrando la capacità di potenziare l'attività delle cellule NK e di stimolare le difese antistress e antivirali.
- La radice di liquirizia migliora la funzionalità antivirale del sistema immunitario.
- Gli integratori probiotici potenziano un'ampia gamma di specifiche attività immunitarie antivirali.
- La pectina, normalmente ricavata dalle mele, è ricca di polisaccaridi in grado di impedire l'adesione di virus e batteri.

- **Malattie autoimmuni**. Alcune malattie autoimmuni colpiscono più frequentemente le donne, specialmente quelle in età lavorativa e negli anni della fertilità. Probabilmente gli stimoli ormonali svolgono un ruolo importante nello sviluppo di queste malattie. Le persone di gruppo B sono particolarmente sensibili alle affezioni autoimmuni, come l'artrite reumatoide, il lupus eritematoso e la sclerodermia. Oltre all'alimentazione, le seguenti integrazioni aiutano a rafforzare il sistema immunitario degli individui colpiti da queste patologie:
  - ✓ Magnesio (300-500 mg al giorno);

- ✓ Estratto di radice di liquirizia, noto per le sue proprietà antivirali ed efficace per prevenire la sindrome da affaticamento cronico.

- **Sindrome da affaticamento cronico (CFS)**. Per combattere la CFS sono state individuate numerose strategie nutrizionali, molte delle quali ampiamente utilizzate anche dalla medicina più tradizionale. In oltre il 50% dei casi accertati sono stati riscontrati stress ossidativi e carenze di magnesio. Da un'analisi più dettagliata dei dati riportati in letteratura, si desume che anche altre deficienze nutrizionali possano marginalmente contribuire allo sviluppo di questa sindrome: varie vitamine del complesso B, vitamina C, sodio, zinco, triptofano, carnitina, coenzima Q-10 e acidi grassi essenziali. Le persone affette da CFS possono denunciare carenze di questi nutrienti, a causa più del decorso della malattia che in seguito a un'alimentazione inadeguata.
Se siete di gruppo B, vi consiglio le seguenti strategie:
    - ➢ Metilcobalammina, 500 microgrammi due volte al giorno. Ricordate che questa sostanza non è la vitamina B_{12}, bensì la sua forma "attiva".
    - ➢ Magnesio, 500 mg due volte al giorno.
    - ➢ Un buon integratore multivitaminico.
    - ➢ Acidi grassi essenziali. Consumate in abbondanza olio di semi di lino biologico per condire le vostre insalate. Anche poche capsule al giorno di olio di semi di ribes nero sono utili per un apporto più che sufficiente di acidi grassi essenziali.
    - ➢ Liquirizia. In alcuni soggetti può provocare qualche effetto collaterale, come la ritenzione idrica, e va quindi utilizzata sotto la guida di un erborista, naturopata o medico esperto.

TERAPIE PERSONALIZZATE PER IL TIPO AB

Le persone di gruppo AB sono più predisposte a determinate malattie e disturbi cronici. Tuttavia per voi il quadro è un pò più complesso, dal momento che possedete entrambi gli antigeni A e B, che è un pò come mettere due nemici a condividere le funzioni di custode della casa. Questo aspetto vi rende più vulnerabili alle malattie immunitarie, sicchè diventa ancora più importante per voi osservare scrupolosamente l'alimentazione per il vostro gruppo sanguigno.

Più volte ho verificato, per quanto riguarda le malattie croniche, che gli individui di gruppo AB sono più simili a quelli di gruppo A che a quelli di gruppo B. Ciò accade probabilmente a causa di un'estrema vulnerabilità che contraddistingue l'antigene A.

Le persone di gruppo AB sembrano invece condividere solo in parte la predisposizione tipica del gruppo B per le infezioni batteriche e virali a lenta progressione. D'altro canto, il rischio di cancro sembra essere per le persone di gruppo AB un pò più marcato che per quelle di gruppo A.

Nel complesso chi appartiene a questo gruppo sanguigno può assicurarsi un buon stato di salute semplicemente attenendosi al regime alimentare e agli altri consigli contenuti nei capitoli precedenti e osservando le linee guida indicate per il gruppo A.

C'è tuttavia un'area che richiede particolare attenzione, ed è quella che concerne le difese immunitarie: è stato infatti dimostrato che i soggetti di gruppo AB sono particolarmente predisposti a cali, anche rilevanti, dell'attività delle cellule natural killer (NK). Pertanto vi consiglio alcune strategie che vi aiuteranno a difendervi efficacemente da questo pericolo. È stato dimostrato che cattive abitudini alimentari come saltare la colazione, nutrirsi in modo irregolare, consumare poche verdure o proteine non adatte, mangiare troppi prodotti a base di frumento e consumare grassi saturi, tendono a deprimere l'efficacia delle cellule NK.

- Come regola generale, l'esposizione a sostanze chimiche tossiche e metalli pesanti provoca un calo dell'attività delle cellule NK. In alcuni soggetti tornano a livelli normali nel giro di qualche settimana o al massimo di qualche mese, ma in altri l'effetto può durare per molto tempo. Perciò è molto importante limitare il più possibile questo tipo di esposizioni.
- L'attività delle cellule NK dipende anche dalla carenza di alcune sostanze nutritive. In particolare occorre assicurare all'organismo il giusto apporto di selenio, zinco, vitamina C, Coenzima Q-10, beta-carotene, vitamina A, vitamina D e vitamina E.
- L'uso regolare di L-arginina per tre giorni alla settimana (da 3 fino a 30 g al giorno) può essere utile, particolarmente alle donne che devono essere sottoposte a cicli di chemioterapia. I risultati di numerosi studi hanno indicato che con questa strategia è possibile mantenere invariato il numero di globuli bianchi del sangue nel corso del trattamento chemioterapico.
- Ho notato che molte delle piante comunemente utilizzate per favorire la funzionalità del sistema immunitario, possono essere utili per stimolare l'attività delle cellule NK: ginseng, astragalo, liquirizia ed echinacea. Anche un fungo medicinale, il maitake, ha dimostrato la capacità di stimolare le cellule natural killer.

Le piante medicinali funzionano al meglio quando l'attività delle cellule NK non è del tutto compromessa; ma una volta che le malattie si sono cronicizzate, in piccole dosi non sono più in grado di dare risultati apprezzabili. Utilizzatele soprattutto in modo preventivo, come aiuto per reggere lo stress e mantenere in buona efficienza il sistema immunitario.

CONCLUSIONI

Quando si parla di malattie, le relazioni tra cause ed effetti spesso ha confini non ben delimitabili. Il cancro, per esempio, sembra colpire a casaccio giovani e anziani, indipendentemente dalle circostanze e da eventuali esposizioni a fattori nocivi. In altri casi, invece, è possibile identificare un legame abbastanza netto tra malattie e gruppi sanguigni.

Mi auguro che le prove descritte in questo capitolo siano state sufficientemente convincenti. Se non altro, per imparare a riconoscere i punti deboli e poter fronteggiare in maniera più efficace le situazioni critiche che, altrimenti, rischierebbero di rimanere senza controllo.

A questo punto non resta che affrontare l'ultimo argomento: il cancro. I tumori presentano relazioni con i gruppi sanguigni tanto evidenti che ho ritenuto opportuno dedicare loro un intero capitolo.

CAPITOLO XII: CANCRI, TUMORI E GRUPPI SANGUIGNI

A chi oggi mi chiedesse se esiste una correlazione tra gruppo sanguigno e cancro, non potrei che rispondere affermativamente. I dati disponibili sono inconfutabili: tra tutti i gruppi sanguigni quelli più predisposti alle neoplasie sono il gruppo A e AB che, tra l'altro, tendono anche a reagire con minore probabilità di successo.
Già a partire dagli anni Quaranta, l'American Medical Association aveva stabilito che il gruppo sanguigno AB presentava un maggiore rischio di sviluppare un tumore, ma la notizia non si era concretizzata in campagne di informazione o prevenzione, probabilmente perchè questo gruppo sanguigno è relativamente raro nella popolazione americana. Ma per una persona di gruppo AB non è certo confortante. Gli esperti di statistica possono ridurre ogni caso a un'arida cifra; io preferisco occuparmene come di una tragedia che può sconvolgere la vita di un singolo individuo.
I soggetti di gruppo 0 e B si ammalano più difficilmente di tumore, ma non esistono ancora dati sufficienti per stabilire le ragioni. Forse la relazione tra attività antigenica e anticorpale potrebbe un giorno svelare il mistero. Prima di proseguire è bene chiarire un concetto di fondamentale importanza: se siete di gruppo A o AB non dovete vivere con la certezza di sviluppare, prima o poi, un tumore, così se siete di gruppo 0 o B non potete infischiarvene della prevenzione pensando che non vi ammalerete mai di cancro. Il gruppo sanguigno è sicuramente importante, ma è solo un pezzo del rompicapo. I fattori che possono condizionare o favorire lo sviluppo di un tumore sono numerosissimi. Basti pensare, per esempio, all'inquinamento chimico, alle radiazioni e alle abitudini di vita. Tutti agiscono in modo indipendente dal gruppo sanguigno e tirare conclusioni definitive è oltremodo difficile, se non impossibile. Il fumo di sigaretta, per esempio, può facilmente mascherare o rendere meno visibile l'associazione tra malattie neoplastiche e un determinato gruppo sanguigno perchè svolge un'attività cancerogena tanto potente da determinare lo sviluppo del tumore indipendentemente dal gruppo sanguigno di appartenenza. Disponiamo di una grande quantità di dati riguardante le correlazioni molecolari tra gruppi sanguigni e malattie cancerogene, ma la ricerca scientifica ha letteralmente ignorato un campo di indagine molto interessante che indaga i legami esistenti tra gruppo sanguigno e sopravvivenza alla malattia.

Dal mio punto di vista, il problema reale non è tanto stabilire quale gruppo sanguigno abbia le maggiori probabilità di sviluppare un tumore, ma quale abbia le maggiori probabilità di uscirne vittorioso. E la chiave potrebbero essere proprio le lectine!

CANCRO E LECTINE

Shakespeare scrisse: "Anche nelle cose diaboliche c'è qualcosa di buono". Questa affermazione si adatta bene alle lectine i quali svolgono la loro azione tossica a fini benefici. L'impiego delle lectine in campo oncologico trova una sua giustificazione nel fatto che queste sostanze sono in grado di agglutinare le cellule cancerose; così facendo, esse agiscono come una sorta di catalizzatore delle funzioni immunitarie che si mettono in moto per proteggere le cellule sane.

Ma come può avvenire tutto questo? In circostanze normali, la cellula è in grado di produrre gli zuccheri di superficie in modo specifico e controllato. Nelle cellule tumorali, invece, il rimaneggiamento del materiale genetico fa sì che questi meccanismi di controllo vadano perduti e, pertanto, gli zuccheri presenti nella membrana cellulare vengono prodotti in quantità eccessiva. È proprio per questo che le cellule degenerate sono cento volte più sensibili agli effetti agglutinanti di specifiche lectine. Se si allestiscono due colture, una contenente cellule normali, l'altra cellule maligne, e vi si aggiunge un'eguale dose di lectina appropriata, nella prima si osserverà una reazione di agglutinazione modesta, mentre nell'altra l'aggregazione sarà imponente. Gli ammassi formati da centinaia o migliaia di cellule cancerose attivano il sistema immunitario il quale invia in circolo cellule con la funzione di ricognitori che hanno il compito di scovare il nemico e distruggerlo.

La letteratura scientifica è ricca di informazioni relative alle lectine, largamente impiegate in campo oncologico per studi di biologia molecolare: esse infatti funzionano come sonde che aiutano a identificare la struttura di antigeni posseduti solo dalle cellule cancerose. A parte questo, il loro impiego è assai limitato. Un vero spreco, se si considera la grande varietà di lectine reperibile nei comuni alimenti. Utilizzando queste potenzialità ancora inespresse, e correlandole a tutto ciò che sappiamo sui gruppi sanguigni, è possibile aiutare gli ammalati di cancro ad aumentare le loro possibilità di sopravvivenza.

GLI ANTIGENI DEL GRUPPO SANGUIGNO E LA METASTASI

La diffusione del cancro in parti distanti del corpo è chiamata metastasi, un fenomeno complesso che si sviluppa attraverso una serie di fasi successive:

- invasione dei siti primari;
- ingresso nel sangue o nei vasi linfatici;
- trasporto;
- migrazione dai vasi sanguigni ai tessuti e crescita nei siti target.

Alcune ricerche hanno evidenziato che la presenza di certi tipi di antigeni-carboidrati nelle cellule cancerose è in stretta relazione non solo con il meccanismo della diffusione delle metastasi e con la loro distribuzione nei diversi organi, ma anche con la prognosi della malattia. La metastasi per via linfatica è stata posta in relazione con la presenza di carboidrati a base di mucine (antigene Tn e antigeni affini al Tn), mentre non sono state riscontrate somiglianze significative tra i carboidrati relativi alle metastasi di origine ematica nei diversi tipi di tumori. In questi casi una valida indicazione per la prognosi sembrava essere la presenza degli antigeni dei gruppi sanguigni, benchè la correlazione individuata variasse a seconda del tipo di tumore considerato.

I risultati di queste ricerche indicano che almeno in una certa misura, le molecole adesive e/o i carboidrati sono fattori determinanti per lo sviluppo delle metastasi e di riflesso per la prognosi dei tumori.

L'annullamento o la riduzione degli antigeni nei gruppi A e B si correla con malignità e potenziale metastatico, in quanto denuncia la scomparsa delle caratteristiche adesive che le cellule cancerose registrano quando perdono gli antigeni del gruppo sanguigno. Quando le cellule perdono l'antigene sembrano smarrire anche la capacità di produrre molte delle proteine che fanno aderire le cellule tra di loro, come le integrine, che normalmente presentano sui loro recettori un antigene simile a quello adibito al controllo del movimento della cellula. Poichè per produrre i recettori delle integrine che tengono unite le cellule è necessaria la presenza degli antigeni dei gruppi sanguigni, la loro mancanza rende le cellule tumorali capaci di muoversi e migrare liberamente attraverso l'organismo. Nei tumori maligni la perdita dell'antigene del gruppo sanguigno e la migrazione cellulare che ne consegue sono le fasi del processo che chiamiamo metastasi.

Gli organi e i tessuti che in condizioni normali non producono antigeni si comportano in modo opposto: quando diventano cancerosi, acquisiscono gli antigeni dei gruppi sanguigni. A volte, come è stato osservato nel caso della tiroide e del colon, i cambiamenti che concernono l'espressione dell'antigene del gruppo sanguigno in un certo organo influenzano ciò che avviene in un altro organo.

T E TN: GLI ANTIGENI DEL CANCRO

Molte cellule maligne (per esempio quelle presenti nel cancro del seno e in quello dello stomaco) sviluppano un marker tumorale noto con la denominazione di antigene di Thomsen-Friedenreich (o antigene T). Questo antigene, che generalmente è inibito nelle cellule sane, si attiva quando queste si trasformano in cellule cancerose. È talmente raro che l'antigene T si attivi nei tessuti sani, perchè il nostro organismo produce anticorpi specifici contro di esso; e ancora più rara è la presenza in cellule sane dell'antigene Tn (un antigene T non altrettanto sviluppato).

La buona notizia è che tutti disponiamo per natura di anticorpi contro gli antigeni T e Tn, ossia di una risposta immunitaria automatica contro le cellule che recano questi marker. La generazione di questi anticorpi è principalmente stimolata dalla flora intestinale, ma anche in questo caso il gruppo sanguigno svolge un ruolo importante, perchè influisce sulla loro quantità e sul livello della loro attività contro gli antigeni T e Tn. Poichè gli antigeni T e Tn presentano alcune affinità strutturali con gli antigeni del gruppo A, non sorprende che gli appartenenti a tale gruppo disponga nei loro confronti della risposta immunitaria più debole. Il fatto è che gli antigeni T e Tn e quelli del gruppo sanguigno A sono, dal punto di vista immunologico, molto simili, in quanto hanno in comune lo zucchero terminale della catena (per tutti e tre è la N-acetilgalattosammina).

I ricercatori sono giunti a concludere che l'antigene Tn è, in senso ampio, un antigene affine a quello del gruppo A. L'ipotesi ha ovvie conseguenze: disponendo di meno anticorpi contro gli antigeni T e Tn e di un sistema immunitario disorientato e poco incline ad attaccarli, è evidente che le persone di gruppo A si trovano in una posizione immunologicamente svantaggiata quando devono fronteggiare cellule che portano quei marker tumorali. In una situazione ideale il sistema immunitario sarebbe per natura predisposto a combattere contro cellule dotate di strutture incomplete o anormali, proprio come farebbe nel caso di un'invasione virale di qualunque genere. Ma in questo caso le persone dei gruppi A e AB partono già con uno svantaggio immunologico, poichè il loro sistema immunitario non riesce a riconoscere con chiarezza il pericolo incombente.

Alcuni dei tumori più aggressivi si sviluppano in concomitanza con livelli bassi dell'anticorpo anti-Tn, come è stato osservato in particolare per il cancro del seno. Gli antigeni T e Tn sono presenti in grandi quantità anche nelle cellule cancerose dello stomaco.

È curioso notare che circa un terzo dei giapponesi presentano l'antigene T in tessuti dello stomaco apparentemente sani; il fatto è anomalo, ma ci può aiutare a comprendere come mai la frequenza del cancro dello stomaco in Giappone sia tra le più alte del mondo. Poichè i succhi gastrici sono normalmente ricchi di antigeni del gruppo sanguigno, non è azzardato supporre che le persone dei gruppi A e AB abbiano difficoltà a riconoscere gli antigeni T come marker tumorali e non siano in grado di scatenare contro di loro una risposta immunitaria particolarmente efficace.

L'abbondante secrezione di antigeni A nel cancro dello stomaco non è prerogativa esclusiva dei soggetti di gruppo A, tant'è vero che grandi quantità di questo antigene sono state individuate anche in tumori dello stomaco, peraltro meno comuni, di persone appartenenti ai gruppi B e 0. Sembra che lo sviluppo delle cellule cancerose dello stomaco comporti necessariamente una mutazione del gene ABO, che si riflette nella produzione di antigeni A anche quando la persona colpita è di un altro gruppo sanguigno. Naturalmente disporre di antigeni del gruppo 0 o del gruppo B, capaci di attaccare sostanze strutturalmente simili all'antigene A, come quelle contenute nelle cellule cancerose, offre a questi gruppi sanguigni un vantaggio considerevole. Sembra inoltre che le cellule precancerose e cancerose dello stomaco e dell'intestino tendono a perdere gli antigeni dei gruppi 0 e B, rendendo ancora più agevole il loro riconoscimento da parte del sistema immunitario di questi gruppi sanguigni.

PREDISPOSIZIONE GENETICA DEL GRUPPO A

Quella che lega lo sviluppo del cancro alle affinità strutturali dell'antigene del gruppo A è un'ipotesi solida e ben documentata in letteratura medica. Ci sono però altre caratteristiche biologiche del gruppo A che sembrano contribuire alla sua particolare vulnerabilità verso i tumori maligni. Forse il secondo fattore in ordine di importanza è il maggiore "spessore", o viscosità, del sangue di questo gruppo, con una più pronunciata tendenza a formare coaguli.

Avevamo già discusso di questo problema quando abbiamo parlato della predisposizione di questo gruppo sanguigno verso patologie cardiocircolatorie. Ora troviamo un'altra correlazione. Ecco l'ipotesi:

- **Il fattore di von Willebrand e il fattore VIII**. È stato osservato che quando avviano la metastasi, le cellule cancerose si legano spesso alle piastrine, entrando per questa via nella circolazione sanguigna. Come può succedere? Le cellule cancerose umane producono un recettore di una glicoproteina anomala delle piastrine, che favorisce lo sviluppo delle interazioni adesive necessarie per avviare la metastasi. Il fattore di von Willebrand (vWF) e il fattore VIII (proteine del siero) sono una sorta di colla molecolare utilizzata dalle piastrine per aderire alle proteine coagulanti disposte lungo le pareti dei vasi sanguigni. Di questa medesima colla si serve la glicoproteina delle piastrine per aderire alle cellule cancerose. Analizzando il plasma di persone con diffuse metastasi si sono riscontrati livelli del fattore di von Willebrand e del fattore VIII più elevati (per il vWF addirittura quasi doppi) rispetto ai soggetti sani, probabilmente a causa della carenza nei primi di quantitativi adeguati di un enzima necessario a ridurre i due fattori nella loro forma inattiva.

- **Fibrinogeno**. Come nei casi dello stress, delle cardiopatie e del diabete, le ricerche hanno dimostrato che i soggetti di gruppo A presentano livelli più alti di viscosità del sangue rispetto agli altri gruppi sanguigni. La ragione è semplice: nel loro sangue è presente in concentrazioni più elevate una sostanza coagulante, il fibrinogeno. Si tratta di una proteina che interviene in "casi di emergenza", per rispondere rapidamente a patologie infiammatorie e guarire ferite. Presente in quantità massicce nel sangue di persone affetti da cancro, si è ipotizzato che contribuisca alla loro perdita di peso e ne abbrevi la sopravvivenza. Come il vWF e il fattore VIII, anche il fibrinogeno contribuisce ad innescare il processo di interazioni adesive attraverso il quale le cellule cancerose possono attaccarsi alle piastrine e alle pareti dei vasi sanguigni e dare il via alla diffusione delle metastasi. Nel sangue delle persone di gruppo A, il vWF e il fattore VIII sono presenti in concentrazioni maggiori che negli altri gruppi sanguigni, ed è probabilmente questa la ragione della sua maggiore viscosità. Poichè queste persone tendono anche a presentare livelli più alti di fibrinogeno, la combinazione dei due fattori di viscosità del sangue accresce ancora più la loro particolare vulnerabilità al cancro.

IL FATTORE DI CRESCITA AFFINE ALL'ANTIGENE DEL GRUPPO A

Una caratteristica poco conosciuta e probabilmente sottovalutata dell'antigene del gruppo A è la sua capacità di legarsi al recettore di alcuni fattori di crescita, cioè delle sostanze adibite al controllo della crescita cellulare. Poichè è noto che nel caso delle cellule maligne è proprio la crescita ad essere fuori controllo e che la sovrapproduzione di questi fattori stimolata dall'attività degli oncogeni contribuisce a far perdere all'organismo la facoltà di regolare la crescita cellulare, è chiaro che questo fenomeno favorisce la proliferazione delle cellule cancerose.

Il fattore di crescita dell'epidermide (EGF), che viene normalmente sintetizzato per favorire l'autoriparazione dei tessuti, svolge un ruolo di una certa rilevanza anche nello sviluppo di numerosi tumori, tra i quali quelli della prostata, del colon e del seno.

Queste forme di cancro sono caratterizzate da cellule sulla cui superficie sono presenti concentrazioni molto elevate di recettori dell'EGF. Ovviamente la conseguenza è che le cellule tumorali possono legarsi a un gran numero di molecole di EGF ed è ragionevole ipotizzare che questa iniezione massiccia di fattore di crescita favorisca lo sviluppo del tumore. Proprio in ragione del suo squilibrio, riscontrato in numerose forme cancerose (vescica, seno, cervice, colon, esofago, polmone e prostata), il recettore del fattore di crescita dell'epidermide è stato scelto come obiettivo potenziale della prevenzione farmacologica.

RUOLO DEI GRUPPI SANGUIGNI NELLA GENESI DEL CANCRO

Dal momento della nascita a quello della morte, le cellule del nostro organismo sono impegnate in un'intensa attività di duplicazione che serve a sostituire gli elementi invecchiati con altri più giovani e vigorosi. Il processo di duplicazione, chiamato in termini tecnici mitosi, richiede la replicazione del materiale genetico che verrà trasmesso dalla cellula-madre alle cellule-figlie. Se qualcosa va storto la cellula può acquistare la capacità di replicarsi al di fuori di ogni controllo e diventare cancerosa.

Alla luce di queste brevi e semplici considerazioni, c'è da meravigliarsi che i tumori non colpiscono chiunque. In effetti la nostra salute è letteralmente nelle mani del sistema immunitario che come un solerte netturbino provvede a identificare ed eliminare le cellule alterate.

Anche se le cause dei tumori sono molteplici, complesse e sotto molti aspetti ancora oscure, non c'è dubbio che un cattivo funzionamento del sistema difensivo possa contribuire allo sviluppo della malattia. Ma quali sono, più precisamente, le connessioni tra gruppo sanguigno, cancro e lectine? E come possono essere sfruttate in modo vantaggioso per la salute? Esaminiamo adesso le diverse forme di cancro e i loro rapporti con il gruppo sanguigno.

CANCRO DEL SENO

Quello del seno è il tumore più diffuso fra le donne e anche se i tassi di mortalità in alcune sottopopolazioni femminili mostrano una lieve tendenza a calare, rimane tutt'oggi un nemico potenzialmente letale.

La cura standard può variare, ma fra le procedure normalmente adottate figurano l'asportazione del nodulo (rimozione del tumore e di parte dei tessuti circostanti), la mastectomia (rimozione dell'intera mammella), la chemioterapia, la radioterapia e la terapia di blocco ormonale, spesso in varie combinazioni.

La strategia medica per una diagnosi precoce si basa principalmente sull'esame mammografico. Molti professionisti non sono d'accordo e dichiarano che molte pazienti hanno individuato i loro tumori grazie all'autoesame (o autopalpazione) del seno.

Allo sviluppo del cancro del seno vengono normalmente associati numerosi fattori di rischio, ma solo raramente viene sottolineato l'effetto che il gruppo sanguigno ha sulla predisposizione alla malattia e sulla sua prognosi.

Peter D'Adamo ha osservato in prima persona che le donne di gruppo A colpite da cancro del seno mostrano una maggiore tendenza a esiti infausti e a una progressione più rapida della malattia. Le ricerche indicano che tra le persone affette da questa forma di cancro le donne di gruppo sanguigno A sono più numerose di quanto statisticamente giustificato, ed è significativo che la tendenza venga confermata anche in soggetti ritenuti a basso rischio di cancro. Gli studi confermano altresì che l'appartenenza al gruppo sanguigno A è uno dei fattori di rischio più rilevanti per una malattia a progressione più rapida e con esiti più negativi della media. Le donne di gruppo AB sembrano essere altrettanto predisposte e anche per loro è individuabile una tendenza più evidente verso la comparsa di recidive, con tempi di sopravvivenza più brevi.

La situazione è invece alquanto diversa per le donne di gruppo 0, che sono dotate di un certo livello di difesa contro l'insorgenza di cancro del seno e che quando ne vengono colpite, hanno più probabilità di sopravvivenza. Anche le donne di gruppo B sono meno predisposte nei confronti di questa malattia rispetto a quelle di gruppo A.

Tuttavia, se siete una donna di gruppo B, dovete tenere conto di due elementi importanti: primo, se qualche membro della vostra famiglia è già stato colpito da un tumore del seno, la protezione normalmente associata al gruppo B non sembra più sussistere; secondo, se avete avuto o avete in questo momento un tumore del seno, le probabilità di una recidiva per voi tendono a essere più alte della media.

Anche se le donne di gruppo B hanno fatto registrare da un punto di vista statistico una maggiore sopravvivenza ai tumori del seno, vi consiglio ugualmente di prendere in seria considerazione alcune delle strategie di rafforzamento immunitario.

CANCRO DELL'APPARATO RIPRODUTTIVO FEMMINILE

Come regola generale, i tumori ginecologici sono più frequenti e associati a prognosi più infauste nelle donne di gruppo A. Per esempio, il cancro dell'endometrio colpisce con maggiore frequenza le donne di gruppo A e quello delle ovaie le donne dei gruppi A e AB. In entrambe queste forme tumorali al gruppo A è associato un minore tasso di sopravvivenza. Al contrario, la percentuale più alta di sopravvivenza è registrata dalle donne di gruppo 0, seguite da quelle di gruppo B. Quest'ultime sono anche quelle che corrono meno rischi di contrarre un tumore delle ovaie in forma maligna.

Per quanto riguarda il cancro del collo dell'utero, le analisi statistiche mostrano la medesima netta tendenza verso una maggiore frequenza di casi e di esiti sfavorevoli tra le donne di gruppo A, una leggera tendenza a un rischio più alto per quelle di gruppo B e un più alto tasso di sopravvivenza per quelle di gruppo 0.

CANCRO DELLA VESCICA

Il cancro della vescica sembra costituire un'eccezione alla correlazione tra gruppo A e forme cancerose aggressive. Infatti alcuni ricercatori hanno registrato una certa tendenza di questo cancro a manifestare maggiore aggressività, maggiore gravità e più alta percentuale di recidive quando colpisce soggetti di gruppo sanguigno 0, seguiti da quelli di gruppo B. Al contrario, le persone dei gruppi A e AB hanno meno probabilità di contrarre le forme più aggressive e sembrano essere meglio difesi contro le recidive. In un altro studio, i ricercatori hanno esaminato 141 persone affette da cancro della vescica, ottenendo risultati analoghi: quelli di gruppo A venivano colpiti da tumori meno gravi e presentavano tassi di mortalità più bassi. Altre ricerche hanno confermato questi dati, riscontrando anch'esse la tendenza dei soggetti di gruppo 0 a sviluppare tumori più gravi, più estesi, a più rapida progressione e con esiti più infausti.

Al pari della maggior parte delle altre forme tumorali, anche il cancro della vescica è caratterizzato dalla scomparsa del normale antigene AB0 e dalla comparsa di specifiche molecole adesive.

CANCRO DEL POLMONE

Il cancro del polmone continua a costituire una delle principali cause di morte per tumori. Quantunque tra gli uomini l'incidenza del cancro del polmone sia in calo fin dagli anni Ottanta, tra le donne questo tipo di tumore fa registrare una certa crescita.

Il più noto fattore di rischio per il cancro al polmone è il fumo. Altri fattori conosciuti sono l'esposizione a certe sostanze, come l'amianto e alcuni prodotti chimici organici, le radiazioni, il fumo passivo e l'aria che respiriamo. Alcune ricerche hanno dimostrato che un altro fattore scatenante, soprattutto tra i soggetti che non hanno mai fumato, è il consumo eccessivo di cereali, soprattutto frumento.

Una maggiore incidenza di questo tumore si riscontra nei soggetti di gruppo A e un pò meno in quelli di gruppo 0.

CANCRO DELLO STOMACO

E' stato più volte osservato che il gruppo sanguigno A è associato a un maggior rischio di sviluppare un cancro dello stomaco e a un minore tasso di sopravvivenza. Il gruppo 0, contraddistinto da una risposta più robusta, è in grado di esercitare un effetto protettivo che limita lo sviluppo e la diffusione del tumore.

Data la chiara correlazione riscontrata tra cancro dello stomaco e gruppo sanguigno A, alcuni ricercatori hanno ipotizzato che le cellule cancerose dello stomaco producono un antigene immunologicamente affine all'antigene A, motivo per cui quest'ultimo non lo riconosce come nemico e quindi non lo attacca. In una certa misura l'ipotesi sembra plausibile, dal momento che le cellule cancerose dello stomaco esprimono l'antigene di Thomsen-Friedenreich (T), che come sappiamo, è affine a quello del gruppo sanguino A.

TUMORI DELL'APPARATO DIGERENTE (CANCRO DEL PANCREAS, CANCRO DEL FEGATO E CANCRO DELLA CISTIFELLEA)

Il rischio di contrarre un cancro del pancreas è più elevato per chi appartiene ai gruppi A e B, mentre le persone di gruppo 0 dispongono di migliori difese. Come succede anche in molte altre forme di cancro, sulle cellule cancerose prevalgono le strutture antigeniche del gruppo sanguigno, che possono alterarsi. Può anche succedere che in questa forma tumorale gli antigeni del gruppo sanguigno vengano espressi in modo inappropriato. In tutti i casi riferiti questa espressione errata si è manifestata con la produzione di antigeni B in soggetti dei gruppi sanguigni A e 0 affetti da cancro del pancreas. Questo potrebbe indicare una natura affine al gruppo B e ciò contribuirebbe a spiegare in parte la maggiore predisposizione delle persone di gruppo sanguigno B a questa malattia.

Per il cancro del fegato è stata rilevata una debole associazione con il gruppo A, mentre quelli della cistifellea e dei dotti biliari risultano molto più frequenti nei gruppi A e B.

CANCRO DEL COLON

Tra tutti i tumori dell'apparato digerente, quello del colon e del retto è tra i più frequenti nel mondo. I fattori di rischio più comuni sono: casi pregressi in famiglia, polipi nel colon e malattie infiammatorie dell'intestino. La vita sedentaria, l'esposizione a certe sostanze chimiche e un regime alimentare ricco di grassi e povero di fibre costituiscono fattori di rischio supplementari.

Mentre in questo caso il gruppo sanguigno non è di per sé un fattore di rischio significativo, il cancro del colon è una delle poche malattie per cui sia stato rilevato un grado di correlazione con il fattore Rh.

Benché le persone con Rh+ e Rh- abbiano all'incirca le medesime probabilità di contrarre un cancro del colon, quelle con Rh- vengono colpite con maggiore frequenza da forme localizzate, mentre quelle con Rh+ da forme più metastatizzanti. Ciò implica che i soggetti con Rh+ affetti da cancro del colon o del retto sono meno protetti contro la diffusione del male rispetto ai soggetti con Rh-, specialmente per le metastasi ai linfonodi locali.

Alcuni studi condotti nel passato avevano messo in luce un certo grado di correlazione tra i tumori dell'intestino e il gruppo sanguigno A, ma in tutti i casi l'associazione rilevata è più debole di quella scoperta per il cancro dello stomaco. Forse il collegamento più significativo tra gruppo sanguigno e cancro del colon è dato dalla comparsa o dalla scomparsa degli antigeni del gruppo sanguigno. Viene generalmente accettato che in questa forma cancerosa il cambiamento dell'espressione dell'antigene del gruppo sanguigno sia un segnale di malignità.

Diversi ricercatori hanno ipotizzato che alcune lectine specifiche (tra cui quella dell'amaranto) possano fungere da utili strumenti per la diagnosi precoce di cancro del colon (in effetti sembra che almeno potenzialmente potrebbero essere utilizzate anche per scopi terapeutici). Anche l'agglutinina della Vicia faba, la lectina alimentare che si trova nelle fave, è stata indicata come possibile strumento per rallentare la progressione di cancro del colon. In sostanza sembra che la lectina sia in grado di trasformare le cellule maligne di cancro del colon in cellule sane e normalmente funzionanti. I medesimi ricercatori hanno anche trovato che la lectina delle fave, così come quella dei comuni funghi coltivati, ha il potere di inibire la proliferazione delle cellule di cancro del colon.

TUMORI DELLA CAVITÀ ORALE E DELL'ESOFAGO

Il cancro del labbro è chiaramente associato con il gruppo A, al pari delle forme cancerose della lingua, delle gengive e delle guance. Il cancro delle ghiandole salivari è strettamente correlato con il gruppo A e più debolmente con quello B.

Sappiamo già che esiste un collegamento tra il gruppo A e l'esofago di Barrett, un'alterazione precancerosa del tessuto dell'esofago. Proprio alla luce di questa conoscenza, non sorprende trovare che le persone di gruppo A abbiano un'incidenza molto più alta della media per quanto riguarda i tumori dell'esofago.

Anche chi appartiene al gruppo B ha la tendenza a sviluppare un cancro dell'esofago, mentre il gruppo 0 è dotato di un buon grado di protezione.

Infine i tumori della laringe e dell'ipofaringe sono più frequenti tra le persone dei gruppi A, AB, e B.

CANCRO DEL CERVELLO E DEL SISTEMA NERVOSO

Relativamente ai tumori del cervello e del sistema nervoso è stato riscontrato un chiaro legame con il gruppo sanguigno A e una più debole associazione con il gruppo B. Al contrario, alle persone di gruppo 0 sembra essere assicurata una prognosi più favorevole.

Alcuni ricercatori interessati ad analizzare l'efficacia della polichemioterapia e della immunochemioterapia post-operatoria in casi di gliomi maligni, decisero di classificare i risultati in base al gruppo sanguigno dei pazienti. Assumendo come criterio di misurazione il tempo di sopravvivenza, determinarono che le terapie descritte risultavano promettenti quando applicate a pazienti dei gruppi A e AB, ma inefficaci su quelli di gruppo 0. Sulla base di questi dati i ricercatori conclusero che la decisione di programmare o meno quel tipo di interventi deve essere presa tenendo in considerazione il gruppo sanguigno del paziente in cura. Anche se si tratta di una scoperta per il momento isolata, ha il merito di aver posto l'accento sulla possibilità che gli interventi medici potrebbero diventare più efficaci se nella fase decisionale si tenesse conto del fattore gruppo sanguigno.

CANCRO DELLA TIROIDE

Il gruppo sanguigno B mostra predisposizione al cancro della tiroide. Il gruppo 0 è soggetto a un certo numero di disfunzioni tiroidee che però non comprendono il cancro, da cui sembra essere protetto.

Analogamente a quanto osservato in altri tipi di cancro, anche in questo caso quando le cellule diventano cancerose la struttura normale dei vari antigeni viene alterata. In generale la scomparsa degli antigeni A e B e l'aumento degli antigeni Tn sono tratti tipici dei tumori della tiroide, normalmente associati con tendenza alla malignità.

MELANOMA

Sulla relazione tra gruppi sanguigni e cancro della pelle esistono soltanto due studi, che hanno determinato una netta associazione con il gruppo 0.

Le persone di gruppo 0 sono risultate anche quelle più frequentemente colpite da melanomi maligni, con il più basso tempo medio di sopravvivenza dopo la diagnosi.
I soggetti di gruppo A tendono invece a sopravvivere più a lungo, specialmente quelli di sesso femminile.

TUMORI DELLE OSSA

I tumori delle ossa si correlano soprattutto con il gruppo sanguigno B e in misura minore con quello A.

LEUCEMIA E MORBO DI HODGKIN

Le persone di gruppo A sono le più predisposte alla leucemia, mentre il gruppo sanguigno 0 assicura un certo grado di difesa, specialmente contro la forma acuta. Poiché questa difesa è particolarmente pronunciata per i soggetti di sesso femminile, alcuni ricercatori hanno ipotizzato la possibilità che esista un gene "attivato dal sesso", situato nelle vicinanze di quello AB0 sul cromosoma 9, che protegge le donne di gruppo 0 dalla leucemia acuta.
La leucemia è normalmente caratterizzata dalla scomparsa degli antigeni del gruppo sanguigno che, in caso di remissione completa, spesso tornano a comparire sulla superficie delle cellule.

DIBATTITO SULLE CAUSE D'INSORGENZA DEL CANCRO

Secondo molti esperti le cause che portano all'insorgenza del cancro sono multifattoriali, cioè entrano in gioco diversi fattori, pertanto occorre analizzarli singolarmente, poiché non tutti, ma soltanto una parte di essi potrebbero considerarsi fattori causali nella formazione di un cancro in determinati soggetti rispetto ad altri. In altre parole, non tutti questi fattori devono necessariamente entrare in gioco per causare la formazione di un cancro. Inoltre, essendo ognuno di noi esposti a fattori ambientali e nutrizionali differenti, potrebbe essere probabile che parte di questi fattori siano implicati nell'insorgenza della malattia in alcuni soggetti, mentre in altri sarebbero diversi.
Tra tutti questi fattori che gli esperti considerano come cruciali nell'insorgenza della malattia, l'alimentazione gioca sicuramente un ruolo fondamentale.
Alla luce di quanto detto occorre fare un'importante considerazione: gli alimenti che ognuno di noi può mangiare in base al proprio emotipo possono risultare tossici per via delle sostanze con la quale oggi vengono trattati. La carne, benefica per il gruppo

0, potrebbe risultare piena di ormoni e antibiotici, con conseguenze dannose per l'organismo di questi soggetti. Così come la frutta, la verdura e tanti altri alimenti, che vengono trattati con prodotti chimici altamente tossici e cancerogeni.

A peggiorare la situazione è anche la lavorazione industriale a cui gli alimenti vengono sottoposti, che li depaupera di tutte le sostanze (minerali, vitamine, enzimi, fibre) necessarie affinchè l'organismo possa svolgere al meglio le proprie funzioni biologiche.

Un altro fattore fondamentale nell'insorgenza del cancro è lo stato emozionale del soggetto. Alcuni studi hanno dimostrato che le persone con stati d'animo negativi (collere, paure ecc.) sono altamente predisposte verso il cancro. I medici più famosi che hanno portato avanti questa teoria sono Edward Bach (il padre della Floriterapia) e il dottor Ryke Geerd Hamer (il padre delle 5 leggi biologiche).

Anche i vaccini potrebbero essere responsabili, in qualche modo, della comparsa di malattie cancerogene. Essi infatti, contengono molte sostanze dichiarate mutagene per l'uomo dalla stessa IARC (agenzia internazionale per la ricerca sul cancro) come per esempio, la formaldeide, il mercurio e l'alluminio. Purtroppo, l'ipotesi che i vaccini contribuiscano all'aumento di casi di cancro, non è semplice da dimostrare, poiché hanno effetti differenti in base all'individualità di ogni soggetto. Essi pertanto, possono causare danni a breve (handicap), a medio e lungo termine (tumori o altre patologie cronico-degenerative).

Negli ultimi anni ha preso piede un'altra ipotesi molto interessante sull'insorgenza del cancro: il binomio parassiti-sostanze tossiche (metalli, solventi ecc.). Questa ipotesi è stata portata avanti per più di trent'anni dalla dottoressa Hulda Regehr Clark, che ha sempre osservato nei pazienti malati di cancro la presenza contemporanea di parassiti e sostanze tossiche, che ha curato con successo attraverso l'utilizzo di erbe e altre sostanze naturali. Dal fronte medico italiano, il dottor Tullio Simoncini, radiato dall'albo dei medici per le sue scomode teorie sull'origine del cancro, ha dichiarato apertamente a tutta la comunità scientifica che l'unico fattore che porta alla proliferazione delle cellule cancerogene in un determinato tessuto è la presenza di un fungo opportunista: la Candida albicans.

Ricapitolando, i fattori causali di questa malattia sono diversi e ogni medico o scienziato che sia, dice la sua nonostante questo male continui ad avanzare a macchia d'olio rappresentando la seconda causa di mortalità nel mondo dopo le patologie cardiovascolari (secondo alcune statistiche la mortalità per patologie tumorali ha superato di gran lunga quelle per patologie cardiovascolari).

Sono del parere che tutti quanti abbiano in parte ragione, e che le cause del cancro siano molteplici e differenti da paziente a paziente. Forse è questo il motivo per cui le cure oggi a disposizione, convenzionali o alternative che siano, hanno un'efficacia maggiore in alcuni casi e non in altri.

La mia teoria personale sulle cause di questa malattia è per alcuni aspetti simile a quella ipotizzata da alcuni e totalmente lontana rispetto a quella di altri: il cancro potrebbe essere legato a una risposta immunitaria da parte del nostro organismo agli effetti tossici di varie sostanze. In altre parole, il cancro non sarebbe altro che un mezzo di autodifesa che l'organismo utilizza per bloccare le sostanze tossiche (provenienti da diverse fonti, anche da parassiti) attraverso la formazione di masse tumorali.

L'organismo, in pratica, riconosce la tossicità di determinate sostanze che, essendo libere di circolare nel nostro corpo, potrebbero depositarsi in qualsiasi organo alterandone la funzionalità, pertanto, si mobilita innescando un meccanismo genetico-molecolare che induce la formazione di cellule allo scopo di creare attorno a queste sostanze una sorta di gabbia cellulare che impedisca loro di attecchire ad un determinato organo-bersaglio.

Il meccanismo è molto simile alla formazione di una cisti. Le cisti sono delle sacche o cavità chiuse che inglobano al loro interno del materiale liquido o semisolido. Di che materiale stiamo parlando? Naturalmente di materiale tossico che l'organismo cerca di bloccare in varie parti del corpo con la formazione di questa massa.

La formazione di cisti o di masse tumorali hanno qualcosa in comune? È ancora presto per dirlo, ma questa ipotesi potrebbe spiegare in parte il motivo per cui determinati soggetti dopo aver cambiato la loro alimentazione, a favore di uno stile di vita alimentare che rispetti la propria individualità biochimica, abbiano dato inizio a quel processo di disintossicazione che ha portato loro a ridurre o ad eliminare del tutto la massa tumorale!

EPILOGO

Da dove proviene la nostra forza vitale? Cosa ci spinge a sopravvivere? La risposta è solo una: il nostro sangue.

In questi ultimi anni nuovi virus si sono insinuati tra noi provocando terribili epidemie di fronte alle quali la medicina sembra disarmata. Riuscirà il nostro organismo a superare le sfide poste dal nuovo millennio? Ecco ciò che ci si prospetta:

- Aumento delle radiazioni ultraviolette causate dall'assottigliamento dello strato di ozono.
- Aumento dell'inquinamento atmosferico e di quello delle acque.
- Aumento della contaminazione delle derrate alimentari.
- Sovrappopolazione e fame.
- Malattie infettive che sfuggono alle nostre possibilità di controllo.

Ma sopravviveremo! Non sappiamo certo come, né che mondo è destinato ai nostri discendenti, ma conosciamo le nostre capacità di adattamento perché ce le ha insegnate la nostra stessa storia. Forse tutto questo determinerà la comparsa di un nuovo gruppo sanguigno: il gruppo C. Esso sarà in grado di elaborare anticorpi diretti contro migliaia di antigeni che oggi lasciano il nostro sistema immunitario confuso e inefficiente. In un mondo sovrappopolato, con risorse ormai limitate, il nuovo tipo C avrà tutti i numeri per vincere ogni sfida. E i vecchi gruppi sanguigni inizieranno a diventare sempre più rari, fino a scomparire del tutto.

Lo scenario futuro potrebbe essere anche un altro, in cui i progressi in campo scientifico e tecnologico consentiranno all'uomo di tacitare i suoi peggiori impulsi per dare spazio ai valori di collaborazione e preservazione delle risorse naturali. Abbiamo raggiunto un approfondito livello di conoscenza e quindi non ci sono ragioni per essere pessimisti: gli strumenti di cui disponiamo possono essere impiegati per uscire dalla spirale dell'autodistruzione e aiutarci a costruire una società migliore. Facciamo parte di un insieme estremamente dinamico. La vita di ciascuno di noi dura quanto un battito di ciglia se paragonata allo scorrere del tempo, ed è proprio questa precarietà che rende la nostra vita così preziosa.

Consentitemi di terminare con un augurio: ascoltate sempre il vostro cuore, e qualsiasi scelta vogliate intraprendere nel vostro cammino di vita, mettete sempre al primo posto le strategie migliori per il mantenimento della vostra salute, così preziosa per il raggiungimento dei vostri obiettivi; pertanto mi auguro che l'impegno che ho profuso in questi anni nello studio dei gruppi sanguigni possa avere un impatto veramente positivo sulla salute di tutti coloro che leggeranno questo libro.

BIBLIOGRAFIA

D'ADAMO, J., One Man's Food, Marek, New York 1980.
NOMI, T. e BESHER, A., You Are Your Blood Type, Pocket, New York 1983.
SCHMID, R., Traditional Foods Are Your Best Medicine, Ballantine, New York 1987.
MOURANT, A.E., Blood Relations: Blood Groups and Anthropology, Oxford University Press, Oxford 1983.
FREED, D.L.F., Lectins, British medical Journal, 290, 1985, pp. 585-586.
NACHBAR, M.S. et al., Lectins in the U.S. diet: Isolation and characterization of a lectin from the tomato, The Journal Biological Chemistry, 255, 1980, pp. 2056-2061.
SHARON, N. e HALINA, L., Lectins: Cell agglutinating and sugar-specific proteins, Science, 177, 1972, pp. 949-959.
UIMER, A.J. et al., Stimulation of colony formation and growth factor production of human lymphocytes by wheat germ lectin, Immunology, 47, 1982, pp. 551-556.
TRIADOU, N. e AUDRON, E., Interaction of the brush border hydrolases of the human small intestine with lectins, Digestion, 27, 1983, pp. 1-7.
ADDI, G.J., Blood groups in acute rheumatism, Scottish Medical Journal, 4, 1959, p. 547.
RATNER et al., AB0 group uropathogens and urinary tract infection, American Journal Medical Sciences, 292, 1986, pp. 84-92.
BAZEED, M.A. et al., Effect of lectins on KK-47bladder cancer cell line, Urology, 32, 2, 1988, pp. 133-135.
BROOKS, S.A., Predictive value of lectin binding on breast cancer recurrence and survival, Lancet, 9 maggio 1987, pp. 1054-1056.
DAHIYA, R. et al., ABH blood group antigen expression, synthesis and degradation in human colonic adenocarcinoma cell lines, Cancer Research, 49, 1989, pp. 4550-4556.
FEINMESSER, R. et al., Lectin binding characteristics of laringea cancer, Otolaryngeal Head Neck Surgery, 100, 1989, pp. 207-209.
STACHURA, J. et al., Blood group antigens in the distribution of pancreatic cancer, Folia Hystochemica et Cytobiologica, 27, 1989, pp. 49-55.

www.ingramcontent.com/pod-product-compliance
Lightning Source LLC
Chambersburg PA
CBHW080904170526
45158CB00008B/1985